はじめて学ぶリー環

―― 線型代数から始めよう

井ノ口順一 著

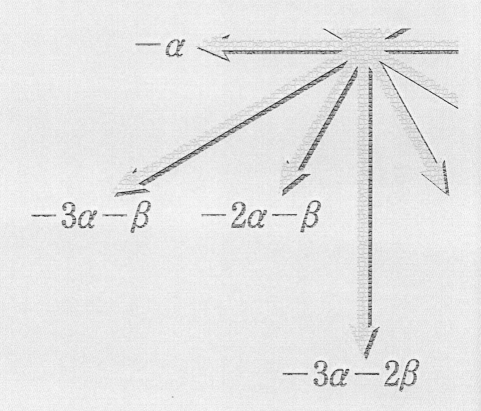

現代数学社

リー環の標記で用いるドイツ文字 (フラクトゥール体)

アルファベット	大文字	小文字	日本語表記
A, a	𝔄	𝔞	アー
B, b	𝔅	𝔟	ベー
C, c	ℭ	𝔠	ツェー
D, d	𝔇	𝔡	デー
E, e	𝔈	𝔢	エー
F, f	𝔉	𝔣	エフ
G, g	𝔊	𝔤	ゲー
H, h	ℌ	𝔥	ハー
I, i	ℑ	𝔦	イー
J, j	𝔍	𝔧	ヨット
K, k	𝔎	𝔨	カー
L, l	𝔏	𝔩	エル
M, m	𝔐	𝔪	エム
N, n	𝔑	𝔫	エヌ
O, o	𝔒	𝔬	オー
P, p	𝔓	𝔭	ペー
Q, q	𝔔	𝔮	クー
R, r	ℜ	𝔯	エール
S, s	𝔖	𝔰	エス
T, t	𝔗	𝔱	テー
U, u	𝔘	𝔲	ウー
V, v	𝔙	𝔳	ファオ
W, w	𝔚	𝔴	ヴェー
X, x	𝔛	𝔵	イクス
Y, y	𝔜	𝔶	イプスィロン
Z, z	ℨ	𝔷	ツェット

はじめに　〜 リー環への誘い 〜

実数の全体を $\mathbb{R}$ で表す．$\mathbb{R}$ には加法という演算（＋）が定義されている．加法は**結合法則**

$$(x + y) + z = x + (y + z)$$

をみたしている．また**交換法則**

$$x + y = y + x$$

もみたしている．$\mathbb{R}$ には乗法という演算（・）も定義されている．乗法も結合法則

$$(x \cdot y) \cdot z = x \cdot (y \cdot z)$$

をみたしている．乗法も交換法則

$$x \cdot y = y \cdot x$$

をみたしている．さらに ＋ と ・ は分配法則

$$c \cdot (x + y) = cx + cy, \quad (a + b) \cdot x = ax + by$$

で結びついている．代数学について学んだ読者は $\mathbb{R}$ が ＋ と ・ に関し**環**（ring）とよばれる構造をもつことを思い出してほしい（より強く体をなしている）．

3次元数空間のベクトルについて学んだときにも "積" という文字が名称に入っている操作が出てきたことを思い出してほしい．

3次元数空間 $\mathbb{R}^3$ の 2 つのベクトル $\boldsymbol{x} = (x_1, x_2, x_3)$ と $\boldsymbol{y} = (y_1, y_2, y_3)$ に対し $\boldsymbol{x}$ と $\boldsymbol{y}$ の**外積** $\boldsymbol{x} \times \boldsymbol{y}$ は

$$\boldsymbol{x} \times \boldsymbol{y} = (x_2 y_3 - x_3 y_2,\ x_3 y_1 - x_1 y_3,\ x_1 y_2 - x_2 y_1)$$

で与えられる．**外積**という名称ではあるけれど × は実数の積と異なり結合法則

$$(\boldsymbol{x} \times \boldsymbol{y}) \times \boldsymbol{z} = \boldsymbol{x} \times (\boldsymbol{y} \times \boldsymbol{z})$$

をみたさない. また交換法則もみたしていない. 交換法則の代わりに「積の交代性」

$$x \times y = -y \times x$$

が成り立っている. 結合法則の代わりに成り立っている性質はあるだろうか. ベクトルの内積を $(\cdot|\cdot)$ で表すことにすると次の公式が証明できる.

$$(x \times y) \times z = -(y|z)x + (z|x)y.$$

この公式から**ヤコビの恒等式**とよばれる公式

$$(x \times y) \times z + (y \times z) \times x + (z \times x) \times y = 0$$

が導かれる.

「交換法則」と「結合法則」をそれぞれ「積の交代性」と「ヤコビの恒等式」で置き換えてみるとどういうことが導けるだろうか.

$\mathbb{R}^3$ と外積の組 $(\mathbb{R}^3, \times)$ の他にも「積の交代性」と「ヤコビの恒等式」をみたすようなものはあるだろうか.「交換法則が成り立たない」と言えば行列を思い出せるだろう. 実数を成分とする $n \times n$ 型の正方行列の全体 $\mathrm{M}_n\mathbb{R}$ を考えよう.

正方行列 $X, Y \in \mathrm{M}_n\mathbb{R}$ に対し一般には $XY \neq YX$ である. また $XY = -YX$ も一般には成り立たない. でもちょっと工夫して

$$[X, Y] = XY - YX$$

を考えてみよう. $[X, Y]$ を X と Y の交換子括弧という. 明らかに

$$[X, Y] = -[Y, X]$$

をみたしている. さらにヤコビの恒等式

$$[[X, Y], Z] + [[Y, Z], X] + [[Z, X], Y] = O$$

をみたすことが確かめられる.

どうやら「積の交代性」と「ヤコビの恒等式」の組み合わせは**身近な対象に潜んでいる数学的な構造**のようである.

$\mathbb{R}^3$ も $M_n\mathbb{R}$ もどちらも加法が定義されている. 加法は結合法則と交換法則をみたしている. $\mathbb{R}^3$ の加法 + と外積 × は無関係ではない. また $M_n\mathbb{R}$ の加法と $[\cdot,\cdot]$ も無関係ではない. $(\mathbb{R}^3, +, \times)$ と $(M_n\mathbb{R}, +, [\cdot,\cdot])$ をモデルにした数学的な構造を考えることにはきっと意味があるだろう.

これらをモデルにして定義される構造が「リー環」とよばれる構造である. この本はリー環をはじめて学ぶ人のために書かれた.

この本ではリー環のなかでも微分幾何学や理論物理学で使われることの多い古典型複素単純リー環の初歩(の初歩)を解説する.

リー環論およびリー環の表現論への入門書はこれまで数多く出版されており, 定評の確立した教科書も知られている.

線型代数を学べばリー環論の初等理論は手の届く位置にある. とは言うものの独学でリー環を学ぶとき線型代数とのギャップで戸惑う読者も少なくない.

この本は, リー環論の入門書と「初歩の線型代数」の間のギャップを埋めることを目的に書かれた. やさしめに書かれた線型代数の教科書では学びにくい双対空間, 対称双線型形式, 一般固有空間分解などが(単純)リー環を扱う上で活用される. このような学びにくい(あるいは学び損ねた)線型代数の知識についてページを割いて丁寧に解説した点が本書の特徴である. この意味で, 本書は「本格的にリー環について学ぶための線型代数の本」とも言うことができる.

説明はできるだけ丁寧に行っているが, 章が進むにつれ, 少しずつ加速したり飛躍したり, 検証を読者に委ねることを増やしている. また数学専攻でない読者, おもに物理専攻の読者や数理工学, 形状処理, CG 技術者も想定して本格的な代数学の知識(環論等)や微分幾何学の知識を駆使する内容は思い切って割愛し**「使うリー環論」**を目指して執筆した.

数学専攻の読者, とくにリー環を本格的に活用する読者のための工夫も行った. 抽象概念を理解する上で具体例の考察は欠かせない. そこでリー環の例を豊富に用意した. この本でリー環へのレディネスを形成し本格的な教科書へと進んでほしい.

幾何学や数理物理学などリー環を活用する分野は数多くある．この本の最後では数理物理学における例として戸田格子を採り上げた．また附録では幾何構造についても紹介している．

　この本の主な対象である複素単純リー環はコンパクト単純リー群と密接な関係がある．複素単純リー環はリー群とは独立に解説できるがコンパクト単純リー群との関係を知りたい読者も多いと思われる．そこで本書は，基本的には「複素単純リー環の基礎を解説する本」として構成しリー群論とは独立に読めるものとした．同時にリー群論との関連も学びたい読者のために「リー群とリー環の対応」をあちこちに挿入した．リー群論と関連する箇所については★をつけて一瞥できるよう工夫した．リー群とリー環を両方とも学びたい読者（たとえば微分幾何学を本格的に学びたい読者）は本書の姉妹書である『はじめて学ぶリー群』（以下『リー群』と略称）を併読することを勧めたい．本書では『リー群』の関連箇所を適宜，引用し「リー群とリー環の対応」がつかめるよう読者の便宜をはかった．

　純粋にリー環の入門として読みたい読者やセミナーのテキストとして使われる場合は★の部分や『リー群』と引用のある部分を省けばよい．また卒業論文作成に役立つよう「研究課題」をいくつか用意した．

　この本は「リー群の芽生え」のタイトルで雑誌『現代数学』（2017年1月号から9月号）に連載した記事に大幅に加筆したものである[*1]．連載の機会をくださった上に，内容検討について幾度となく検討していただいた現代数学社，富田淳さんに厚く感謝を申し上げる．加筆・拡充にあたり多くの助言をくださった落合啓之先生（九州大学），佐垣大輔先生（筑波大学），森田純先生（筑波大学）に深く感謝したい．佐垣先生は草稿中の誤りや説明の不備をご指摘くださり改善の助言もくださった．改めて御礼申し上げる．

2018年2月

井ノ口順一

[*1] 2017年は奇しくもカッツ-ムーディー代数誕生50年，戸田格子50年，戸田盛和生誕100年，逆散乱法誕生50年であった．

目次

第1章　線型代数速習 　　　　　　　　　　　　　　　　1

　1.1　線型空間 1

　1.2　双対空間とスカラー積 14

　1.3　鏡映 24

　1.4　直交直和分解 27

第2章　リー環入門 　　　　　　　　　　　　　　　　　30

　2.1　リー環 30

　2.2　イデアル 52

　2.3　★ 部分群と部分環の対応 55

　2.4　リー環に対する操作 58

　2.5　実験 68

第3章　随伴表現 　　　　　　　　　　　　　　　　　　75

　3.1　★ 不変内積 75

　3.2　実験 77

　3.3　キリング形式 80

　3.4　半単純リー環 84

第4章　ルートとウェイト 　　　　　　　　　　　　　　89

　4.1　広義固有空間分解 89

　4.2　冪零行列 93

　4.3　行列の対角化とは 98

　4.4　実正規行列の標準化 101

　4.5　実験 104

　4.6　カルタン部分環 106

	4.7	ルート系の性質	113
第 5 章		**抽象ルート系**	**128**
	5.1	抽象ルート系の性質	128
	5.2	ルート系の例	136
	5.3	ワイル群	140
	5.4	単純ルート	143
	5.5	既約ルート系	146
	5.6	カルタン行列	148
	5.7	ディンキン図形	152
	5.8	具体的な表示	161
第 6 章		**複素単純リー環の分類**	**164**
	6.1	複素単純リー環とルート系	164
	6.2	A 型単純リー環	165
	6.3	C 型単純リー環	168
	6.4	B 型単純リー環	172
	6.5	D 型単純リー環	178
	6.6	例外型単純リー環	183
	6.7	複素単純リー環の分類	191
	6.8	コンパクト実形	191
	6.9	まとめ	202
	6.10	★ スピノル群	203
第 7 章		**無限次元へ**	**208**
	7.1	非負行列	208
	7.2	カルタン行列の一般化	211
	7.3	戸田格子とその一般化	213
	7.4	ループ群	219
	7.5	★ 微分同相群	221

附録 A	線型代数続論	224
A.1	交代双線型形式と外積	224
A.2	線型変換の三角化	226
A.3	広義固有空間分解	232

附録 B	標準化定理	238
B.1	★ ユニタリ行列の標準化	238
B.2	★ 直交行列の標準化	241
B.3	★ ユニタリ・シンプレクティック行列の標準化	245

附録 C	順序関係	251
C.1	大小関係の見直し	251
C.2	順序付線型空間	253
C.3	単純ルート	255

附録 D	幾何構造	260
D.1	G 構造	260
D.2	ホロノミー群	261

附録 E	演習問題の略解	265

参考文献		272

索引		278

1 線型代数速習

　リー環論を解説する上で，線型空間（ベクトル空間）の理論が前提となる．線型空間の理論に習熟している読者や姉妹書『はじめて学ぶリー群』（以後『リー群』と略称する）に続けて本書を読まれる読者は，この章を飛ばして第2章（本編）にすぐ入ろう．

　線型空間についてまだ不慣れで自信がない読者のために，この章では線型空間の理論について要点をまとめておこう．より詳しくは姉妹書『リー群』の第5章を併読してほしい．

1.1　線型空間

　まずページの節約のため次の約束をしておく．

記号の約束　　$\mathbb{R}$ で実数の全体，$\mathbb{C}$ で複素数の全体を表す．$\mathbb{K}$ で $\mathbb{R}$ または $\mathbb{C}$ のいずれかを表すとする．つまり，ある議論・説明において $\mathbb{K}$ と書いてあれば，$\mathbb{K}$ は $\mathbb{R}$ か $\mathbb{C}$ のどちらかを一貫して意味し途中で変えたりしない約束とする．実数の場合と複素数の場合を一度に纏めて説明するときに便利な約束である．また文字 i は番号に頻繁に用いられるため，虚数単位を（書体を変えて）i で表す．複素数 $z = x + y\mathrm{i}$ に対し $\bar{z} = x - y\mathrm{i}$ を z の**共軛複素数**とよぶ．$|z| = \sqrt{z\bar{z}}$ を z の**大きさ**とか**絶対値**という．

1.1.1　線型空間の公理

　線型空間とは加法とスカラー乗法という2種類の操作が自由に行える集合のことである（『リー群』定義 5.1）．

2　　　　　　　　第 1 章　　線型代数速習

定義 1.1 空でない集合 $\mathbb{V}$ が以下の条件（**線型空間の公理**）をみたすとき $\mathbb{V}$ を $\mathbb{K}$ 上の**線型空間**（linear space）または**ベクトル空間**（vector space）であるという. $\mathbb{K}$ 線型空間（$\mathbb{K}$ ベクトル空間）という言い方もする.

　　$\mathbb{K} = \mathbb{R}$ のとき**実線型空間**, $\mathbb{K} = \mathbb{C}$ のとき**複素線型空間**という. $\mathbb{V}$ の元を**ベクトル**（vector）とよぶ.

(1) $\mathbb{V}$ の 2 つの要素 $\vec{x}, \vec{y}$ に対し第 3 の要素 $\vec{x} + \vec{y}$ が唯一つ定まり次の法則をみたす.

　(a)（**結合法則**）$(\vec{x} + \vec{y}) + \vec{z} = \vec{x} + (\vec{y} + \vec{z})$,

　(b)（**交換法則**）$\vec{x} + \vec{y} = \vec{y} + \vec{x}$,

　(c) ある特別なベクトル $\vec{0}$ が存在し, 全てのベクトル $\vec{x}$ に対し $\vec{0} + \vec{x} = \vec{x} + \vec{0} = \vec{x}$ をみたす. このベクトルを**零ベクトル**とよぶ.

　(d) どのベクトル $\vec{x} \in \mathbb{V}$ についても $\vec{x} + \vec{x}' = \vec{0}$ をみたす $\vec{x}'$ が必ず存在する. $\vec{x}'$ を $\vec{x}$ の**逆ベクトル**とよび $-\vec{x}$ で表す.

(2) ベクトル $\vec{x} \in \mathbb{V}$ と $a \in \mathbb{K}$ に対し $\vec{x}$ の a 倍とよばれるベクトル $a\vec{x}$ が定まり以下の法則に従う.

　(a) $(a + b)\vec{x} = a\vec{x} + b\vec{x}$,

　(b) $a(\vec{x} + \vec{y}) = a\vec{x} + a\vec{y}$,

　(c) $(ab)\vec{x} = a(b\vec{x})$,

　(d) $1\vec{x} = \vec{x}$.

ベクトルと対比させるときは $\mathbb{K}$ の元を**スカラー**（scalar）とよぶ.

例 1.1 (数空間) n 個の実数の組 $(x_1, x_2, \ldots, x_n)$ の全体

$$\mathbb{R}^n = \{(x_1, x_2, \ldots, x_n) \mid x_1, x_2, \ldots, x_n \in \mathbb{R}\}$$

は実線型空間である. $\mathbb{R}^n$ を n 次元**数空間**という. 同様に

$$\mathbb{C}^n = \{(z_1, z_2, \ldots, z_n) \mid z_1, z_2, \ldots, z_n \in \mathbb{C}\}$$

と定めるとこれは複素線型空間である. $\mathbb{C}^n$ を n 次元**複素数空間**とよぶ.

1.1 線型空間 **3**

この本の主役は「行列のなすリー環」である. ということは「行列のなす線型空間」がわからないといけない. まず記号を決めておく.

例 1.2 (正方行列の全体) $\mathbb{K}$ の要素を成分にもつ (m,n) 型の行列全体を $\mathrm{M}_{m,n}\mathbb{K}$ で表す. とくに $m=n$ のとき $\mathrm{M}_{n,n}\mathbb{K}$ を $\mathrm{M}_n\mathbb{K}$ と略記する.

$A \in \mathrm{M}_{m,n}\mathbb{K}$ の (i,j) 成分が a_{ij} のとき $A = (a_{ij})$ と略記する.

$\mathrm{M}_n\mathbb{K}$ は行列の加法

$$A + B = (a_{ij} + b_{ij})$$

とスカラー倍

$$cA = (c\,a_{ij}), \;\; c \in \mathbb{K}$$

に関し $\mathbb{K}$ 線型空間をなす. $\mathrm{M}_{m,n}\mathbb{K}$ における零ベクトルは零行列 O である. 零行列 O が (m,n) 型であることをはっきりさせる必要があるときは $O_{m,n}$ と表記する. (n,n) 型のときは O_n とも表記する.

【記号】 正方行列 $A \in \mathrm{M}_n\mathbb{K}$ の**行列式** (determinant) を $\det A$ とか $|A|$ で表す. また $A = (a_{ij}) \in \mathrm{M}_n\mathbb{K}$ に対し

$$\mathrm{tr}\,A = \sum_{i=1}^{n} a_{ii}$$

を A の**固有和** (trace) という.

註 1.1 (位置ベクトル) $(1,n)$ 型行列 $(a_1\,a_2\,\ldots\,a_n)$ のことを n 項**行ベクトル**という. 同様に $(n,1)$ 型行列

$$\begin{pmatrix} x_1 \\ x_2 \\ \vdots \\ x_n \end{pmatrix}$$

4　　　　第 1 章　　線型代数速習

を n 項**列ベクトル**という．$\mathbb{K}^n$ の点 $P = (p_1, p_2, \ldots, p_n)$ に対し n 項列ベクトル

$$\boldsymbol{p} = \begin{pmatrix} p_1 \\ p_2 \\ \vdots \\ p_n \end{pmatrix}$$

を $\boldsymbol{p} = \overrightarrow{\mathrm{OP}}$ と表し P の**位置ベクトル**という．慣れてきたら点 P と位置ベクトル $\boldsymbol{p}$ を**いちいち区別しないで** $\mathrm{M}_{n,1}\mathbb{K}$ と $\mathbb{K}^n$ を同じものと考えてしまう．

　線型空間の基礎用語を説明しよう．k 本のベクトル $\vec{x}_1, \vec{x}_2, \ldots, \vec{x}_k \in \mathbb{V}$ と k 個のスカラー $c_1, c_2, \ldots, c_k \in \mathbb{K}$ に対し $c_1 \vec{x}_1 + c_2 \vec{x}_2 + \cdots + c_k \vec{x}_k$ を $\vec{x}_1, \vec{x}_2, \cdots, \vec{x}_k$ の**線型結合**という．

　$c_1, c_2, \ldots, c_k \in \mathbb{K}$ に対する方程式

$$c_1 \vec{x}_1 + c_2 \vec{x}_2 + \cdots + c_k \vec{x}_k = \vec{0}$$

の解が $(c_1, c_2, \ldots, c_k) = (0, 0, \ldots, 0)$ のみであるとき，ベクトルの組 $\{\vec{x}_1, \vec{x}_2, \ldots, \vec{x}_k\}$ は**線型独立**であるという．線型独立でないときは**線型従属**であるという．

1.1.2　基底と次元

　次は基底と次元である．この本で扱われるリー環は有限次元の $\mathbb{K}$ 線型空間であり基底を具体的に求めることをしばしば行うので「基底と次元」について着実に理解していないといけない．

定義 1.2 線型空間 $\mathbb{V}$ に有限個のベクトルが存在し，$\mathbb{V}$ の任意のベクトルが，それら有限個のベクトルの線型結合で表されるとき，$\mathbb{V}$ は**有限次元**であるという．有限次元でないとき $\mathbb{V}$ は**無限次元**であるという．

定義 1.3 有限次元線型空間 $\mathbb{V}$ の有限個のベクトルの組 $\mathcal{E} = \{\vec{e}_1, \vec{e}_2, \ldots, \vec{e}_n\}$ が条件

1.1 線型空間

(1) $\{\vec{e}_1, \vec{e}_2, \ldots, \vec{e}_n\}$ は線型独立,

(2) $\mathbb{V}$ の任意のベクトルは $\{\vec{e}_1, \vec{e}_2, \ldots, \vec{e}_n\}$ の線型結合で表せる

をみたすとき $\mathcal{E}$ を $\mathbb{V}$ の**基底** (basis) という．基底に含まれるベクトルの本数 n は基底に**共通の値**である．n を $\mathbb{V}$ の**次元**とよび $\dim \mathbb{V}$ で表す．

例 1.3 (数空間) $\mathbb{K}^n$ においては基本ベクトル

$$(1.1) \qquad \boldsymbol{e}_1 = \begin{pmatrix} 1 \\ 0 \\ 0 \\ \vdots \\ 0 \\ 0 \end{pmatrix}, \ \boldsymbol{e}_2 = \begin{pmatrix} 0 \\ 1 \\ 0 \\ \vdots \\ 0 \\ 0 \end{pmatrix}, \ldots, \boldsymbol{e}_n = \begin{pmatrix} 0 \\ 0 \\ 0 \\ \vdots \\ 0 \\ 1 \end{pmatrix}$$

を番号順に並べた $\mathcal{E} = \{\boldsymbol{e}_1, \boldsymbol{e}_2, \ldots, \boldsymbol{e}_n\}$ が基底を与えるから $\mathbb{K}^n$ は n 次元 $\mathbb{K}$ 線型空間である．この基底を $\mathbb{K}^n$ の**標準基底** (natural basis) という．

基底はベクトルを**並べる順序を区別する**ことを注意しておこう．たとえば $\mathbb{V} = \mathbb{R}^2$ において $\mathcal{E} = \{\boldsymbol{e}_1, \boldsymbol{e}_2\}$ と $\{\boldsymbol{e}_2, \boldsymbol{e}_1\}$ は別の基底と考える．その理由は基底を指定し座標系を定めることで理解できる[*1].

定義 1.4 $\mathbb{V}$ を n 次元 $\mathbb{K}$ 線型空間とする．いま基底 $\mathcal{E} = \{\vec{e}_1, \vec{e}_2, \ldots, \vec{e}_n\}$ をひとつ選び固定する．各ベクトル $\vec{x}$ を $\vec{x} = x_1\vec{e}_1 + x_2\vec{e}_2 + \cdots + x_n\vec{e}_n$ と表示する．この表示を用いて写像 $\varphi_{\mathcal{E}} : \mathbb{V} \to \mathbb{K}^n$ を

$$\varphi_{\mathcal{E}}(\vec{x}) = (x_1, x_2, \ldots, x_n)$$

で定めることができる．$\varphi_{\mathcal{E}}(\vec{x}) = (x_1, x_2, \ldots, x_n)$ を $\vec{x}$ の基底 $\mathcal{E}$ に関する**座標** (coordinates) という．写像 $\varphi_{\mathcal{E}}$ を $\mathbb{V}$ の基底 $\mathcal{E}$ に関する**座標系** (coordinate system) という．

例 1.4 (行列単位) $\mathrm{M}_{m,n}\mathbb{K}$ の次元を求めよう．(i, j) 成分**のみ** 1 でそれ以外の成分がすべて 0 である (m, n) 型行列を E_{ij} で表す．(m, n) 型であることを明

[*1] 小学校算数で $(1, 2)$ と $(2, 1)$ は違う点を表すと習ったときのことを思い出そう．

6　　　第 1 章　線型代数速習

記する必要があるときは $E_{ij}^{(m,n)}$ と書く*2. E_{ij} を**行列単位** (matrix unit) とよぶ. E_{ij} の (k,l) 成分は

$$(1.2) \qquad\qquad (E_{ij})_{kl} = \delta_{ik}\delta_{jl}$$

$$(1.3) \qquad\qquad E_{ij}E_{kl} = \delta_{jk}E_{il}$$

を確かめておこう. この公式はこの本で大活躍する.

　$X = (x_{ij}) \in \mathrm{M}_{m,n}\mathbb{K}$ は

$$X = \sum_{i=1}^{m}\sum_{j=1}^{n} x_{ij}E_{ij}$$

と表せることから行列単位の全体

$$\mathcal{E}_{m,n} = \{E_{ij} \mid i = 1, 2, \ldots, m,\ j = 1, 2, \ldots, n\}$$

が $\mathrm{M}_{m,n}\mathbb{K}$ の基底を与えることがわかる. したがって $\mathrm{M}_{m,n}\mathbb{K}$ は mn 次元の $\mathbb{K}$ 線型空間である. とくに $\mathrm{M}_n\mathbb{K} = \mathrm{M}_{n,n}\mathbb{K}$ は n^2 次元の $\mathbb{K}$ 線型空間である. 基底 $\mathcal{E}_{m,n} = \{E_{ij}\}$ に関する $\mathrm{M}_{m,n}\mathbb{K}$ の座標系を $\varphi_{m,n,\mathbb{K}}$ とすると $X = (x_{ij}) \in \mathrm{M}_{m,n}\mathbb{K}$ に対し

$$(1.4) \qquad \varphi_{m,n,\mathbb{K}}(X) = (x_{11}, x_{12}, \ldots, x_{1n}, x_{21}, \ldots, x_{mn})$$

である. $m = n$ のときは $\varphi_{m,n,\mathbb{K}}$ を $\varphi_{n,\mathbb{K}}$ と略記する.

1.1.3　**線型写像**

　2 つの $\mathbb{K}$ 線型空間 $\mathbb{V}_1$, $\mathbb{V}_2$ の間の写像 $f : \mathbb{V}_1 \to \mathbb{V}_2$ が

$$f(a\vec{x} + b\vec{y}) = af(\vec{x}) + bf(\vec{y}), \quad a, b \in \mathbb{K},\ \vec{x}, \vec{y} \in \mathbb{V}_1$$

─────────────
*2 $E_{i,j}$ とか $E_{i,j}^{(m,n)}$ と表記する本もある.

をみたすとき**線型写像** (linear map) という．$\mathbb{V}_1 = \mathbb{V}_2$ のときは $\mathbb{V}_1$ 上の**線型変換** (linear transformation, linear endomorphism) ともよぶ．

例 1.5 (恒等変換) $\mathbb{K}$ 線型空間 $\mathbb{V}$ 上の線型変換

$$\mathrm{Id}(\vec{v}) = \vec{v}, \ \vec{v} \in \mathbb{V}$$

で定め $\mathbb{V}$ の**恒等変換** (identity transformation) という．

例 1.6 (1 次変換) 行列 $A = (a_{ij}) \in \mathrm{M}_n\mathbb{K}$ を用いて $\mathbb{K}^n$ 上の線型変換 f_A を

$$f_A(\boldsymbol{x}) = A\boldsymbol{x}, \ \ \boldsymbol{x} \in \mathbb{K}^n$$

で定めることができる．f_A を A の定める $\mathbb{K}^n$ の **1 次変換**とよぶ．

線型写像でかつ全単射，すなわち単射（1 対 1 写像）かつ全射（上への写像）である線型写像 $f : \mathbb{V}_1 \to \mathbb{V}_2$ を**線型同型写像** (linear isomorphism) とよぶ．

線型同型写像 $f : \mathbb{V}_1 \to \mathbb{V}_2$ は逆写像 $f^{-1} : \mathbb{V}_2 \to \mathbb{V}_1$ をもつ．このとき f^{-1} は自動的に線型写像になる．したがって f^{-1} も線型同型写像である．

問題 1.1 f^{-1} も線型であることを確かめよ．

線型同型写像 $f : \mathbb{V}_1 \to \mathbb{V}_2$ が存在するとき $\mathbb{V}_1$ と $\mathbb{V}_2$ は**線型空間として同型**であるといい $\mathbb{V}_1 \cong \mathbb{V}_2$ と記す．有限次元線型空間 $\mathbb{V}_1$ と $\mathbb{V}_2$ が同型であるための必要十分条件は $\dim \mathbb{V}_1 = \dim \mathbb{V}_2$ である．とくに基底 $\mathcal{E}$ に関する座標系 $\varphi_{\mathcal{E}} : \mathbb{V} \to \mathbb{K}^n$ は線型同型写像である．

註 1.2 (全単射性) 2 つの有限次元 $\mathbb{K}$ 線型空間 $\mathbb{V}_1$ と $\mathbb{V}_2$ の次元が同じとする．線型写像 $f : \mathbb{V}_1 \to \mathbb{V}_2$ に対し f が単射であることと全射であることは同値である．これは線型写像の著しい性質．

$\mathbb{K}$ 線型空間 $\mathbb{V}$ の線型変換全体を

$$\mathrm{End}(\mathbb{V}) = \{f : \mathbb{V} \to \mathbb{V} \mid f \text{ は } \mathbb{K} \text{ 線型} \}$$

で表す．$\mathrm{End}(\mathbb{V})$ における加法とスカラー乗法を次の要領で定めよう．

8　　　　第 1 章　　線型代数速習

$a, b \in \mathbb{K}, f, g \in \mathrm{End}(\mathbb{V})$ に対し

$$(af + bg)(\vec{v}) = af(\vec{v}) + bg(\vec{v}), \quad \vec{v} \in \mathbb{V}.$$

この加法とスカラー乗法に関し $\mathrm{End}(\mathbb{V})$ も $\mathbb{K}$ 線型空間である.

$\mathrm{End}(\mathbb{V})$ は加法とスカラー乗法に加え**合成**（composition）という演算を備えている. $f, g \in \mathrm{End}(\mathbb{V})$ に対し

$$(g \circ f)(\vec{v}) = g(f(\vec{v}))$$

により新しい線型変換 $g \circ f$ が定まる. $g \circ f$ を f と g の**合成**という. $g \circ f$ と $f \circ g$ の違いに注意. 合成 $\circ$ は**結合法則**

$$h \circ (g \circ f) = (h \circ g) \circ f, \quad f, g, h \in \mathrm{End}(\mathbb{V})$$

をみたしている.

$\mathbb{K}$ 線型空間 $\mathbb{V}$ から $\mathbb{V}$ 自身への線型同型写像のことを**線型自己同型写像**（linear automorphism）という[*3]. 文脈から線型であることがあきらかなときは単に自己同型写像（automorphism）と略称する. 自己同型写像 f と g の合成 $g \circ f$ も自己同型である（確かめよ）.

命題 1.1 $\mathbb{V}$ の線型自己同型写像の全体を $\mathrm{GL}(\mathbb{V})$ で表す. このとき合成に関し次が成り立つ.

- （結合法則）$h \circ (g \circ f) = (h \circ g) \circ f$.
- （恒等変換）$f \circ \mathrm{Id} = \mathrm{Id} \circ f$.
- （逆変換）どの $f \in \mathrm{GL}(\mathbb{V})$ も逆変換 f^{-1} をもつ[*4].

この性質を「$\mathrm{GL}(\mathbb{V})$ は合成に関し群をなす」と言い表す.

群の定義も述べておこう（『リー群』定義 1.6）.

––––––––––––––––––––––––––––

[*3] **自己線型同型写像**という本もある.

[*4] $f \circ f^{-1} = f^{-1} \circ f = \mathrm{Id}$ に注意.

1.1 線型空間 9

定義 1.5 空でない集合 G に対し，2 つの要素 a, b から第 3 の要素 $a * b$ を定める規則 $(a, b) \longmapsto a * b$ が定められているとする．G のすべての要素 a, b, c に対し

$$(a * b) * c = a * (b * c) \qquad \text{(結合法則)}$$

が成り立つとき G は**演算** $*$ に関し**半群**（semi-group）をなすという．半群 G がさらに次の条件をみたすとき**群**（group）をなすという．

- （単位元の存在）ある特別な要素 e で，次の性質をみたすものが存在する：

$$\text{どんな } G \text{ の要素 } a \text{ についても } a * e = e * a = a.$$

e を**単位元**とよぶ．
- （逆元の存在）どの要素 a についても

$$a * x = x * a = e$$

をみたす G の要素 x が存在する．実はそのような x は**存在すれば**たったひとつだけである．この x を a の**逆元**とよび a^{-1} で表す．

例 1.7 (一般線型群) $\mathbb{K}$ の要素を成分にもつ n 次行列で正則（可逆）なものの全体を $\mathrm{GL}_n\mathbb{K}$ で表す．行列式を使って

$$\mathrm{GL}_n\mathbb{K} = \{A \in \mathrm{M}_n\mathbb{K} \mid \det A \neq 0\}$$

と表せる．$\mathrm{GL}_n\mathbb{K}$ は行列の乗法に関し群をなす．単位元は単位行列 E, $A \in \mathrm{GL}_n\mathbb{K}$ の逆元は A の逆行列 A^{-1} である．$\mathrm{GL}_n\mathbb{K}$ を n 次**一般線型群**（general linear group）とよぶ．

単位行列 $E \in \mathrm{GL}_n\mathbb{K}$ が (n, n) 型であることをはっきりさせたいときは E を E_n と表記する．また E の (i, j) 成分は δ_{ij} で表す．すなわち

10　　　　第 1 章　　線型代数速習

$$\delta_{ij} = \begin{cases} 1 & (i = j \text{ のとき}) \\ 0 & (i \neq j \text{ のとき}) \end{cases}$$

である. δ_{ij} は**クロネッカーのデルタ記号**とよばれる（『リー群』定義 4.2）.

　基底をとることで線型写像を行列で表すことができる.

定義 1.6 (表現行列) n 次元 $\mathbb{K}$ 線型空間 $\mathbb{V}_1$ と m 次元 $\mathbb{K}$ 線型空間 $\mathbb{V}_2$ において基底 $\mathcal{E} = \{\vec{e}_1, \vec{e}_2, \ldots, \vec{e}_n\}$ と $\mathcal{H} = \{\vec{h}_1, \vec{h}_2, \ldots, \vec{h}_m\}$ をとりそれぞれの座標系を $\varphi_{\mathcal{E}}, \varphi_{\mathcal{H}}$ とする. 線型写像 $f : \mathbb{V}_1 \to \mathbb{V}_2$ に対し $f(\vec{e}_j)$ を基底 $\mathcal{H}$ で

$$f(\vec{e}_j) = \sum_{i=1}^{m} a_{ij} \vec{h}_i$$

と表す. 係数 $\{a_{ij}\}$ を並べてできる行列 $A = (a_{ij}) \in \mathrm{M}_{n,m}\mathbb{K}$ を線型写像 f の, 基底 $\{\mathcal{E}, \mathcal{H}\}$ に関する**表現行列** (representation matrix) とよぶ.

$\vec{x} = \sum_{j=1}^{n} x_j \vec{e}_j \in \mathbb{V}_1$ に対し $\vec{y} = f(\vec{x}) = \sum_{i=1}^{m} y_i \vec{h}_i$ とおく. さらに

$$\boldsymbol{x} = \begin{pmatrix} x_1 \\ x_2 \\ \vdots \\ x_n \end{pmatrix} = \varphi_{\mathcal{E}}(\vec{x}) \in \mathbb{R}^n, \quad \boldsymbol{y} = \begin{pmatrix} y_1 \\ y_2 \\ \vdots \\ y_m \end{pmatrix} = \varphi_{\mathcal{H}}(\vec{y}) \in \mathbb{R}^m$$

とおくと

$$\begin{aligned} f(\vec{x}) &= f\left(\sum_{j=1}^{n} x_j \vec{e}_j\right) = \sum_{j=1}^{n} x_j f(\vec{e}_j) \\ &= \sum_{j=1}^{n} x_j \left(\sum_{i=1}^{m} a_{ij} \vec{h}_i\right) = \sum_{i=1}^{m} \left(\sum_{j=1}^{n} a_{ij} x_j\right) \vec{h}_i \end{aligned}$$

より

$$\varphi_{\mathcal{H}}(f(\vec{x})) = \begin{pmatrix} a_{11}x_1 + a_{12}x_2 + \cdots + a_{1n}x_n \\ a_{21}x_1 + a_{22}x_2 + \cdots + a_{2n}x_n \\ \vdots \\ a_{m1}x_1 + a_{m2}x_2 + \cdots + a_{mn}x_n \end{pmatrix}.$$

1.1 線型空間 **11**

これは

$$
\begin{pmatrix} y_1 \\ y_2 \\ \vdots \\ y_m \end{pmatrix} = \begin{pmatrix} a_{11} & a_{12} & \dots & a_{1n} \\ a_{21} & a_{22} & \dots & a_{2n} \\ \vdots & \vdots & \ddots & \vdots \\ a_{m1} & a_{m2} & \dots & a_{mn} \end{pmatrix} \begin{pmatrix} x_1 \\ x_2 \\ \vdots \\ x_n \end{pmatrix}
$$

と書き直せる.

$$
\begin{array}{ccc}
\mathbb{V}_1 & \xrightarrow{\ f\ } & \mathbb{V}_2 \\
\downarrow{\scriptstyle \varphi_{\mathcal{E}}} & & \downarrow{\scriptstyle \varphi_{\mathcal{H}}} \\
\mathbb{K}^n & \xrightarrow{\ f_A\ } & \mathbb{K}^m
\end{array}
$$

すなわち $\boldsymbol{y} = A\boldsymbol{x}$. 座標系 $\varphi_{\mathcal{E}}$ と $\varphi_{\mathcal{H}}$ を介して線型写像 f は行列 $A = (a_{ij}) \in \mathrm{M}_{m,n}\mathbb{K}$ で定まる写像

$$
\boldsymbol{x} \longmapsto \boldsymbol{y} = A\boldsymbol{x}
$$

として扱うことができる. とくに $m = n$ のときは A の定める 1 次変換である.

　ここまで線型空間 $\mathbb{V}$ 上で線型変換を考える際に基底を一度選んだら固定したままであった. 基底を取り替えると表現行列はどう変わるだろうか. 2 つの基底 $\mathcal{E} = \{\vec{e}_1, \vec{e}_2, \dots, \vec{e}_n\}$ と $\mathcal{E}' = \{\vec{e}_1', \vec{e}_2', \dots, \vec{e}_n'\}$ を与えそれぞれの定める座標系を

$$
\varphi_{\mathcal{E}} = (x_1, x_2, \dots, x_n), \quad \varphi_{\mathcal{E}'} = (x_1', x_2', \dots, x_n')
$$

とする. $\mathcal{E}'$ 内のベクトルを $\mathcal{E}$ で

$$
(1.5) \qquad \vec{e}_j' = \sum_{i=1}^{n} p_{ij}\vec{e}_i, \ j = 1, 2, \dots, n
$$

と展開する. $P = (p_{ij}) \in \mathrm{GL}_n\mathbb{K}$ とおき $\mathcal{E}$ から $\mathcal{E}'$ への**基底の取替え行列**とよぶ ([21, p. 106]). 基底の取り替え行列の定義を覚えやすくするために (1.5) を

$$
(1.6) \qquad (\vec{e}_1', \vec{e}_2', \dots, \vec{e}_n') = (\vec{e}_1, \vec{e}_2, \dots, \vec{e}_n)P
$$

と表記しておく. $\vec{x}$ の座標系の間の関係式を求めよう.

$$
\vec{x} = x_1\vec{e}_1 + x_2\vec{e}_2 + \dots + x_n\vec{e}_n = x_1'\vec{e}_1' + x_2'\vec{e}_2' + \dots + x_n'\vec{e}_n'
$$

の右辺に (1.5) を代入すると

$$\begin{pmatrix} x_1 \\ x_2 \\ \vdots \\ x_n \end{pmatrix} = \begin{pmatrix} p_{11} & p_{12} & \cdots & p_{1n} \\ p_{21} & p_{22} & \cdots & p_{2n} \\ \vdots & \vdots & \ddots & \vdots \\ p_{n1} & p_{n2} & \cdots & p_{nn} \end{pmatrix} \begin{pmatrix} x_1' \\ x_2' \\ \vdots \\ x_n' \end{pmatrix}$$

となる．この関係式を $\varphi_{\mathcal{E}}(\vec{x}) = P\varphi_{\mathcal{E}'}(\vec{x})$ と略記する．この関係式から次が得られる（『リー群』問題 5.3）．

命題 1.2 線型変換 $f : \mathbb{V} \to \mathbb{V}$ の基底 $\mathcal{E}$ に関する表現行列を A, $\mathcal{E}$ から別の基底 $\mathcal{E}'$ への取替え行列を P とすると，f の $\mathcal{E}'$ に関する表現行列は $P^{-1}AP$ で与えられる．

ここで次の用語を用意しておこう（『リー群』註 5.3）．

定義 1.7 $A, B \in \mathrm{M}_n\mathbb{K}$ に対し $P^{-1}AP = B$ となる $P \in \mathrm{GL}_n\mathbb{K}$ が存在するとき A は B に**共軛**であるという（相似であるともいう）．共軛は $\mathrm{M}_n\mathbb{K}$ 上の同値関係である．

この用語を使うと，「線型変換 f の各基底に関する表現行列は互いに共軛である」と言い表せる．

行列式と固有和の大事な性質を思い出そう．$A \in \mathrm{M}_n\mathbb{K}$, $P \in \mathrm{GL}_n\mathbb{K}$ に対し

$$\mathrm{tr}(P^{-1}AP) = \mathrm{tr}\, A, \quad \det(P^{-1}AP) = \det A$$

が成立する．したがって次の定義が意味をもつ．

定義 1.8 n 次元 $\mathbb{K}$ 線型空間 $\mathbb{V}$ において基底 $\mathcal{E} = \{\vec{e}_1, \vec{e}_2, \ldots, \vec{e}_n\}$ をとる．線型変換 $f : \mathbb{V} \to \mathbb{V}$ の $\mathcal{E}$ に関する表現行列 $A = (a_{ij})$ の固有和 $\mathrm{tr}\, A$ と行列式 $\det A$ は基底の選び方に依らない共通の値である．すなわちどの基底を使っても固有和と行列式について同じ計算結果が得られる．そこで $\mathrm{tr}\, f = \mathrm{tr}\, A$, $\det f = \det A$ と定め，それぞれを f の**固有和** (trace)，f の**行列式** (determinant) という．

1.1.4 線型部分空間

$\mathbb{K}$ 線型空間 $\mathbb{V}$ の空でない部分集合 $\mathbb{W} \subset \mathbb{V}$ が条件

$$\vec{x}, \vec{y} \in \mathbb{W}, \quad a, b \in \mathbb{K} \Longrightarrow a\vec{x} + b\vec{y} \in \mathbb{W}$$

をみたすとき $\mathbb{V}$ の**線型部分空間** (linear subspace) であるという．線型部分空間 $\mathbb{W}$ は $\mathbb{V}$ の加法とスカラー倍に関して $\mathbb{K}$ 線型空間になる．

註 1.3 (紛らわしいこと) **複素**線型空間 $\mathbb{V}$ において $\mathbb{W} \neq \varnothing$ が

$$\vec{x}, \vec{y} \in \mathbb{W}, a, b \in \mathbb{R} \Longrightarrow a\vec{x} + b\vec{y} \in \mathbb{W}$$

をみたすとき $\mathbb{V}$ の**実線型部分空間**であるという．第 6 章に登場するカルタン部分環の実部 (p. 193) は実線型部分空間の例である．

例 1.8 $\mathbb{K}$ 線型空間 $\mathbb{V}_1$ から $\mathbb{V}_2$ への $\mathbb{K}$ 線型写像 $f : \mathbb{V}_1 \to \mathbb{V}_2$ に対し

$$\operatorname{Ker} f = \{\vec{v} \in \mathbb{V}_1 \mid f(\vec{v}) = \vec{0}\}, \quad f(\mathbb{V}_1) = \{f(\vec{v}) \mid \vec{v} \in \mathbb{V}_1\}$$

はそれぞれ $\mathbb{V}_1$, $\mathbb{V}_2$ の線型部分空間である．$\operatorname{Ker} f$ を f の**核** (kernel), $f(\mathbb{V}_1)$ を f の**像** (image) とよぶ．

$\mathbb{W}_1$, $\mathbb{W}_2 \subset \mathbb{V}$ がともに線型部分空間ならば $\mathbb{W}_1 \cap \mathbb{W}_2$ もそうである（確かめよ）．さらに

$$\{\vec{w}_1 + \vec{w}_2 \mid \vec{w}_1 \in \mathbb{W}_1, \ \vec{w}_2 \in \mathbb{W}_2\}$$

も線型部分空間である．この線型部分空間を $\mathbb{W}_1$ と $\mathbb{W}_2$ の**和空間**とよび $\mathbb{W}_1 + \mathbb{W}_2$ で表す．

例 1.9 空でない部分**集合** $\mathsf{S} \subset \mathbb{V}$ に対し

$$\left\{ \sum_{i=1}^{k} c_i \vec{x}_i \ \middle| \ c_1, c_2, \ldots, c_k \in \mathbb{K}, \ \vec{x}_1, \vec{x}_2, \ldots, \vec{x}_k \in \mathsf{S} \right\}$$

は $\mathbb{V}$ の線型部分空間を定める．これを S の**生成する線型部分空間**とか S の**張る線型部分空間**とよぶ．和空間 $\mathbb{W}_1 + \mathbb{W}_2$ は $\mathbb{W}_1 \cup \mathbb{W}_2$ の生成する線型部分空間である．

和空間 $\mathbb{W}_1 + \mathbb{W}_2$ において $\mathbb{W}_1 \cap \mathbb{W}_2 = \{\vec{0}\}$ であるとき $\mathbb{W}_1 + \mathbb{W}_2$ は $\mathbb{W}_1$ と $\mathbb{W}_2$ の**直和**（direct sum）であるといい $\mathbb{W}_1 \dotplus \mathbb{W}_2$ で表す．

例 1.10 ($\mathbb{K}^2$) $\mathbb{V} = \mathbb{K}^2 = \{(u_1, u_2) \,|\, u_1, u_2 \in \mathbb{K}\}$ に対し $\mathbb{W}_1 = \{(u_1, 0) \,|\, u_1 \in \mathbb{K}\}$, $\mathbb{W}_2 = \{(0, u_2) \,|\, u_2 \in \mathbb{K}\}$ とおくと，これらは線型部分空間であり $\mathbb{V} = \mathbb{W}_1 \dotplus \mathbb{W}_2$ である．

和空間は 3 つ以上の線型部分空間についても考えられる．

$$\mathbb{W}_1 + \mathbb{W}_2 + \cdots + \mathbb{W}_k = \{\vec{w}_1 + \vec{w}_2 + \cdots + \vec{w}_k \,|\, \vec{w}_1 \in \mathbb{W}_1, \vec{w}_2 \in \mathbb{W}_2, \ldots, \vec{w}_k \in \mathbb{W}_k\}$$

に対し

$$\mathbb{W}_i \cap (\mathbb{W}_1 + \mathbb{W}_2 + \cdots + \mathbb{W}_{i-1} + \mathbb{W}_{i+1} + \cdots + \mathbb{W}_k) = \{\vec{0}\}$$

がすべての $i = 1, 2, \ldots, k$ について成り立つとき $\mathbb{W}_1 + \mathbb{W}_2 + \cdots + \mathbb{W}_k$ は直和であるといい $\mathbb{W}_1 \dotplus \mathbb{W}_2 \dotplus \cdots \dotplus \mathbb{W}_k$ と表記する．とくに $\mathbb{V} = \mathbb{W}_1 \dotplus \mathbb{W}_2 \dotplus \cdots \dotplus \mathbb{W}_k$ であるとき $\mathbb{V}$ は $\mathbb{W}_1, \mathbb{W}_2, \ldots, \mathbb{W}_k$ の直和に分解されるという．

1.2 双対空間とスカラー積

単純リー環を調べる上で基本的な概念にルート系がある．ルート系はカルタン部分環とよばれる線型空間の上の線型な函数（線型汎函数）である．そこで，この節では線型汎函数の取り扱いを説明する（より詳しくは『リー群』5.2 節と 5.3 節を参照されたい）．

双対空間

有限次元の $\mathbb{K}$ 線型空間 $\mathbb{V}$ に対し函数 $\alpha : \mathbb{V} \to \mathbb{K}$ が

$$\alpha(a\vec{x} + b\vec{y}) = a\alpha(\vec{x}) + b\alpha(\vec{y})$$

1.2 双対空間とスカラー積 15

をすべての $a, b \in \mathbb{K}$, すべての $\vec{x}, \vec{y} \in \mathbb{V}$ に対しみたすとき $\mathbb{V}$ 上の**線型汎函数**
(linear functional) であるという. $\mathbb{V}$ 上の線型汎函数の全体を $\mathbb{V}^*$ で表す. α,
$\beta \in \mathbb{V}^*$ と $c \in \mathbb{K}$ に対し

$$(\alpha + \beta)(\vec{x}) = \alpha(\vec{x}) + \beta(\vec{x}), \quad (c\alpha)(\vec{x}) = c\alpha(\vec{x})$$

と定めると, $\mathbb{V}^*$ は $\mathbb{K}$ 線型空間である. $\mathbb{V}^*$ を $\mathbb{V}$ の**双対線型空間**という. **双対空間** (dual space) と略称することが多い. いま $\mathbb{V}$ の基底 $\mathcal{E} = \{\vec{e}_1, \vec{e}_2, \ldots, \vec{e}_n\}$
をひとつとり $\sigma_i \in \mathbb{V}^*$ を

$$\sigma_i(\vec{e}_j) = \begin{cases} 1 & (i = j \text{ のとき}) \\ 0 & (i \neq j \text{ のとき}) \end{cases}$$

と定めよう. $\vec{x}$ を

$$\vec{x} = x_1\vec{e}_1 + x_2\vec{e}_2 + \cdots + x_n\vec{e}_n$$

と表示してみると

$$\sigma_i(\vec{x}) = \sigma_i(x_1\vec{e}_1 + x_2\vec{e}_2 + \cdots + x_n\vec{e}_n) = x_i$$

であるから σ_i は $\vec{x}$ の第 i 番目の座標を与える函数である. さて $\alpha \in \mathbb{V}^*$ に
対し

$$\alpha(\vec{x}) = \alpha\left(\sum_{j=1}^{n} x_j\vec{e}_j\right) = \sum_{j=1}^{n} x_j\alpha(\vec{e}_j) = \sum_{j=1}^{n} \alpha(\vec{e}_j)\sigma_j(\vec{x})$$

であるから

$$\alpha = \sum_{j=1}^{n} \alpha(\vec{e}_j)\sigma_j$$

と表せる. ゆえに $\Sigma = \{\sigma_1, \sigma_2, \ldots, \sigma_n\}$ は $\mathbb{V}^*$ の基底である. これを $\mathbb{V}^*$ の $\mathcal{E}$
に双対的な基底という. $\mathcal{E}$ の**双対基底**と略称することが多い.

　有限次元線型空間 $\mathbb{V}$ の元をベクトルとよぶことにあわせて $\mathbb{V}^*$ の元を**コベクトル** (covector) ともよぶ. $\vec{x} \in \mathbb{V}$ と $\alpha \in \mathbb{V}^*$ に対し**双対積** $\langle \vec{x}, \alpha \rangle$ を

(1.7) $$\langle \vec{x}, \alpha \rangle = \langle \alpha, \vec{x} \rangle = \alpha(\vec{x})$$

で定める. 双対積は**ペアリング** (pairing) ともよばれる.

16　　　第 1 章　　線型代数速習

スカラー積

　ルート系を扱う際にスカラー積とよばれるものを利用するので，ここで手短かに説明しておこう（より詳しくは姉妹書『リー群』の 5.3 節を参照してほしい）．スカラー積は数空間 $\mathbb{R}^n$ の自然な内積（**ユークリッド内積**という）を一般化した概念である．お手本であるユークリッド内積を復習しよう．ベクトル $\boldsymbol{x} = (x_1, x_2, \ldots, x_n)$ と $\boldsymbol{y} = (y_1, y_2, \ldots, y_n)$ のユークリッド内積 $(\boldsymbol{x}|\boldsymbol{y})$ は

$$(\boldsymbol{x}|\boldsymbol{y}) = \sum_{i=1}^{n} x_i y_i,$$

で定義される．内積のもつ性質を思い出そう．$\boldsymbol{x}, \boldsymbol{x}_1, \boldsymbol{x}_2, \boldsymbol{y}, \boldsymbol{y}_1, \boldsymbol{y}_2 \in \mathbb{R}^n$, $a \in \mathbb{R}$ に対し

(1) $(\boldsymbol{x}_1 + \boldsymbol{x}_2|\boldsymbol{y}) = (\boldsymbol{x}_1|\boldsymbol{y}) + (\boldsymbol{x}_2|\boldsymbol{y})$,

(2) $(\boldsymbol{x}|\boldsymbol{y}_1 + \boldsymbol{y}_2) = (\boldsymbol{x}|\boldsymbol{y}_1) + (\boldsymbol{x}|\boldsymbol{y}_2)$,

(3) $(a\boldsymbol{x}|\boldsymbol{y}) = (\boldsymbol{x}|a\boldsymbol{y}) = a(\boldsymbol{x}|\boldsymbol{y})$,

(4) $(\boldsymbol{x}|\boldsymbol{y}) = (\boldsymbol{y}|\boldsymbol{x})$,

(5) $(\boldsymbol{x}|\boldsymbol{x}) \geq 0$. とくに $(\boldsymbol{x}|\boldsymbol{x}) = 0$ となるのは $\boldsymbol{x} = \boldsymbol{0}$ のときに限る．

最後の (5) は**正値性**とよばれる．(1) から (3) を纏めて**双線型性**という．(4) は対称性という．

　内積のもつ性質 (1) から (4) を手がかりに次の定義を行う．

定義 1.9 $\mathbb{K}$ 線型空間 $\mathbb{V}$ 上の 2 変数函数 $\mathcal{F}$ を考える．$\mathcal{F}$ は $\mathbb{V}$ の 2 つの元からなる組 $(\vec{x}, \vec{y})$ に対し，スカラー $\mathcal{F}(\vec{x}, \vec{y})$ を対応させる規則である．

　$\mathcal{F}$ がすべての $\vec{x}, \vec{y}, \vec{z} \in \mathbb{V}$, すべての $a, b \in \mathbb{K}$ に対し

$$\mathcal{F}(a\vec{x} + b\vec{y}, \vec{z}) = a\mathcal{F}(\vec{x}, \vec{z}) + b\mathcal{F}(\vec{y}, \vec{z}), \quad \mathcal{F}(\vec{x}, a\vec{y} + b\vec{z}) = a\mathcal{F}(\vec{x}, \vec{y}) + b\mathcal{F}(\vec{x}, \vec{z})$$

をみたすとき，$\mathbb{V}$ 上の**双線型形式**（bilinear form）であるという．とくに $\mathcal{F}(\vec{x}, \vec{y}) = \mathcal{F}(\vec{y}, \vec{x})$ をみたす双線型形式を**対称双線型形式**という．また $\mathcal{F}(\vec{x}, \vec{y}) = -\mathcal{F}(\vec{y}, \vec{x})$ をみたす双線型形式を**交代双線型形式**という．

1.2 双対空間とスカラー積

$\mathbb{V}$ の基底 $\mathcal{E} = \{\vec{e}_1, \vec{e}_2, \ldots, \vec{e}_n\}$ をとり,双線型形式 $\mathcal{F}$ を用いて行列 $F = (f_{ij}) \in \mathrm{M}_n\mathbb{R}$ を $f_{ij} = \mathcal{F}(\vec{e}_i, \vec{e}_j)$ で定める.F を $\mathcal{F}$ の $\mathcal{E}$ に関する**表現行列**とよぶ.すると

$$\mathcal{F}(\vec{x}, \vec{y}) = {}^t\varphi_{\mathcal{E}}(\vec{x}) F \, \varphi_{\mathcal{E}}(\vec{y})$$

が成立する.表現行列が正則かどうかは基底の選び方には依存しない性質である.実際,別の基底 $\mathcal{E}' = \{\vec{e}_1', \vec{e}_2', \ldots, \vec{e}_n'\}$ を採り,基底の取り替え行列を $P = (p_{ij})$ とする.また $f_{ij}' = \mathcal{F}(\vec{e}_i', \vec{e}_j')$ とおくと (1.5) より

$$f_{ij}' = \mathcal{F}(\vec{e}_i', \vec{e}_j') = \mathcal{F}\left(\sum_{k=1}^{n} p_{ki}\vec{e}_k, \sum_{l=1}^{n} p_{lj}\vec{e}_l\right) = \sum_{k=1}^{n}\sum_{l=1}^{n} \mathcal{F}(p_{ki}\vec{e}_k, p_{lj}\vec{e}_l)$$

$$= \sum_{k=1}^{n}\sum_{l=1}^{n} p_{ki}f_{kl}p_{lj} = \sum_{l=1}^{n}\left(\sum_{k=1}^{n} ({}^tP)_{ik}f_{kl}\right) p_{lj}$$

となるので $\mathcal{F}$ の $\mathcal{E}'$ に関する表現行列 F' は $F' = {}^tPFP$ で与えられることからわかる.

また次のように言い換えられる.

補題 1.1 双線型形式 $\mathcal{F}$ に対し次の 2 条件は同値.

- (**非退化条件**) すべての $\vec{x} \in \mathbb{V}$ に対し $\mathcal{F}(\vec{x}, \vec{y}) = 0$ ならば $\vec{y} = \vec{0}$.
- ある基底に関する $\mathcal{F}$ の表現行列は正則行列.

そこで次の定義を与える.

定義 1.10 対称双線型形式 $\mathcal{F}$ が非退化条件をみたすとき $\mathcal{F}$ を $\mathbb{V}$ の**スカラー積** (scalar product) という.スカラー積の与えられた線型空間を**スカラー積空間** (scalar product space) という.

数空間 $\mathbb{R}^n$ にユークリッド内積 $(\cdot|\cdot)$ を指定して得られるスカラー積空間のことを n 次元**ユークリッド空間** (Euclidean n-space) といい $\mathbb{E}^n$ で表す.

【**記号**】 $\mathbb{R}^n$ と書いたとき,それがユークリッド空間を表すのか,スカラー積が指定されていない状態なのかがわかりにくいし紛らわしい.そこでユークリッド内積を与えた $\mathbb{R}^n$ を $\mathbb{E}^n$ と表記する.

18　　　　　　第 1 章　　線型代数速習

例 1.11 (擬ユークリッド空間) $0 \leq \nu \leq n$ である整数 ν をひとつ選んでおく．$\boldsymbol{x} = (x_1, x_2, \ldots, x_n)$, $\boldsymbol{y} = (y_1, y_2, \ldots, y_n) \in \mathbb{R}^n$ に対し

$$\langle \boldsymbol{x}, \boldsymbol{y} \rangle = - \sum_{i=1}^{\nu} x_i y_i + \sum_{i=\nu+1}^{n} x_i y_i$$

と定めると $\langle \cdot, \cdot \rangle$ はスカラー積である．このスカラー積を $\mathbb{R}^n$ に与えたものを指数 ν の**擬ユークリッド空間**といい $\mathbb{E}_\nu^n$ で表す．$\mathbb{E}_0^n = \mathbb{E}^n$ である．とくに $\mathbb{L}^n = \mathbb{E}_1^n$ を n 次元**ミンコフスキー空間** (Minkowski n-space) とよぶ[*5]．$\mathbb{L}^4 = \mathbb{E}_1^4$ は物理学における特殊相対性理論に登場するミンコフスキー時空 (Minkowski spacetime) の数学的モデルである．

例 1.12 (数空間) $\boldsymbol{z} = (z_1, z_2, \ldots, z_n)$, $\boldsymbol{w} = (w_1, w_2, \ldots, w_n) \in \mathbb{K}^n$ に対し

$$(1.8) \qquad\qquad (\boldsymbol{z}|\boldsymbol{w}) = \sum_{i=1}^{n} z_i w_i$$

と定めると $(\cdot|\cdot)$ はスカラー積である．$\mathbb{K} = \mathbb{R}$ のときはユークリッド内積である．

　実線型空間においては次の定義も必要になる．

定義 1.11 $\mathbb{K} = \mathbb{R}$ とする．対称双線型形式 $\mathcal{F}$ が**正定値条件**

　すべての $\vec{v}$ に対し $\mathcal{F}(\vec{v}, \vec{v}) \geq 0$. $\mathcal{F}(\vec{v}, \vec{v}) = 0$ となるのは $\vec{v} = \vec{0}$ のときに限る

をみたすとき $\mathcal{F}$ を $\mathbb{V}$ の**内積** (inner product) という．

内積はスカラー積の特別なものである．$\mathbb{K} = \mathbb{R}$ のときスカラー積空間は**計量線型空間**ともよばれる．とくに内積の与えられた有限次元実線型空間を**ユークリッド線型空間**とよぶ ([13, §2.2], [21, §4.6])．ユークリッド線型空間において

$$\|\vec{v}\| = \sqrt{\mathcal{F}(\vec{v}, \vec{v})}$$

[*5] 数論におけるミンコフスキー空間と区別するためにローレンツ・ミンコフスキー空間とよぶこともある．

と定め $\vec{v}$ の**長さ**という.

例 1.13 ($\mathbb{C}^n$ の内積) 線型代数学における複素数空間 $\mathbb{C}^n$ の（標準的）内積は上の例で定めたものでなく

$$(1.9) \qquad \langle \boldsymbol{z}|\boldsymbol{w}\rangle = \sum_{i=1}^{n} z_i \overline{w_i}$$

を指す．$\langle\cdot|\cdot\rangle$ は双線型でも対称でもないことに注意が必要である．実際，$\boldsymbol{z}$, $\boldsymbol{w} \in \mathbb{C}^n$, $c \in \mathbb{C}$ に対し

$$\langle c\boldsymbol{z}|\boldsymbol{w}\rangle = c\langle \boldsymbol{z}|\boldsymbol{w}\rangle, \quad \langle \boldsymbol{z}|c\boldsymbol{w}\rangle = \bar{c}\langle \boldsymbol{z}|\boldsymbol{w}\rangle, \quad \langle \boldsymbol{w}|\boldsymbol{z}\rangle = \overline{\langle \boldsymbol{z}|\boldsymbol{w}\rangle}$$

である．今後 $\mathbb{C}^n$ には（とくに断らない限り）この内積（**標準エルミート内積**）が指定されているものとする（$\mathbb{R}^n$ と $\mathbb{E}^n$ の区別をしたことと整合的でないのでちょっと注意）.

$\mathbb{C}^n$ のスカラー積 (1.8) と線型代数で学ぶ $\mathbb{C}^n$ の標準エルミート内積を**混同しないように注意**してほしい．混同を回避するために，ここで線型代数で学ぶ複素線型空間の内積の定義を述べておこう．内積のことをスカラー積とよぶ本もあってなおのこと紛らわしいので次の定義における "内積" を「エルミート内積」とよぶことにする（これで混同は避けられるはず）.

定義 1.12 (エルミート内積) 複素線型空間 $\mathbb{V}$ 上の 2 変数関数 $\mathcal{F}$ が以下の条件をみたすとき $\mathbb{V}$ の**エルミート内積**という.

(1) すべての $\vec{x}, \vec{y}, \vec{z} \in \mathbb{V}$, すべての $a, b \in \mathbb{C}$ に対し

$$\mathcal{F}(a\vec{x} + b\vec{y}, \vec{z}) = a\mathcal{F}(\vec{x}, \vec{z}) + b\mathcal{F}(\vec{y}, \vec{z}).$$

(2) すべての $\vec{x}, \vec{y} \in \mathbb{V}$ に対し $\mathcal{F}(\vec{x}, \vec{y}) = \overline{\mathcal{F}(\vec{y}, \vec{x})}$.

(3) $\mathcal{F}(\vec{x}, \vec{x}) \geq 0$. とくに $\mathcal{F}(\vec{x}, \vec{x}) = 0$ ならば $\vec{x} = \vec{0}$.

エルミート内積が指定された複素線型空間において

$$\|\vec{x}\| = \sqrt{\mathcal{F}(\vec{x}, \vec{x})}$$

と定め $\vec{x}$ の**長さ**とよぶ.

スカラー積空間同士の「同型」を次のように定める.

定義 1.13 有限次元スカラー積空間の間の線型同型写像 $f : (\mathbb{V}, \mathcal{F}) \to (\mathbb{V}', \mathcal{F}')$ がスカラー積を保つとき, すなわち

$$\text{すべての } \vec{x}, \vec{y} \in \mathbb{V} \text{ に対し } \mathcal{F}'(f(\vec{x}), f(\vec{y})) = \mathcal{F}(\vec{x}, \vec{y})$$

をみたすとき**線型等長写像** (linear isometry) であるという. 線型等長写像が存在するとき $(\mathbb{V}, \mathcal{F})$ と $(\mathbb{V}', \mathcal{F}')$ は**スカラー積空間として同型**であるという.

エルミート内積についても同様に定めよう.

定義 1.14 有限次元複素線型空間にエルミート内積を指定したものを**ユニタリ空間** (unitary space) とよぶ. ユニタリ空間の間の線型同型写像 $f : (\mathbb{V}, \mathcal{F}) \to (\mathbb{V}', \mathcal{F}')$ がエルミート内積を保つとき, すなわち

$$\text{すべての } \vec{x}, \vec{y} \in \mathbb{V} \text{ に対し } \mathcal{F}'(f(\vec{x}), f(\vec{y})) = \mathcal{F}(\vec{x}, \vec{y})$$

をみたすとき**線型等長写像** (linear isometry) であるという. 線型等長写像が存在するとき $(\mathbb{V}, \mathcal{F})$ と $(\mathbb{V}', \mathcal{F}')$ は**ユニタリ空間として同型**であるという.

例 1.14 (行列空間) $X = (x_{ij}), Y = (y_{ij}) \in \mathrm{M}_n\mathbb{R}$ の内積を

$$(1.10) \qquad (X|Y) = \mathrm{tr}({}^tXY) = \sum_{i,j=1}^{n} x_{ij}y_{ij}$$

で定義する. $\|X\| = \sqrt{(X|X)}$ は X の（標準）**ノルム** (norm) ともよばれる[6] (1.4) で与えた $\varphi_{n,\mathbb{R}} : \mathrm{M}_n\mathbb{R} \to \mathbb{E}^{n^2}$ は線型等長写像である. この線型等長写像を介して $\mathrm{M}_n\mathbb{R}$ を n^2 次元ユークリッド空間とみなす.

---

[6] 『リー群』定義 4.9.

1.2 双対空間とスカラー積 **21**

複素行列のエルミート内積も定めておこう. $W = (w_{ij}) \in \mathrm{M}_n\mathbb{C}$ に対し w_{ij} の共軛複素数 $\overline{w_{ij}}$ を (i,j) 成分にもつ n 次正方行列を $\overline{W}$ で表し W の**複素共軛行列**とよぶ（『リー群』定義 7.1）. $W \in \mathrm{M}_n\mathbb{C}$ の転置行列 ${}^t W$ の複素共軛行列 $\overline{{}^t W}$ と $\overline{W}$ の転置行列 ${}^t(\overline{W})$ は一致する.

$$W^* = \overline{{}^t W} = {}^t(\overline{W})$$

と定め W^* を W の**随伴行列** とよぶ.

$Z = (z_{ij})$, $W = (w_{ij}) \in \mathrm{M}_n\mathbb{C}$ のエルミート内積を

$$(1.11) \qquad \langle Z|W \rangle = \mathrm{tr}({}^t Z \overline{W}) = \sum_{i,j=1}^n z_{ij} \overline{w_{ij}}$$

で定める. どの $Z \in \mathrm{M}_n\mathbb{C}$ についても $\langle Z, Z \rangle \geq 0$ であるから Z の長さ $\|Z\|$ を $\|Z\| = \sqrt{\langle Z|Z \rangle}$ で定められる（Z の**ノルム**ともよばれる）. ここで定めたエルミート内積に関する長さであることを強調して $\|Z\|_{\mathrm{M}_n\mathbb{C}}$ とも表す.

あとで使うために少々の書き換えを行う.

$$({}^t Z \bar{Z})_{ij} = \sum_{k=1}^n z_{ki} \overline{z_{kj}}, \quad (Z^* Z)_{ij} = \sum_{k=1}^n \overline{z_{ki}} z_{kj}$$

であるから

$$\mathrm{tr}({}^t Z \bar{Z}) = \mathrm{tr}(Z^* Z) = \|Z\|^2$$

を得る. これを

$$(1.12) \qquad \|Z\|_{\mathrm{M}_n\mathbb{C}} = \sqrt{\mathrm{tr}(Z^* Z)} = \sqrt{\mathrm{tr}({}^t Z \bar{Z})}$$

と書き換えておこう.

$\varphi_{n,\mathbb{C}} : \mathrm{M}_n\mathbb{C} \to \mathbb{C}^{n^2}$ はエルミート内積に関する線型等長写像である.

註 1.4 $\mathrm{M}_n\mathbb{K}$ 上のスカラー積の例を挙げておく. この例は本書でとても大事な役割をする. $Z, W \in \mathrm{M}_n\mathbb{K}$ に対し

$$(1.13) \qquad \langle Z, W \rangle = \mathrm{tr}(ZW)$$

と定めると $\mathrm{M}_n\mathbb{K}$ のスカラー積である.

22　　　　第 1 章　　線型代数速習

　ユークリッド線型空間 $\mathbb{V}$ から $\mathbb{V}$ 自身への線型等長写像の全体を $\mathrm{O}(\mathbb{V})$ で表す．$\mathbb{V}$ の内積を $(\cdot|\cdot)$ で表す．$f \in \mathrm{O}(\mathbb{V})$ は単射（1 対 1 写像）であることを示しておこう．

　$f(\vec{x}) = f(\vec{y})$ と仮定し $\vec{x} = \vec{y}$ を示す．f の線型性より

$$(f(\vec{x} - \vec{y})|f(\vec{x} - \vec{y})) = (f(\vec{x}) - f(\vec{y})|f(\vec{x}) - f(\vec{y})) = 0.$$

一方，f が内積を保つことから

$$(f(\vec{x} - \vec{y})|f(\vec{x} - \vec{y})) = (\vec{x} - \vec{y}|\vec{x} - \vec{y}) = \|\vec{x} - \vec{y}\|^2.$$

両者をあわせると $\vec{x} = \vec{y}$．したがって f は単射．ということは f は線型同型である．逆変換 f^{-1} も線型等長写像であることから $\mathrm{O}(\mathbb{V})$ は合成に関し群をなすことがわかる．$\mathrm{O}(\mathbb{V})$ を $\mathbb{V}$ の**線型等長群**（linear isometry group）とか**直交群**という．

　スカラー積空間やユニタリ空間ではベクトルの直交性が定義できる．

定義 1.15　$(\mathbb{V}, \mathcal{F})$ をスカラー積空間またはユニタリ空間とする．$\mathbb{V}$ の 2 本のベクトル $\vec{x}$ と $\vec{y}$ が $\mathcal{F}(\vec{x}, \vec{y}) = 0$ をみたすとき $\vec{x}$ と $\vec{y}$ は互いに**直交する**という．

定義 1.16 (ユークリッド線型空間の正規直交基底)　n 次元ユークリッド線型空間 $(\mathbb{V}, \mathcal{F})$ の基底 $\{\vec{u}_1, \vec{u}_2, \ldots, \vec{u}_n\}$ は

$$\mathcal{F}(u_i, u_j) = 0 \ (i \neq j), \quad \mathcal{F}(u_i, u_i) = 1 \ (i = 1, 2, \ldots, n)$$

をみたすとき**正規直交基底**（orthonormal basis）であるといわれる．

定義 1.17 (ユニタリ空間の正規直交基底)　n 次元ユニタリ空間 $(\mathbb{V}, \mathcal{F})$ の基底 $\{\vec{u}_1, \vec{u}_2, \ldots, u_n\}$ は

$$\mathcal{F}(u_i, u_j) = 0 \ (i \neq j), \quad \mathcal{F}(u_i, u_i) = 1 \ (i = 1, 2, \ldots, n)$$

をみたすとき**正規直交基底**（orthonormal basis）であるといわれる．

1.2 双対空間とスカラー積 **23**

註 1.5 (スカラー積の場合) n 次元**実**スカラー積空間 $(\mathbb{V}, \mathcal{F})$ においては次の条件をみたす基底 $\{\vec{u}_1, \vec{u}_2, \ldots, \vec{u}_n\}$ が存在する[*7].

$$\mathcal{F}(\vec{u}_i, \vec{u}_i) = -1, \quad 1 \le i \le \nu,$$
$$\mathcal{F}(\vec{u}_i, \vec{u}_i) = 1, \quad \nu + 1 \le i \le n,$$
$$\mathcal{F}(\vec{u}_i, \vec{u}_j) = 0, \quad i \ne j.$$

この基底を $\mathcal{F}$ に関する $\mathbb{V}$ の**正規直交基底**という. ν は正規直交基底に共通の値である. ν を $\mathcal{F}$ の**指数** (index) という. $(n - \nu, \nu)$ を $\mathcal{F}$ の**符号** (signature) とよぶ.

複素単純リー環を調べるためにあともう一歩, スカラー積に関する準備をしよう. 実は**双対空間にスカラー積を定める**必要がある.

有限次元 $\mathbb{K}$ 線型空間 $\mathbb{V}$ にスカラー積 $\mathcal{F}$ が与えられているとする. このとき双対空間 $\mathbb{V}^*$ にスカラー積が移植される. まず線型写像 $\flat : \mathbb{V} \to \mathbb{V}^*$ を

$$\boxed{\flat\vec{v}(\vec{w}) = \mathcal{F}(\vec{v}, \vec{w})}$$

で定める. $\flat$ は線型同型であり逆写像 $\sharp : \mathbb{V}^* \to \mathbb{V}$ をもつ.

実際 $\alpha \in \mathbb{V}^*$ に対し $\sharp\alpha \in \mathbb{V}$ は

$$(1.14) \qquad\qquad \alpha(\vec{w}) = \mathcal{F}(\sharp\alpha, \vec{w}), \quad \vec{w} \in \mathbb{V}$$

で与えられる. $\vec{v} \in \mathbb{V}$ に対し $\flat\vec{v}$ を $\vec{v}$ の $\mathcal{F}$ に関する**計量的双対コベクトル** (metrical dual covector) とよぶ. 双対コベクトルと略称することも多い. また $\alpha \in \mathbb{V}^*$ に対し $\sharp\alpha \in \mathbb{V}$ を $\alpha \in \mathbb{V}^*$ の**計量的双対ベクトル**とよぶ. これも双対ベクトルと略称されることが多い.

$\sharp$ と $\flat$ は線型同型写像である. そこで $\mathbb{V}^*$ のスカラー積 $\mathcal{F}^*$ を

$$(1.15) \qquad\qquad \mathcal{F}^*(\alpha, \beta) = \mathcal{F}(\sharp\alpha, \sharp\beta)$$

で定めることができる. $\mathcal{F}^*$ を**双対スカラー積**という.

[*7] シルベスターの慣性法則 (『リー群』定理 5.3). 慣性法則から内積は指数 0 のスカラー積であることがわかる.

24　　　　第 1 章　　線型代数速習

逆に $\mathbb{V}^*$ の方にスカラー積 $\mathcal{F}^*$ が与えられているが $\mathbb{V}$ にまだスカラー積が与えられていないとき

$$(1.16) \qquad\qquad \mathcal{F}(\vec{v}, \vec{w}) = \mathcal{F}^*(\flat\vec{v}, \flat\vec{w})$$

で $\mathbb{V}$ のスカラー積 $\mathcal{F}$ を与えることができる．この $\mathcal{F}$ を $\mathcal{F}^*$ の**双対スカラー積**とよぶ．

1.3　鏡映

　この本の目標は複素単純リー環の構造を解説することである．この目標のためには鏡映 (reflection) について事前に学んでおくことが望ましい．線型代数（解析幾何）の内容であるが，案外と学ぶ機会に恵まれない読者が多いのでここで速習コースを提供しよう*8．まず 3 次元ユークリッド空間 $\mathbb{E}^3$ 内の平面をベクトルを使って表示する方法から説明しよう ([2], [9] 参照)．

　点 A を通りベクトル $\boldsymbol{n} \neq \boldsymbol{0}$ に垂直な $\mathbb{E}^3$ 内の平面 Π は原点 O を始点とする位置ベクトルを用いて

$$\Pi = \{\boldsymbol{x} \mid (\boldsymbol{x} - \boldsymbol{a} \mid \boldsymbol{n}) = 0\},\ \boldsymbol{x} = \overrightarrow{\mathrm{OX}},\ \boldsymbol{a} = \overrightarrow{\mathrm{OA}}$$

と表すことができる．点 P の Π に関する対称点 P′ を求めてみる．P, P′ の位置ベクトルをそれぞれ $\boldsymbol{p}, \boldsymbol{p}'$ とする．この 2 点を結ぶ直線 ℓ をベクトルを使って表す．ℓ は P を通り $\boldsymbol{n}$ に平行であるから ℓ 上の点 X の位置ベクトル $\boldsymbol{x}$ はある実数 t を用いて $\boldsymbol{x} = \boldsymbol{p} + t\boldsymbol{n}$ と表せる．すなわち直線 ℓ は

$$\ell = \{\boldsymbol{x} = \boldsymbol{p} + t\boldsymbol{n} \mid t \in \mathbb{R}\}$$

と表示できる．ℓ と Π の交点を求めよう．$\boldsymbol{x}$ を交点 X の位置ベクトルとする．$\boldsymbol{x} = \boldsymbol{p} + t_0\boldsymbol{n}$ を Π の方程式に代入して

$$0 = (\boldsymbol{p} + t_0\boldsymbol{n} - \boldsymbol{a}|\boldsymbol{n}) = (\boldsymbol{p}|\boldsymbol{n}) + t(\boldsymbol{n}|\boldsymbol{n}) - (\boldsymbol{a}|\boldsymbol{n}).$$

---

*8 詳しくは『リー群』5.4 節を見てほしい．

したがって
$$t_0 = \frac{(a|n) - (p|n)}{(n|n)}$$
を得る．対称点の位置ベクトルは $p' = p + 2t_0 n$ であるから
$$p' = p + \frac{2\{(a|n) - (p|n)\}}{(n|n)} n$$
が得られた．ここで $p' = S_\Pi(p)$ と書いておく．

$$S_\Pi(p) = p - \frac{2(p-a|n)}{(n|n)} n$$

とくに P $\in \Pi$ だと $(p-a|n) = 0$ だから $S_\Pi(p) = p$ である．逆に $S_\Pi(p) = p$ ならば $p \in \Pi$ である．

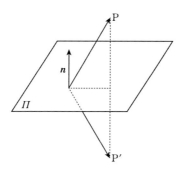

図 1.1 平面に関する対称点

対応 $p \mapsto S_\Pi(p)$ により変換 $S_\Pi : \mathbb{E}^3 \to \mathbb{E}^3$ が定まる．この変換を平面 Π に関する**鏡映** (reflection) または**面対称**とよぶ．定義から明らかに

$$S_\Pi \circ S_\Pi = \mathrm{Id}\ (恒等変換), \quad S_\Pi(n) = -n$$

である．

$\mathbb{E}^3$ 内の平面 Π は
$$\Pi = \{x \in \mathbb{R}^3 \mid (x|n) = c\}$$

という形で表示することもできる.

いま平面 Π がこの形で与えられているとしよう. $A \in \Pi$ をどこでもいいから選ぶと $c = (a|n)$ をみたすから Π の方程式は $(x - a|n) = 0$ と書き直せる. これは Π が A を通り n に垂直な平面であることを意味している. S_Π は

$$S_\Pi(p) = p - \frac{2\{(p|n) - c\}}{(n|n)} n$$

と書き直せる. とくに Π が原点を通る場合

$$(1.17) \qquad S_\Pi(p) = p - \frac{2(p|n)}{(n|n)} n$$

という簡単な式になる.

以上のことは高次元のユークリッド空間でもそのまま意味をもつことに注意しよう. さらによく反省してみると線型空間の構造と内積しか使っていないからユークリッド線型空間で**そのまま通用してしまう**.

定義 1.18 (鏡映) 内積 $(\cdot|\cdot)$ を備えた n 次元ユークリッド線型空間 $\mathbb{V}$ において超平面 Π を次の要領で定める. ベクトル $\vec{n} \neq \vec{0}$ と $c \in \mathbb{R}$ を用いて

$$(1.18) \qquad \Pi = \{\vec{x} \in \mathbb{V} \mid (\vec{x}|\vec{n}) = c\}$$

で定まる $\Pi \subset \mathbb{V}$ を $\mathbb{V}$ の**超平面** (hyperplane) という.

超平面 Π に関する**鏡映** (reflection) $S_\Pi : \mathbb{V} \to \mathbb{V}$ を次で定める.

$$(1.19) \qquad S_\Pi(\vec{p}) = \vec{p} - \frac{2\{(\vec{p}|\vec{n}) - c\}}{(\vec{n}|\vec{n})} \vec{n}$$

S_Π は $\mathbb{V}$ の線型等長写像である (確かめよ).

さらに次の基本的な事実が成り立つ[9].

---

[9] 証明は [31] を参照. [2, 定理 2.62] も参考になる. 『リー群』を併読されている読者は第 2 章を読み返してほしい. カルタン (Élie Joseph Cartan, 1869–1951) はこの本で何度も登場する. デュウドネ (デュドンネ, Jean Alexander Eugène Dieudonné, 1906–1992) はブルバキの主要メンバーの一人.

1.4 直交直和分解

定理 1.1 (カルタン・デュウドネの定理) n 次元ユークリッド線型空間 $\mathbb{V}$ の線型等長変換群 $O(\mathbb{V})$ は鏡映で生成される．より詳しくは $\mathbb{V}$ の線型等長変換は高々 $(n+1)$ 個の鏡映の合成で表せる．

註 1.6 (⋆ 合同変換群) 『リー群』に続けて読まれている読者向けの注意をしておこう．n 次元ユークリッド空間 $\mathbb{E}^n$ の合同変換群 $E(n)$ も鏡映で生成される．$E(n)$ の各要素は高々 $(n+1)$ 個の鏡映の合成で表せる．

n 次元ユークリッド空間のときに鏡映を行列表示する公式を作っておくと便利である．

$\boldsymbol{n} \in \mathbb{E}^n$ を単位ベクトルとする．鏡映 $S_{\boldsymbol{n}}$ の標準基底 $\{\boldsymbol{e}_1, \boldsymbol{e}_2, \dots, \boldsymbol{e}_n\}$ に関する表現行列 $\mathsf{S}_{\boldsymbol{n}}$ は

$$(1.20) \qquad \mathsf{S}_{\boldsymbol{n}} = E_n - 2\boldsymbol{n}\,{}^t\boldsymbol{n}$$

で与えられる．この行列を**鏡映行列** (reflection matrix) とよぶ[*10]．

n 次元ユークリッド空間 $\mathbb{E}^n$ の場合の鏡映については拙著 [2, 2.2 節] に解説があるので参照してほしい．

1.4 直交直和分解

さてスカラー積空間における線型部分空間の取り扱いについて述べよう．ユークリッド線型空間 $(\mathbb{V}, (\cdot|\cdot))$ において線型部分空間 $\mathbb{W}$ の**直交補空間** $\mathbb{W}^\perp$ が

$$(1.21) \qquad \mathbb{W}^\perp = \{\vec{v} \in \mathbb{V} \mid \text{すべての } \vec{w} \in \mathbb{W} \text{ に対し } (\vec{v}|\vec{w}) = 0\}$$

で定義され，直和分解 $\mathbb{V} = \mathbb{W} \dotplus \mathbb{W}^\perp$ が成立する．このとき $\mathbb{V}$ は $\mathbb{W}$ と $\mathbb{W}^\perp$ の**直交直和**に分解されるという．

このような分解は一般のスカラー積でも可能だろうか．たとえば次の例をみてほしい．

[*10] 『リー群』問題 5.11.

28　　　　　　第 1 章　　線型代数速習

例 1.15 (**$\mathbb{W}^\perp = \mathbb{W}$ の例**)　$\mathbb{V} = \mathbb{E}_1^2$ において $\mathbb{W} = \{(t, t) \in \mathbb{E}_1^2 \mid t \in \mathbb{R}\}$ と選ぶと $\mathbb{W}^\perp = \mathbb{W}$ であり $\mathbb{E}_1^2 \neq \mathbb{W} \dotplus \mathbb{W}^\perp$.

この例ではどの $\vec{w} \in \mathbb{W}$ についても $\langle \vec{w}, \vec{w} \rangle = 0$ である．直交直和分解を述べるために次の用語を用意しよう．

定義 1.19　有限次元スカラー積空間 $(\mathbb{V}, \mathcal{F})$ の線型部分空間 $\mathbb{W}$ 上で $\mathcal{F}$ が非退化のとき，$\mathbb{W}$ を**非退化部分空間**という．

　直交直和分解は次の状況下で成立する．

定理 1.2 (**直交直和の定理**)　有限次元スカラー積空間 $(\mathbb{V}, \mathcal{F})$ の線型部分空間 $\mathbb{W}$ に対し次が成り立つ．

(1) $\dim \mathbb{V} = \dim \mathbb{W} + \dim \mathbb{W}^\perp$.
(2) $(\mathbb{W}^\perp)^\perp = \mathbb{W}$.
(3) $\mathbb{V} = \mathbb{W} \dotplus \mathbb{W}^\perp \iff \mathbb{W}$ は非退化．このとき $\mathbb{W}^\perp$ も非退化．

この定理の証明は『リー群』附録 B を見てほしい．$\mathcal{F}$ が内積のときは，どの線型部分空間も非退化であることに注意しよう．

　線型代数速習コースは終了した．本論に入ろう．

1.4 直交直和分解

【コラム】 (先生! 間違っています) CG や工業デザインなどの分野でも
リー群・リー環が活用される時代になった．数学を専門としない読者でも読
めるように，この本では意図的に論理記号を用いなかった．逆に数学専攻の
読者は論理記号を使って本文を書き換えてほしい．
「すべて」と「ある（存在する）」の順序を間違えると意味が変わってしまう．
うっかりすると誤った文章を書いてしまう危険がある．群の定義における
「単位元」を例にとって説明しよう．

(誤) すべての $a \in G$ に対し $a * e = e * a = a$ となる e が存在する

と書いてはいけない．これだと各 a ごとに e が存在していることを述べてい
るに過ぎない．単位元の定義は $a * e = e * a = a$ をみたす e が**共通に採れ
る**ということを述べている．論理記号を使えば正しい単位元の定義は

(正) $\exists e \in G \, (\forall g \in G \, (g * e = e * g = g))$

と表せる．(誤) は

(誤) $\forall g \in G \, (\exists e \in G \, (g * e = e * g = g))$

と表せて違いが明瞭になる．一方，逆元の定義は

$$\forall g \in G \, (\exists x \in G \, (g * x = x * g = e))$$

であることに注意しよう．ある大学に勤務していたとき（数学専攻でない学
生が対象の）授業で毎年，「先生，間違っています」と言われてしまった．受
講生たちは，「単位元の定義は (誤) が正しい」と主張する．何度説明して
も納得してもらえないまま時は過ぎた．あるとき理由がわかった．受講生た
ちが必ず読んでいる教科書（数学教育と論理学）のどちらも単位元の説明が
(誤) の論理式だった．受講生たちの判定は「2 対 1 で負け．先生の間違いに
決定です．」

2 リー環入門

記法についての注意 この本の第1章（および姉妹書『リー群』）では線型空間に関する説明を行う際にはベクトルに矢印をつけた記法 ($\vec{x}$) を用いてスカラーとの区別をしてきた．とくに零ベクトルを $\vec{0}$ と表した．また，これまで行列を表す際にはアルファベットの大文字 ($A, B, \ldots, X, Y, \ldots$) を用いてきた．零行列は O と表記してきた．それぞれに長所があるが，一貫した記法の方が混乱が少ない．そこで，本章以降ではリー環の要素はアルファベット大文字 ($X, Y, Z, \ldots$) で表し，零ベクトルは 0 で表すことにする．

2.1 リー環

改めて3次元数空間 $\mathbb{R}^3$ の外積を考察しよう．まず $\mathbb{R}^3$ にはベクトルの加法とスカラー倍が定義されていて3次元実線型空間（実ベクトル空間）になっている．$\mathbb{R}^3$ の内積（ユークリッド内積）を $(\cdot|\cdot)$ で表す．すなわち2つのベクトル $\boldsymbol{x} = (x_1, x_2, x_3)$ と $\boldsymbol{y} = (y_1, y_2, y_3)$ に対し $(\boldsymbol{x}|\boldsymbol{y})$ は

$$(\boldsymbol{x}|\boldsymbol{y}) = x_1 y_1 + x_2 y_2 + x_3 y_3$$

で定まるスカラーである．以後，$\mathbb{R}^3$ に内積が与えられていることを強調して $\mathbb{E}^3$ と表記する．$\mathbb{E}^3$ を3次元**ユークリッド空間**（Euclidean 3-space）という[*1]．

また $\mathbb{E}^3$ には「ベクトルの外積 ×」とよばれる操作が次の要領で定義されている．

[*1] より一般に n 次元ユークリッド空間も定められる．詳しくは1章（または姉妹書『リー群』第5章）参照．ユークリッド空間はどの次元でも考えられるが，外積 × は $\mathbb{E}^3$ と $\mathbb{E}^7$ にしか存在しない．

$x = (x_1, x_2, x_3)$, $y = (y_1, y_2, y_3)$ に対し

$$x \times y = (x_2 y_3 - x_3 y_2, x_3 y_1 - x_1 y_3, x_1 y_2 - x_2 y_1).$$

外積という名称であるけれど，実数の積と違って $\times$ は結合法則

$$(x \times y) \times z = x \times (y \times z)$$

をみたさない．

(2.1) $$(x \times y) \times z = -(y|z)x + (z|x)y$$

をみたすことから**ヤコビの恒等式**とよばれる公式

(2.2) $$(x \times y) \times z + (y \times z) \times x + (z \times x) \times y = 0$$

が成立していることがわかる．また交換法則 $x \times y = y \times x$ をみたさず積の交代性とよばれる性質

$$x \times y = -y \times x$$

をもっている．

この例のように線型空間に交代的な積が定義されヤコビの恒等式をみたすものを調べていくことにしよう（『リー群』定義 10.3）．

定義 2.1 $\mathfrak{a}$ を $\mathbb{K}$ 上の線型空間とする[*2]（無限次元でもよい）．$\mathfrak{a}$ の 2 つの要素 X, Y から第 3 の要素 W を定める規則 $(X, Y) \longmapsto W = [X, Y]$ が定められていて，以下の条件をみたすとき $[X, Y]$ を X と Y の**括弧積**（またはリー括弧，リー積）という．

(1) $[\cdot, \cdot]$ は交代的，すなわち $[X, Y] = -[Y, X]$ をみたす．

(2) $X, Y \in \mathfrak{a}$ と $a, b \in \mathbb{K}$ に対し $[aX + bY, Z] = a[X, Z] + b[Y, Z]$ をみたす．

_____

[*2] $\mathfrak{a}$ は a のドイツ文字（フラクトゥール体）である．

(3) **ヤコビの恒等式**（Jacobi identity）

$$(2.3) \qquad [X,[Y,Z]] + [Y,[Z,X]] + [Z,[X,Y]] = 0, \quad X,Y,Z \in \mathfrak{a}$$

をみたす.

このとき $\mathfrak{a}$ は $[\cdot,\cdot]$ に関し（$\mathbb{K}$ 上の）リー環（または**リー代数**）をなすという. $\mathbb{K}$ リー環をなすともいう. $\mathbb{K} = \mathbb{R}$ のときは**実リー環**（real Lie algebra）, $\mathbb{K} = \mathbb{C}$ のときは**複素リー環**（complex Lie algebra）とよぶ. また $\mathfrak{a}$ の線型空間としての次元を $\mathfrak{a}$ の次元といい $\dim \mathfrak{a}$ で表す.

註 2.1 (一般の体) $\mathbb{K}$ とは限らない体上の線型空間について学ばれた読者は一般の体でリー環が定義できることに気づいたと思う. ただし標数に注意が必要である. 標数が 2 でなければ定義 2.1 はそのままでよい. 標数が 2 のときでも通用する定義にするためには (1) を

$$(1') \qquad\qquad\qquad\qquad [X,X] = 0, \quad X \in \mathfrak{a}$$

と修正すればよい. 実際, 標数が 2 でなければ (1) と (1') は同値である（確かめよ）.

問題 2.1 $\mathbb{K}$ リー環 $\mathfrak{g}$ の要素 X と零ベクトル 0 に対し $[X,0] = 0$ であることを確かめよ.

リー環の最も基本的な例は $\mathbb{K}$ 成分の n 次正方行列の全体 $\mathrm{M}_n \mathbb{K}$ に括弧積を

$$[X,Y] = XY - YX$$

で定めたものである. このリー環を $\mathfrak{gl}_n \mathbb{K}$ で表す（『リー群』例 10.1）. $\mathfrak{g}, \mathfrak{l}$ はそれぞれ g, l のドイツ文字（フラクトゥール体）である. より一般に次の例を与えよう.

例 2.1 $\mathbb{K}$ 線型空間 $\mathbb{V}$ 上の $\mathbb{K}$ 線型変換の全体

$$\mathrm{End}(\mathbb{V}) = \{f : \mathbb{V} \to \mathbb{V} \mid f \text{ は } \mathbb{K} \text{ 線型}\}$$

に括弧積を $[f, g] = f \circ g - g \circ f$, すなわち

$$[f, g](\vec{v}) = f(g(\vec{v})) - g(f(\vec{v})), \quad f, g \in \mathrm{End}(\mathbb{V}), \ \vec{v} \in \mathbb{V}$$

で定めると $\mathbb{K}$ リー環である. このリー環を $\mathfrak{gl}(\mathbb{V})$ で表す. とくに $\mathbb{V} = \mathbb{K}^n$ のとき, $\mathbb{V}$ の標準基底をとり f とその表現行列を同じものと思えば (同一視すれば) $\mathfrak{gl}(\mathbb{K}^n) = \mathfrak{gl}_n\mathbb{K}$ である.

この本では有限次元のリー環を扱うが, 無限次元の例をすこしだけ紹介しておこう.

例 2.2 $\{c, L_n\}_{n \in \mathbb{Z}}$ を基底とする複素線型空間を Vir と表す. 括弧積を

$$[c, L_n] = 0, \quad (n \in \mathbb{Z}),$$
$$[L_n, L_m] = (n - m)L_{n+m} + \delta_{n+m,0}\frac{n^3 - n}{12}c$$

で定めると $(\mathrm{Vir}, [\cdot, \cdot])$ は無限次元の複素リー環である. $\delta_{n+m}, 0$ はクロネッカーのデルタ記号である. このリー環を**ヴィラソロ代数** (Virasoro algebra) という.

註 2.2 (交換関係) ヴィラソロ代数の定義では基底 $\{c, L_n\}_{n \in \mathbb{Z}}$ の各要素に対し交換子括弧を定義していた. 有限次元・無限次元を問わずリー環において基底の要素の間の括弧積を表示したものを, そのリー環における**交換関係** (commutation relations) とよぶ.

例 2.3 (ハイゼンベルク代数) $\{c, q_n, p_n\}_{n \in \mathbb{Z}}$ を基底とする $\mathbb{K}$ 線型空間を Hei で表す.

$$(2.4) \qquad\qquad [q_n, p_m] = \delta_{nm}\, c, \quad [q_n, c] = [p_n, c] = 0$$

と定めると Hei は無限次元リー環をなす. このリー環を**ハイゼンベルク代数** (Heisenberg algebra) とよぶ.

例 2.4 (ベクトル場のリー環) $\mathbb{R}^n$ 上の C^∞ 級ベクトル場の全体を $\mathfrak{X}(\mathbb{R}^n)$ で表す. すなわち

$$\mathfrak{X}(\mathbb{R}^n) = \{ \boldsymbol{X} = (X_1, X_2, \ldots, X_n) : \mathbb{R}^n \to \mathbb{R}^n \mid C^\infty 級 \}.$$

$\mathbb{R}^n$ で定義された C^∞ 級函数の全体を $C^\infty(\mathbb{R}^n)$ で表す. $\boldsymbol{X} \in \mathfrak{X}(\mathbb{R}^n)$ による $f \in C^\infty(\mathbb{R}^n)$ の方向微分 $\boldsymbol{X}(f)$ を次の要領で定める.

$$\boldsymbol{X}(f) = \sum_{i=1}^{n} X_i \frac{\partial f}{\partial x_i}.$$

$\boldsymbol{X}(f)$ を $\boldsymbol{Y}$ で方向微分すると

$$\begin{aligned}
\boldsymbol{Y}(\boldsymbol{X}(f)) &= \sum_{j=1}^{n} Y_j \frac{\partial}{\partial x_j} \left(\sum_{i=1}^{n} X_i \frac{\partial f}{\partial x_i} \right) \\
&= \sum_{i,j=1}^{n} Y_j \left(\frac{\partial X_i}{\partial x_j} \frac{\partial f}{\partial x_i} + X_i \frac{\partial^2 f}{\partial x_j \partial x_i} \right).
\end{aligned}$$

すると

$$\boldsymbol{X}(\boldsymbol{Y}(f)) - \boldsymbol{Y}(\boldsymbol{X}(f)) = \sum_{i,j=1}^{n} \left(X_j \frac{\partial Y_i}{\partial x_j} - Y_j \frac{\partial X_i}{\partial x_j} \right) \frac{\partial f}{\partial x_i}$$

と計算される. そこでベクトル場 $[\boldsymbol{X}, \boldsymbol{Y}]$ を

$$\begin{aligned}
[\boldsymbol{X}, \boldsymbol{Y}] &= ([\boldsymbol{X}, \boldsymbol{Y}]_1, [\boldsymbol{X}, \boldsymbol{Y}]_2, \ldots, [\boldsymbol{X}, \boldsymbol{Y}]_n), \\
[\boldsymbol{X}, \boldsymbol{Y}]_i &= \sum_{j=1}^{n} \left(X_j \frac{\partial Y_i}{\partial x_j} - Y_j \frac{\partial X_i}{\partial x_j} \right), \ (1 \leq i \leq n)
\end{aligned}$$

と定め, ベクトル場 $\boldsymbol{X}$ と $\boldsymbol{Y}$ の交換子という.

$$[\boldsymbol{X}, \boldsymbol{Y}](f) = \boldsymbol{X}(\boldsymbol{Y}(f)) - \boldsymbol{Y}(\boldsymbol{X}(f))$$

が成立する. $\mathfrak{X}(\mathbb{R}^n)$ はこの括弧積に関し無限次元の実リー環である.

$\mathbb{K}$ リー環 $\mathfrak{g}$ の $\mathbb{K}$ 線型部分空間 $\mathfrak{h}$ が括弧積について閉じているとき, すなわち

$$X, Y \in \mathfrak{h} \Longrightarrow [X, Y] \in \mathfrak{h}$$

をみたすならば $\mathfrak{h}$ は $\mathfrak{g}$ の括弧積に関して $\mathbb{K}$ 上のリー環になる．このとき $\mathfrak{h}$ は $\mathfrak{g}$ の**部分リー環** (Lie subalgebra) であるという[*3]．

たとえば例 2.3 の Hei において c と $\{q_1, q_2, \ldots, q_n ; p_1, p_2, \ldots, p_n\}$ で生成される $(2n+1)$ 次元 $\mathbb{K}$ 線型空間

$$\mathrm{Hei}_{2n+1} = \mathbb{K}c \oplus \bigoplus_{k=1}^{n} \mathbb{K}q_k \oplus \bigoplus_{k=1}^{n} \mathbb{K}p_k$$

に括弧積を (2.4) で定めると Hei の部分リー環である．Hei_{2n+1} を $(2n+1)$ 次元ハイゼンベルク代数とよぶ[*4]．

$\mathfrak{gl}_n\mathbb{K}$ の $\mathbb{K}$ 線型部分空間 $\mathfrak{h}$ が交換子括弧について閉じている，すなわち

$$X, Y \in \mathfrak{h} \Longrightarrow [X, Y] \in \mathfrak{h}$$

であれば $\mathfrak{gl}_n\mathbb{K}$ の部分リー環である．これらを**線型リー環**とよぶ．この本で扱われる線型リー環を挙げておこう（交換子括弧について閉じていることを確認してほしい）．

例 2.5 (特殊線型リー環) 固有和が 0 の正方行列の全体

$$(2.5) \qquad \mathfrak{sl}_n\mathbb{K} = \{X \in \mathfrak{gl}_n\mathbb{K} \mid \operatorname{tr} X = 0\}$$

は線型リー環である．実際，$a, b \in \mathbb{K}$ と $X, Y \in \mathfrak{sl}_n\mathbb{K}$ に対し固有和の性質より

$$\operatorname{tr}(aX + bY) = a \operatorname{tr} X + b \operatorname{tr} Y = 0$$

より $aX + bY \in \mathfrak{sl}_n\mathbb{K}$．したがって $\mathfrak{gl}_n\mathbb{K}$ の $\mathbb{K}$ 線型部分空間である．次に

$$\operatorname{tr}([X, Y]) = \operatorname{tr}(XY) - \operatorname{tr}(YX) = 0$$

[*3] 『リー群』定義 10.4.

[*4] 『リー群』12.3 節で扱われている nil_3 は Hei_3 と同型なリー環である．リー環の同型という概念は定義 2.3 で与える．

より $[X, Y] \in \mathfrak{sl}_n\mathbb{K}$ である. $\mathfrak{sl}_n\mathbb{K}$ を n 次の**特殊線型リー環** (special linear Lie algebra) とよぶ.

$X \in \mathfrak{sl}_n\mathbb{K}$ を行列単位 $\{E_{ij}\}$ を使って $X = \displaystyle\sum_{i,j=1}^{n} x_{ij} E_{ij}$ と表すと, $x_{11} + x_{22} + \cdots + x_{nn} = 0$ より

$$X = \sum_{i \neq j} x_{ij} E_{ij} + \sum_{k=1}^{n} x_{kk} E_{kk} = \sum_{i \neq j} x_{ij} E_{ij} + \sum_{k=1}^{n-1} x_{kk} E_{kk} - \sum_{k=1}^{n-1} x_{kk} E_{nn}$$
$$= \sum_{i \neq j} x_{ij} E_{ij} + \sum_{k=1}^{n-1} x_{kk}(E_{kk} - E_{nn})$$

と書き直せる.

$$(2.6) \qquad \{E_{ij}\,(i \neq j), E_{11} - E_{nn}, E_{22} - E_{nn}, \ldots, E_{n-1\,n-1} - E_{nn}\}$$

は線型独立であり (確かめよ) $\mathfrak{sl}_n\mathbb{K}$ の基底を与える. したがって $\dim \mathfrak{sl}_n\mathbb{K} = n^2 - 1$ である. 単位行列 E_n を基底にもつ $\mathfrak{gl}_n\mathbb{K}$ の 1 次元 $\mathbb{K}$ 線型部分空間

$$(2.7) \qquad\qquad\qquad \mathbb{K}E_n = \{\lambda E_n \mid \lambda \in \mathbb{K}\}$$

を考えると $\mathfrak{gl}_n\mathbb{K}$ は

$$\mathfrak{gl}_n\mathbb{K} = \mathbb{K}E_n \dotplus \mathfrak{sl}_n\mathbb{K}$$

と直和分解される. 実際 X を

$$X = \frac{\operatorname{tr} X}{n} E_n + \left(X - \frac{\operatorname{tr} X}{n} E_n \right)$$

と分解できる[*5].

例 2.6 (直交リー環) 実正方行列 $X = (x_{ij}) \in \mathfrak{gl}_n\mathbb{R}$ が ${}^t X = -X$ をみたすとき**交代行列**であるという. ${}^t X = X$ をみたすときは**対称行列**であるという.

[*5] $X_\circ := X - (\operatorname{tr} X)E_n/n \in \mathfrak{sl}_n\mathbb{K}$ は X の trace free part とよばれる.

複素行列 $X \in \mathfrak{gl}_n \mathbb{C}$ については $^tX = -X$ をみたすとき**複素交代行列**, $^tX = X$ をみたすとき**複素対称行列**と定める.

$$(2.8) \qquad \mathfrak{o}(n; \mathbb{K}) = \{X \in \mathfrak{gl}_n \mathbb{K} \mid {}^tX = -X\}$$

は $\mathfrak{gl}_n \mathbb{K}$ の $\mathbb{K}$ 線型部分空間である. 次元を求めよう.

$X = (x_{ij}) \in \mathfrak{o}(n; \mathbb{K})$ は $x_{ij} = -x_{ji}$ をみたすことより

$$X = \sum_{i,j=1}^n x_{ij} E_{ij} = +\sum_{i<j} x_{ij} E_{ij} + \sum_{i>j} x_{ij} E_{ij} = \sum_{i<j} x_{ij}(E_{ij} - E_{ji})$$

と表せるから

$$(2.9) \qquad \{E_{ij} - E_{ji} \mid 1 \le i < j \le n\}$$

が基底を与える. したがって $\dim \mathfrak{o}(n; \mathbb{K}) = n(n-1)/2$.

とくに $X \in \mathfrak{o}(n; \mathbb{K})$ の対角成分は 0 であることに注意しよう. $\mathfrak{o}(n; \mathbb{K})$ は $\mathfrak{sl}_n \mathbb{K}$ の $\mathbb{K}$ 線型部分空間である. $X, Y \in \mathfrak{o}(n; \mathbb{K})$ に対し

$$^t([X, Y]) = {}^t(XY - YX) = {}^tY {}^tX - {}^tX {}^tY = YX - XY = -[X, Y]$$

であるから $[X, Y] \in \mathfrak{o}(n; \mathbb{K})$ は線型リー環である. $\mathfrak{o}(n; \mathbb{K})$ を n 次 $\mathbb{K}$ **直交リー環** (orthogonal Lie algebra) とよぶ. なお $\mathfrak{o}(n; \mathbb{R})$ は $\mathfrak{o}(n)$ と略記することが多い.

ここで

$$\mathrm{Sym}_n \mathbb{K} = \{Y \in \mathfrak{gl}_n \mathbb{K} \mid {}^tY = Y\}$$

とおく. $\mathrm{Sym}_n \mathbb{K}$ は $\mathfrak{gl}_n \mathbb{K}$ の $\mathbb{K}$ 線型部分空間である. 次元を求めよう.

$Y = (y_{ij}) \in \mathrm{Sym}_n \mathbb{K}$ とすると

$$Y = \sum_{i,j=1}^n y_{ij} E_{ij} = \sum_{i=1}^n y_{ii} E_{ii} + \sum_{i<j} y_{ij} E_{ij} + \sum_{i>j} y_{ij} E_{ij}$$

において $y_{ij} = y_{ji}$ であるから

$$Y = \sum_{i=1}^n y_{ii} E_{ii} + \sum_{i<j} y_{ij}(E_{ij} + E_{ji})$$

と書き換えられるから

$$\{E_{11}, E_{22}, \ldots, E_{nn}, E_{ij} + E_{ji} \ (1 \leq i < j \leq n)\}$$

が基底を与える．したがって $\dim \mathrm{Sym}_n \mathbb{K} = n(n+1)/2$. $n \geq 2$ のとき $\mathfrak{o}(n; \mathbb{K})$ と異なり $\mathrm{Sym}_n \mathbb{K}$ は括弧積について**閉じていない**ことに注意が必要である．実際, $X, Y \in \mathrm{Sym}_n \mathbb{K}$ に対し ${}^t([X,Y]) = -[X,Y]$ である．$X = E_{12} + E_{21}$, $Y = E_{23} + E_{32} \in \mathrm{Sym}_n \mathbb{K}$ に対し $[X,Y] = E_{13} - E_{31} \in \mathfrak{o}(n; \mathbb{K})$ かつ $[X,Y] \neq O$ である．

$\mathfrak{gl}_n \mathbb{K}$ は

$$\mathfrak{gl}_n \mathbb{K} = \mathfrak{o}(n; \mathbb{K}) \dot{+} \mathrm{Sym}_n \mathbb{K}$$

と直和分解される．実際 $X \in \mathfrak{gl}_n \mathbb{K}$ を

$$X = \frac{1}{2}(X - {}^t X) + \frac{1}{2}(X + {}^t X)$$

と分解できる．$\frac{1}{2}(X - {}^t X) \in \mathfrak{o}(n; \mathbb{K})$ を X の**交代部分**, $\frac{1}{2}(X + {}^t X) \in \mathrm{Sym}_n \mathbb{K}$ を X の**対称部分**とよぶ．

リー群論との関連で $\mathfrak{sl}_n \mathbb{K} \cap \mathfrak{o}(n; \mathbb{K})$ を $\mathfrak{so}(n; \mathbb{K})$ と定めるが $\mathfrak{so}(n; \mathbb{K}) = \mathfrak{o}(n; \mathbb{K})$ である．

例 2.7 (ユニタリ・リー環) $Z = (z_{ij}) \in \mathfrak{gl}_n \mathbb{C}$ に対し z_{ij} の共軛複素数 $\overline{z_{ij}}$ を (i, j) 成分にもつ n 次正方行列を $\bar{Z}$ で表し Z の**複素共軛行列**とよぶ（p. 21 または『リー群』定義 7.1 参照）．

$$\bar{Z} = (\overline{z_{ij}})$$

$\bar{Z}$ の転置行列 ${}^t \bar{Z}$ を Z の**随伴行列**といい Z^* あるいは $Z^\dagger$ で表す（p. 21）．

$$Z^* = {}^t \bar{Z} = \overline{{}^t Z}$$

Z^* の (i, j) 成分は $(Z^*)_{ij} = \overline{z_{ji}}$ である．

$Z^* = Z$ をみたすとき Z は**エルミート行列**（Hermitian matrix）であるという．n 次のエルミート行列の全体を $\mathrm{Her}_n \mathbb{C}$ で表す．

$$\mathrm{Her}_n\mathbb{C} = \{Z \in \mathfrak{gl}_n\mathbb{C} \mid Z^* = Z\}.$$

一方, $Z^* = -Z$ をみたすとき Z は**反エルミート行列**とか**歪エルミート行列**
(skew-Hermitian matrix) とよばれる. n 次反エルミート行列の全体を

(2.10) $$\mathfrak{u}(n) = \{Z \in \mathfrak{gl}_n\mathbb{C} \mid Z^* = -Z\}$$

と表す. $\mathrm{Her}_n\mathbb{C}$ と $\mathfrak{u}(n)$ は複素数を成分にもつが, どちらも複素線型空間では
ないことに注意が必要である. 実際 $Z \in \mathfrak{gl}_n\mathbb{K}$ に対し $(\mathrm{i}Z)^* = \overline{\mathrm{i}}Z^* = (-\mathrm{i})Z^*$
であることより

$$Z \in \mathrm{Her}_n\mathbb{C} \Longrightarrow (\mathrm{i}Z)^* = -\mathrm{i}Z \text{ より } \mathrm{i}Z \in \mathfrak{u}(n),$$
$$Z \in \mathfrak{u}(n) \Longrightarrow (\mathrm{i}Z)^* = \mathrm{i}Z \text{ より } \mathrm{i}Z \in \mathrm{Her}_n\mathbb{C}$$

である. 次に括弧積を調べよう.

$Z, W \in \mathrm{Her}_n\mathbb{C}$ ならば

$$[Z, W]^* = (ZW - WZ)^* = W^*Z^* - Z^*W^* = WZ - ZW = -[Z, W]$$

より一般に $[Z, W] \notin \mathrm{Her}_n\mathbb{C}$. 一方 $Z, W \in \mathfrak{u}(n)$ ならば

$$[Z, W]^* = (ZW - WZ)^* = W^*Z^* - Z^*W^* = WZ - ZW = -[Z, W]$$

より $[Z, W] \in \mathfrak{u}(n)$. したがって $\mathfrak{u}(n)$ は**実**リー環である. このリー環を**ユニタ
リ・リー環** (unitary Lie algebra) とよぶ.

$\mathfrak{u}(n)$ の次元を求めよう. $Z = (z_{ij}) = (x_{ij} + \mathrm{i}y_{ij})$ とおくと $Z^* = -Z$ より
$\overline{z_{ji}} = -z_{ij}$, すなわち $z_{ji} = -\overline{z_{ij}}$ である.

つまり $x_{ji} + \mathrm{i}y_{ji} = -x_{ij} + y_{ij}\mathrm{i}$. とくに $z_{ii} = -\overline{z_{ii}}$ であることより
$z_{ii} = y_{ii}\mathrm{i}$ がわかる. すると

40　　　　第 2 章　　リー環入門

$$Z = \sum_{i<j} z_{ij} E_{ij} + \sum_{i>j} z_{ij} E_{ij} + \sum_{i=1} z_{ii} E_{ii}$$

$$= \sum_{i<j} x_{ij} E_{ij} + \sum_{i<j} y_{ij}(\mathrm{i}E_{ij}) + \sum_{i<j} x_{ji} E_{ji} + \sum_{i<j} y_{ji}(\mathrm{i}E_{ij}) + \sum_{i=1} y_{ii}(\mathrm{i}E_{ii})$$

$$= \sum_{i<j} x_{ij} E_{ij} + \sum_{i<j} y_{ij}(\mathrm{i}E_{ij}) - \sum_{i<j} x_{ij} E_{ji} + \sum_{i<j} y_{ij}(\mathrm{i}E_{ij}) + \sum_{i=1} y_{ii}(\mathrm{i}E_{ii})$$

$$= \sum_{i<j} x_{ij}(E_{ij} - E_{ji}) + \sum_{i<j} y_{ij}\{\mathrm{i}(E_{ij} + E_{ji})\} + \sum_{i=1} y_{ii}(\mathrm{i}E_{ii})$$

と書き換えられることから

$$\{E_{ij} - E_{ji}\,(i<j),\ \mathrm{i}(E_{ij} + E_{ji})\,(i<j),\ \mathrm{i}E_{ii}\,(i=1,2,\ldots,n)\}$$

が基底を与えるので

$$\dim \mathfrak{u}(n) = \frac{n(n-1)}{2} + \frac{n(n-1)}{2} + n = n^2.$$

とくに

$$\mathfrak{u}(1) = \{t\mathrm{i} \mid t \in \mathbb{R}\}$$

である．$\mathfrak{u}(1)$ はしばしば $\mathbb{R}\mathrm{i}$ と書かれる．

　次に $\mathrm{Her}_n\mathbb{C}$ の次元を求める．$Z^* = Z$ より $\overline{z_{ji}} = z_{ij}$. これを書き換えて $z_{ji} = \overline{z_{ij}}$ である．つまり $x_{ji} + \mathrm{i}y_{ji} = x_{ij} - y_{ij}\mathrm{i}$. したがって $x_{ji} = x_{ij}$ かつ $y_{ji} = -y_{ij}$. 以上より

$$Z = \sum_{i=1} x_{ii} E_{ii} + \sum_{i<j} x_{ij}(E_{ij} + E_{ji}) + \sum_{i<j} y_{ij}\{\mathrm{i}(E_{ij} - E_{ji})\}$$

と書き換えられることから

$$\{E_{ii}\,(i=1,2,\ldots,n),\ E_{ij} + E_{ji}\,(i<j),\ \mathrm{i}(E_{ij} - E_{ji})\,(i<j)\ \}$$

が基底を与えるので $\dim \mathrm{Her}_n\mathbb{C} = n^2$. ところで $\mathfrak{gl}_n\mathbb{C}$ の実線型空間としての次元（**実次元**）$\dim_{\mathbb{R}} \mathfrak{gl}_n\mathbb{C}$ は $2n^2$ であること，$\mathfrak{gl}_n\mathbb{R} = \mathfrak{o}(n) \dotplus \mathrm{Sym}_n\mathbb{R}$ との類推から直和分解 $\mathfrak{gl}_n\mathbb{C} = \mathfrak{u}(n) \dotplus \mathrm{Her}_n\mathbb{C}$ が予想できる．この予想が正しいことを説明しよう．$Z \in \mathfrak{gl}_n\mathbb{C}$ に対し

$$Z = \frac{1}{2}(Z - Z^*) + \frac{1}{2}(Z + Z^*)$$

と分解すれば第 1 項が反エルミート行列, 第 2 項がエルミート行列である. $\mathfrak{u}(n) \cap \mathrm{Her}_n\mathbb{C}$ は零行列のみであるから直和分解

$$\mathfrak{gl}_n\mathbb{C} = \mathfrak{u}(n) \dotplus \mathrm{Her}_n\mathbb{C}$$

が得られた. $\mathfrak{u}(n)$ と $\mathrm{Her}_n\mathbb{C}$ の基底を見比べると

$$\mathfrak{u}(n) = \{\mathrm{i}Z \mid Z \in \mathrm{Her}_n\mathbb{C}\}, \quad \mathrm{Her}_n\mathbb{C} = \{\mathrm{i}Z \mid Z \in \mathfrak{u}(n)\}$$

と表せることがわかる.

$\mathfrak{o}(n;\mathbb{K})$ の要素は固有和が 0 であったから $\mathfrak{o}(n;\mathbb{K}) \cap \mathfrak{sl}_n\mathbb{K} = \mathfrak{o}(n;\mathbb{K})$ が成り立っていた. $\mathfrak{u}(n)$ の要素の固有和は 0 とは限らない. そこで $\mathfrak{sl}_n\mathbb{C}$ と $\mathfrak{u}(n)$ の共通部分を考えることに意味がある.

$$\mathfrak{su}(n) = \mathfrak{sl}_n\mathbb{C} \cap \mathfrak{u}(n)$$

も実リー環である. $\mathfrak{su}(n)$ の基底を求めよう. $i < j$ に対し

$$\mathrm{tr}\,(E_{ij} - E_{ji}) = 0, \quad \mathrm{tr}\,\{\mathrm{i}(E_{ij} + E_{ji})\} = 0$$

であるからこれらは $\mathfrak{su}(n)$ の元.

$$\mathrm{tr}\left(\sum_{i=1}^{n} y_{ii}(\mathrm{i}E_{ii})\right) = \sum_{i=1}^{n} y_{ii}\mathrm{i} = 0$$

とおくと $y_{nn} = -\displaystyle\sum_{i=1}^{n} y_{ii}$ であるから

$$(2.11) \quad \{E_{ij} - E_{ji}\,(i < j),\ \mathrm{i}(E_{ij} + E_{ji})\,(i < j),\ \mathrm{i}(E_{ii} - E_{nn})\,(1 \le i \le n-1)\}$$

は $\mathfrak{su}(n)$ の基底を与えることがわかる. したがって $\dim \mathfrak{su}(n) = n^2 - 1$.

とくに $n = 2$ のとき $\mathfrak{su}(2)$ の基底として

$$(2.12) \quad \{\boldsymbol{i} = \mathrm{i}(E_{11} + E_{22}),\ \boldsymbol{j} = -(E_{12} - E_{21}),\ \boldsymbol{k} = -\mathrm{i}(E_{11} + E_{22})\}$$

42　　第 2 章　リー環入門

をとることができるから

$$\mathfrak{su}(2) = \left\{ \begin{pmatrix} x_1\mathrm{i} & -x_2-x_3\mathrm{i} \\ x_2-x_3\mathrm{i} & -x_1\mathrm{i} \end{pmatrix} \,\middle|\, x_1, x_2, x_3 \in \mathbb{R} \right\}$$

と表せる（『リー群』第 8 章参照）. $\alpha = x_1\mathrm{i} \in \mathfrak{u}(1)$, $\beta = x_2 - x_3\mathrm{i}$ とおくと

$$\mathfrak{su}(2) = \left\{ \begin{pmatrix} \alpha & -\bar{\beta} \\ \beta & -\alpha \end{pmatrix} \,\middle|\, \alpha \in \mathfrak{u}(1), \ \beta \in \mathbb{C} \right\}$$

と書き換えられる.

例 2.8 (斜交リー環) E_n を n 次の単位行列, O_n を n 次の零行列とし $2n$ 次の行列 J_n を

$$J_n = \begin{pmatrix} O_n & -E_n \\ E_n & O_n \end{pmatrix}$$

で定めよう（『リー群』(7.8) 式）. この J_n を使って $\mathbb{K}$ リー環 $\mathfrak{sp}(n;\mathbb{K})$ を

$$(2.13) \qquad \mathfrak{sp}(n;\mathbb{K}) = \{ Z \in \mathrm{M}_{2n}\mathbb{K} \mid {}^t Z J_n = -J_n Z \}$$

で定め**斜交リー環**とよぶ. $\mathbb{K} = \mathbb{R}$ のとき実シンプレクティック・リー環, $\mathbb{K} = \mathbb{C}$ のとき複素シンプレクティック・リー環ともよばれる. $\mathfrak{sp}(n;\mathbb{K})$ と n が表記に出ているが $2n$ 次の正方行列のなすリー環であることに注意.

$\mathfrak{sp}(n;\mathbb{K})$ の基底を一組求めよう.

$$Z = \begin{pmatrix} A & B \\ C & D \end{pmatrix}, \ A, B, C, D \in \mathrm{M}_n\mathbb{K}$$

と区分けしよう. ${}^t Z J_n = -J_n Z$ より

$$\begin{pmatrix} {}^tA & {}^tC \\ {}^tB & {}^tD \end{pmatrix} \begin{pmatrix} O_n & -E_n \\ E_n & O_n \end{pmatrix} = -\begin{pmatrix} O_n & -E_n \\ E_n & O_n \end{pmatrix} \begin{pmatrix} A & B \\ C & D \end{pmatrix}$$

であるから

$$\begin{pmatrix} {}^tC & -{}^tA \\ {}^tD & -{}^tB \end{pmatrix} = \begin{pmatrix} C & D \\ -A & -B \end{pmatrix}.$$

すなわち

$$ {}^tB = B, \quad {}^tC = C, \quad D = -{}^tA.$$

2.1 リー環　**43**

したがって

$$\mathfrak{sp}(n;\mathbb{K}) = \left\{ \begin{pmatrix} A & B \\ C & -{}^t A \end{pmatrix} \,\middle|\, {}^t B = B, {}^t C = C \right\}.$$

そこで $A = (a_{ij})$, $B = (b_{ij})$, $C = (c_{ij})$ とおくと

$$
\begin{aligned}
Z &= \sum_{i,j=1}^{n} a_{ij} E_{ij} - \sum_{i,j=n+1}^{2n} a_{ji} E_{ij} + \sum_{i=1}^{n} \sum_{j=n+1}^{n} b_{ij} E_{ij} + \sum_{i=n+1}^{n} \sum_{j=1}^{n} c_{ij} E_{ij} \\
&= \sum_{i,j=1}^{n} a_{ij}(E_{ij} - E_{n+j\,n+i}) + \sum_{i<j} b_{ij}(E_{i\,n+j} + E_{j\,n+i}) + \sum_{i=1}^{n} b_{ii} E_{i\,n+i} \\
&\quad + \sum_{i<j} c_{ij}(E_{n+i\,j} + E_{n+j\,i}) + \sum_{i=1}^{n} c_{ii} E_{n+i\,i}
\end{aligned}
$$

と表せることから

$$
\begin{aligned}
&E_{ij} - E_{n+j\,n+i}\ (i,j=1,2,\ldots,n), \\
&E_{i\,n+j} + E_{j\,n+i}\ (1 \le i < j \le n), \quad E_{i\,n+i}\ (i=1,2,\ldots,n), \\
&E_{n+i\,j} + E_{n+j\,i}\ (1 \le i < j \le n), \quad E_{n+i\,i}\ (i=1,2,\ldots,n)
\end{aligned}
$$

が基底を与える．したがって

$$\dim_{\mathbb{K}} \mathfrak{sp}(n;\mathbb{K}) = n^2 + \frac{n(n+1)}{2} + \frac{n(n+1)}{2} = n(2n+1).$$

例 2.9 (ユニタリ・シンプレクティック・リー環) 実リー環 $\mathfrak{sp}(n)$ を

$$\mathfrak{sp}(n) = \mathfrak{sp}(n;\mathbb{C}) \cap \mathfrak{u}(2n)$$

で定め**ユニタリ・シンプレクティック・リー環**(unitary symplectic Lie algebra)
とよぶ．$\mathfrak{sp}(n;\mathbb{C})$ は複素リー環だが $\mathfrak{u}(2n)$ が複素リー環でない実リー環なの
で $\mathfrak{sp}(n)$ も複素リー環でない実リー環であることに注意．

$$\mathfrak{sp}(n;\mathbb{C}) = \left\{ X = \begin{pmatrix} A & B \\ C & -{}^t A \end{pmatrix} \,\middle|\, {}^t B = B, {}^t C = C \right\}$$

44　　　　　第 2 章　　リー環入門

より $X \in \mathfrak{u}(2n)$ であるための必要十分条件は $X^* = -X$, すなわち

$$\begin{pmatrix} A^* & C^* \\ B^* & -\overline{A} \end{pmatrix} = - \begin{pmatrix} A & B \\ C & -{}^t A \end{pmatrix}$$

より

$$A \in \mathfrak{u}(n), \quad B = -C^*, \quad C \in \mathrm{Sym}_n \mathbb{C}$$

である. 以上より

$$\mathfrak{sp}(n) = \left\{ \begin{pmatrix} A & -C^* \\ C & -{}^t A \end{pmatrix} \,\middle|\, A \in \mathfrak{u}(n), \;\; C \in \mathrm{Sym}_n \mathbb{C} \right\}$$

を得る. したがって $\dim \mathfrak{sp}(n) = \dim \mathfrak{u}(n) + \dim_{\mathbb{R}} \mathrm{Sym}_n \mathbb{C} = n(2n+1)$. とくに $n=1$ のときは

$$\mathfrak{sp}(1) = \left\{ \begin{pmatrix} \alpha & -\bar{\beta} \\ \beta & -\alpha \end{pmatrix} \,\middle|\, \alpha \in \mathfrak{u}(1), \;\; \beta \in \mathbb{C} \right\}$$

であるから $\mathfrak{sp}(1) = \mathfrak{su}(2)$ が得られた. ここでは $\mathfrak{sp}(n)$ を $\mathfrak{u}(2n)$ の部分リー環として定義したが, もともとの定義は四元数を用いたものである. 附録 B.3.2 節（および『リー群』第 8 章）を参照されたい.

例 2.10 (線型リー群のリー環) 姉妹書『リー群』を読んでいない読者向けに線型リー環と線型リー群との関係について簡単にふれておく. 詳細には立ち入らないので軽く読み飛ばしてよい. 興味が沸いた読者は『リー群』を併読してほしい.

　一般線型群 $\mathrm{GL}_n \mathbb{R}$ の部分群 G における点列 $\{X_k\}_{k=1}^{\infty} \subset G$ を考える. $\{X_k\}$ が収束するとき, その極限 $\lim\limits_{k \to \infty} X_k$ は一般には G に収まるとは限らない. 収束する点列 $\{X_k\}$ の極限が G に必ず収まるとき G を**線型リー群** (linear Lie group) とよぶ. 線型リー群 G の単位行列における接ベクトル空間は行列の指数函数 exp を用いて

(2.14) $$\mathfrak{g} = \{ X \in \mathrm{M}_n \mathbb{R} \mid \text{すべての } s \in \mathbb{R} \text{ に対し } \exp(sX) \in G \}$$

と与えることができる. さらに $\mathfrak{gl}_n\mathbb{R}$ の実部分リー環であることが確かめられる (『リー群』第 10 章). このリー環を G のリー環 (Lie algebra of G) とよぶ.

線型リー群のリー環は対応するドイツ文字 (フラクトゥール体) で表記する習慣である. たとえば G のリー環は $\mathfrak{g}$ と表記する.

ここまでに紹介した線型リー群に対応する線型リー群を表にして挙げておこう. $\mathfrak{sl}_n\mathbb{K}$ や $\mathfrak{u}(n)$ という (ドイツ文字を使った) 表記は「線型リー群と線型リー環」の対応に由来する.

線型リー群 G	そのリー環 $\mathfrak{g}$
$\mathrm{GL}_n\mathbb{R} = \{A \in \mathrm{M}_n\mathbb{R} \mid \det A \neq 0\}$	$\mathfrak{gl}_n\mathbb{R} = \mathrm{M}_n\mathbb{R}$
$\mathrm{GL}_n\mathbb{C} = \{A \in \mathrm{M}_n\mathbb{C} \mid \det A \neq 0\}$	$\mathfrak{gl}_n\mathbb{C} = \mathrm{M}_n\mathbb{C}$
$\mathrm{SL}_n\mathbb{R} = \{A \in \mathrm{M}_n\mathbb{R} \mid \det A = 1\}$	$\mathfrak{sl}_n\mathbb{R}$
$\mathrm{SL}_n\mathbb{C} = \{A \in \mathrm{M}_n\mathbb{C} \mid \det A = 1\}$	$\mathfrak{sl}_n\mathbb{C}$
$\mathrm{O}(n) = \{A \in \mathrm{M}_n\mathbb{R} \mid {}^tAA = E\}$	$\mathfrak{o}(n)$
$\mathrm{SO}(n) = \mathrm{SL}_n\mathbb{R} \cap \mathrm{O}(n)$	$\mathfrak{so}(n) = \mathfrak{o}(n)$
$\mathrm{U}(n) = \{A \in \mathrm{M}_n\mathbb{R} \mid AA^* = E\}$	$\mathfrak{u}(n)$
$\mathrm{SU}(n) = \mathrm{SL}_n\mathbb{C} \cap \mathrm{U}(n)$	$\mathfrak{su}(n)$
$\mathrm{Sp}(n;\mathbb{R}) = \{A \in \mathrm{M}_{2n}\mathbb{R} \mid {}^tAJ_nA^* = J_n\}$	$\mathfrak{sp}(n;\mathbb{R})$
$\mathrm{Sp}(n;\mathbb{C}) = \{A \in \mathrm{M}_{2n}\mathbb{C} \mid {}^tAJ_nA^* = J_n\}$	$\mathfrak{sp}(n;\mathbb{C})$
$\mathrm{Sp}(n) = \mathrm{Sp}(n;\mathbb{C}) \cap \mathrm{U}(2n)$	$\mathfrak{sp}(n)$

註 2.3 例 2.4 では $\mathbb{R}^n$ の場合を説明したが, 有限次元多様体 M の C^∞ 級ベクトル場全体 $\mathfrak{X}(M)$ もベクトル場の交換子括弧に関して無限次元リー環をなす. M としてリー群 G を選ぶと M 上の左不変ベクトル場 (左移動で不変なベクトル場) の全体は自然にリー環 $\mathfrak{g}$ と同一視される. リー群論の教科書で $\mathfrak{g}$ を「左不変ベクトル場の全体」として定義するものもあることを注意しておこう.

リー環に関する基本用語をまとめておく.

定義 2.2 $\mathbb{K}$ 上の線型空間 $\mathfrak{a}$ において, 各 $X, Y \in \mathfrak{a}$ の括弧積を $[X, Y] = 0$ で括弧積を定めると $\mathfrak{a}$ は $\mathbb{K}$ 上のリー環である. このリー環を**可換リー環** (abelian Lie algebra) という.

リー環 $\mathfrak{a}$ の部分リー環 $\mathfrak{b}$ において

$$すべての\ X, Y \in \mathfrak{b}\ に対し\ [X, Y] = 0$$

が成立するとき $\mathfrak{b}$ は $\mathfrak{a}$ の部分リー環である．この条件をみたすリー環を**可換部分リー環**（abelian Lie subalgebra）とよぶ．

　線型空間や群に対して「同型」の概念が定義された．リー環の同型を定めよう．

定義 2.3 $\mathbb{K}$ 上のリー環 $\mathfrak{a}$ と $\mathfrak{b}$ に対し $\mathbb{K}$ 線型写像 $f : \mathfrak{a} \to \mathfrak{b}$ が

$$すべての\ X, Y \in \mathfrak{a}\ に対し\ f([X, Y]) = [f(X), f(Y)]$$

をみたすとき f を**準同型写像**という．リー環の間の準同型写像であることを明示する必要があるときは**リー環準同型写像**（Lie algebra homomorphism）と言い表す．とくに f が $\mathbb{K}$ 線型同型であるとき f を同型写像という．線型同型写像との区別をはっきりさせるために**リー環同型写像**（Lie algebra isomorphism）ともよぶ．リー環同型写像 $f : \mathfrak{a} \to \mathfrak{b}$ が存在するとき，$\mathfrak{a}$ と $\mathfrak{b}$ はリー環として同型であるという．

リー環同型写像の具体例をいくつか挙げよう．

例 2.11 (実表示) $\mathfrak{gl}_{2n}\mathbb{R}$ の部分リー環 $\mathfrak{gl}_{2n}\mathbb{R}_J$ を

$$\mathfrak{gl}_{2n}\mathbb{R}_J = \{X \in \mathfrak{gl}_{2n}\mathbb{R} \mid XJ_n = J_nX\}$$

で定義すると簡単な計算で

$$\mathfrak{gl}_{2n}\mathbb{R}_J = \left\{ \begin{pmatrix} A & -B \\ B & A \end{pmatrix} \ \middle| \ A, B \in \mathfrak{gl}_n\mathbb{R} \right\}$$

と表示できることが確かめられる．そこで $\phi_n : \mathfrak{gl}_n\mathbb{C} \to \mathfrak{gl}_{2n}\mathbb{R}_J$ を

$$\phi_n(A + \mathrm{i}B) = \begin{pmatrix} A & -B \\ B & A \end{pmatrix}$$

2.1 リー環 47

で定めればリー環同型写像である．$\mathfrak{gl}_{2n}\mathbb{R}_J$ は $\mathfrak{gl}_n\mathbb{C}$ を（複素数を避けて）実行列で実現してものと言える．そこで $\mathfrak{gl}_{2n}\mathbb{R}_J$ を $\mathfrak{gl}_n\mathbb{C}$ の**実表示** (real expression) とよぶ[*6]．

例 2.12 ($\mathbb{E}^3$ **の外積**) $\mathbb{E}^3$ にベクトルの外積を指定した組 $(\mathbb{E}^3, \times)$ を考える．すでに何度か述べたように $\times$ は結合法則をみたさないが公式 (2.1) をみたす．この公式からヤコビの恒等式

$$(\boldsymbol{x} \times \boldsymbol{y}) \times \boldsymbol{z} + (\boldsymbol{y} \times \boldsymbol{z}) \times \boldsymbol{x} + (\boldsymbol{z} \times \boldsymbol{x}) \times \boldsymbol{y} = \boldsymbol{0}$$

が導かれるので $(\mathbb{E}^3, \times)$ は実リー環である（『リー群』註 1.2）．ここで $f : \mathbb{E}^3 \to \mathfrak{so}(3)$ を

$$f(\boldsymbol{x}) = f(x_1, x_2, x_3) = \begin{pmatrix} 0 & -x_3 & x_2 \\ x_3 & 0 & -x_1 \\ -x_2 & x_1 & 0 \end{pmatrix}$$

で定めると f はリー環同型写像であり

$$f(\boldsymbol{x})\boldsymbol{y} = \boldsymbol{x} \times \boldsymbol{y}$$

をみたす．このリー環同型写像で $\mathbb{E}^3$ の標準基底 $\{\boldsymbol{e}_1, \boldsymbol{e}_2, \boldsymbol{e}_3\}$ は

$$\{\mathsf{A}_1 = f(\boldsymbol{e}_1), \mathsf{A}_2 = f(\boldsymbol{e}_2), \mathsf{A}_3 = f(\boldsymbol{e}_3)\}$$

に対応する．具体的には

$$(2.15) \qquad \{\mathsf{A}_1 = E_{32} - E_{23},\ \mathsf{A}_2 = E_{13} - E_{31},\ \mathsf{A}_3 = E_{21} - E_{12}\}$$

である[*7]．

[*6] 『リー群』を併読している読者へ：$\mathfrak{gl}_n\mathbb{C}$ の実表示は『リー群』第 7 章で一度解説している．ただし『リー群』第 7 章では $\mathfrak{gl}_n\mathbb{C}$ を $\mathrm{M}_{2n}\mathbb{R}_J$ と表記している．

[*7] この基底 $\{\mathsf{A}_1, \mathsf{A}_2, \mathsf{A}_3\}$ は『リー群』問題 5.5 で活用している．

48   第 2 章   リー環入門

例 2.13 $\mathfrak{so}(3)$ と $\mathfrak{su}(2)$ は実リー環として同型である. $\mathfrak{so}(3)$ の基底として前の例に登場した $\{A_1, A_2, A_3\}$ をとる. 一方, $\mathfrak{su}(2)$ の基底 $\{J_1, J_2, J_3\}$ を

$$J_1 := -\frac{\boldsymbol{k}}{2} = \frac{\mathrm{i}}{2}(E_{12} + E_{21}),$$

$$J_2 := \frac{\boldsymbol{j}}{2} = -\frac{\mathrm{i}}{2}(E_{12} - E_{21}),$$

$$J_3 := \frac{\boldsymbol{i}}{2} = \frac{\mathrm{i}}{2}(E_{11} - E_{22})$$

で選ぶ. ここで $\{\boldsymbol{i}, \boldsymbol{j}, \boldsymbol{k}\}$ は (2.12) で定めたものである[*8]. $f : \mathfrak{su}(2) \to \mathfrak{so}(3)$ を $f(J_\ell) = A_\ell$ ($\ell = 1, 2, 3$) で定めるとリー環同型である (確かめよ).

直交リー環 $\mathfrak{o}(n; \mathbb{K})$ と斜交リー環 $\mathfrak{sp}(n; \mathbb{K})$ の定義式を見比べると両者を含む一般化ができることに気づく.

命題 2.1 $A \in \mathfrak{gl}_n\mathbb{K}$ をひとつ選び

$$(2.16) \qquad \mathfrak{g}(A; \mathbb{K}) := \{X \in \mathfrak{gl}_n\mathbb{K} \mid {}^t\!XA + AX = 0\}$$

とおくと $\mathbb{K}$ 上のリー環である.

【証明】 $X, Y \in \mathfrak{g}(A; \mathbb{K})$ に対し

$$\begin{aligned}
{}^t[X, Y]A + A[X, Y] &= {}^t(XY)A - {}^t(YX)A + A(XY - YX) \\
&= {}^t\!Y({}^t\!XA) - {}^t\!X({}^t\!YA) + (AX)Y - (AY)X \\
&= -{}^t\!Y(AX) + {}^t\!X(AY) + (AX)Y - (AY)X \\
&= -({}^t\!YA + AY)X + ({}^t\!XA + AX)Y = 0
\end{aligned}$$

より $[X, Y] \in \mathfrak{g}(A; \mathbb{K})$. ∎

$A = E_n$ (単位行列) を選べば $\mathfrak{g}(E_n; \mathbb{K}) = \mathfrak{o}(n; \mathbb{K})$ である. また $A = J_n$ と選べば $\mathfrak{g}(J_n; \mathbb{K}) = \mathfrak{sp}(n; \mathbb{K})$ である. 直交リー環を一般化してみよう. $0 \le \nu \le n$

[*8] $\mathfrak{su}(2)$ の基底として $\{\boldsymbol{i}, \boldsymbol{j}, \boldsymbol{k}\}$ がしばしば活用される. この基底は四元数に由来する. 詳しくは『リー群』第 8 章を見てほしい.

である整数 ν をひとつ選んで

$$\mathcal{E}_\nu = \begin{pmatrix} -E_\nu & O \\ O & E_{n-\nu} \end{pmatrix}$$

とおく．ここで $E_\nu \in \mathrm{M}_\nu\mathbb{R}$, $E_{n-\nu} \in \mathrm{M}_{n-\nu}\mathbb{R}$ は単位行列である．ν をこの行列の**指数** (signature) とよぶ．指数と次数の両方がわかる必要があるときは

$$\mathcal{E}_{\nu,n-\nu} = \begin{pmatrix} -E_\nu & O \\ O & E_{n-\nu} \end{pmatrix}$$

という表記を使う．$\mathbb{K}$ リー環

$$\mathfrak{g}(\mathcal{E}_\nu;\mathbb{K}) = \{X \in \mathfrak{gl}_n\mathbb{K} \mid {}^t X\mathcal{E}_\nu + \mathcal{E}_\nu X = 0\}$$

を指数 ν の $\mathbb{K}$ 擬直交リー環 (semi-orthogonal Lie algebra，または pseudo-orthogonal Lie algebra) とよび $\mathfrak{o}_\nu(n;\mathbb{K})$ で表す．$\mathbb{K} = \mathbb{R}$ のときは単に**擬直交リー環**とよび $\mathfrak{o}_\nu(n)$ と表す．$\mathfrak{g}(\mathcal{E}_0;\mathbb{K}) = \mathfrak{o}(n;\mathbb{K})$ であることに注意．

註 2.4 (⋆ 擬直交群) 擬直交リー環 $\mathfrak{o}_\nu(n;\mathbb{K})$ は線型リー群

$$\mathrm{O}_\nu(n;\mathbb{K}) = \{A \in \mathrm{M}_n\mathbb{K} \mid {}^t A\mathcal{E}_\nu A = \mathcal{E}_\nu\}$$

のリー環である（『リー群』第 6 章および第 10 章の問題 10.5 を参照）．なお $\mathrm{O}_\nu(n;\mathbb{R})$ は $\mathrm{O}_\nu(n)$ と略記される．

註 2.5 (⋆ 可解幾何) P を数平面（ユークリッド平面）における原点を中心とする角 $\pi/4$ の回転を表す行列 $R(\pi/4)$ とする．すなわち

$$P = R(\pi/4) = \frac{1}{\sqrt{2}} \begin{pmatrix} 1 & -1 \\ 1 & 1 \end{pmatrix}.$$

この行列を用いると次のリー環同型が得られる．

$$\mathfrak{o}_1(2) = \mathfrak{g}(\mathcal{E}_{1,1};\mathbb{R}) \cong \mathfrak{g}({}^t P\mathcal{E}_{1,1}P;\mathbb{R}) = \left\{ \begin{pmatrix} t & 0 \\ 0 & -t \end{pmatrix} \,\middle|\, t \in \mathbb{R} \right\}.$$

$\mathfrak{g}({}^t P\mathcal{E}_{1,1}P;\mathbb{R})$ は『リー群』12.4 節で扱った Sol_3 のリー環である．

命題 2.2 A, $B \in \mathfrak{gl}_n\mathbb{K}$ に対し $B = {}^t PAP$ と表せる $P \in \mathrm{GL}_n\mathbb{K}$ が存在すれば $\mathfrak{g}(A;\mathbb{K})$ と $\mathfrak{g}(B;\mathbb{K})$ はリー環として同型である．

50　　　　　　　第 2 章　リー環入門

【証明】　$f : \mathfrak{g}(A; \mathbb{K}) \to \mathfrak{g}(B; \mathbb{K})$ を $f(X) = P^{-1}XP$ で与えればよい.
実際 ${}^t f(X)B + Bf(X) = {}^t P({}^t XA + AX)P$ より $f(X) \in \mathfrak{gl}(B; \mathbb{K})$. 次に
$f^{-1}(Y) = PYP^{-1}$ をもつから線型同型であることがわかる. 最後に

$$
\begin{aligned}
f([X, Y]) &= P^{-1}(XY - YX)P \\
&= (P^{-1}XP)(P^{-1}YP) - (P^{-1}YP)(P^{-1}XP) \\
&= [f(X), f(Y)]
\end{aligned}
$$

よりリー環同型である.　　　　　　　　　　　　　　　　　　　　　■

問題 2.2　実 1 次元リー環および実 2 次元リー環を分類せよ.

　リー環の構造を調べるには何に着目するのがよいだろうか. 括弧積で構造が
定まっているのだから**非可換具合**（可換リー環とどのくらい異なるか）を測る
ことができれば大きな躍進のはず. そこで非可換具合を測るものを用意しよ
う. それは随伴表現というものである. 随伴表現とは何かを説明する都合上,
まず「リー環の表現」を定義しておこう[*9].

定義 2.4 (表現)　$\mathbb{V}$ を $\mathbb{K}$ 上の有限次元線型空間とする. $\mathbb{K}$ 上のリー環 $\mathfrak{g}$ から
$\mathfrak{gl}(\mathbb{V})$ へのリー環準同型 $\rho : \mathfrak{g} \to \mathfrak{gl}(V)$ を $\mathfrak{g}$ の $\mathbb{V}$ 上の**表現**という.

極端な例だがすべての $X \in \mathfrak{g}$, すべての $\vec{v} \in \mathbb{V}$ に対し

$$
\rho(X)\vec{v} = \vec{0}
$$

と定めると ρ は表現である. これを**自明表現** (trivial representation) という.
　$\mathbb{V}$ として $\mathfrak{g}$ 自身を採り $\mathrm{ad} : \mathfrak{g} \to \mathfrak{gl}(\mathfrak{g})$ を

$$
\mathrm{ad}(X)Y := [X, Y], \quad Y \in \mathfrak{g}
$$

と定める. $\mathfrak{g}$ のヤコビの恒等式 (2.3) は

$$
\mathrm{ad}([X, Y])Z = \mathrm{ad}(X)\mathrm{ad}(Y)Z - \mathrm{ad}(Y)\mathrm{ad}(X)Z
$$

[*9]　『リー群』を併読している読者は群の表現と対比しておくとよい.

と書き直せる. これを

$$\mathrm{ad}([X, Y]) = [\mathrm{ad}(X), \mathrm{ad}(Y)]$$

と略記する. ad は $\mathfrak{g}$ の $\mathfrak{g}$ 上の表現であることがわかる. ad を $\mathfrak{g}$ の**随伴表現** (adjoint representation) とよぶ.

問題 2.3 $x_1, x_2, \ldots, x_n$ を変数（不定元）とする $\mathbb{K}$ 係数多項式の全体を $\mathbb{V}$ とする. $\rho : \mathrm{Hei}_{2n+1} \to \mathfrak{gl}(\mathbb{V})$ を

$$\rho(c)f = f, \quad \rho(q_k)f = \frac{\partial}{\partial x_k}f, \quad \rho(p_k)f = x_k f, k = 1, 2, \ldots, n$$

で定めると ρ は Hei_{2n+1} の $\mathbb{V}$ 上の表現であることを確かめよ. これを Hei_{2n+1} の**フォック表現**（Fock representation）とよぶ.

表現に関する基本用語を定めておこう.

定義 2.5 リー環 $\mathfrak{g}$ の 2 つの表現 $\rho : \mathfrak{g} \to \mathfrak{gl}(\mathbb{V})$ と $\rho' : \mathfrak{g} \to \mathfrak{gl}(\mathbb{V}')$ に対し線型同型 $\phi : \mathbb{V} \to \mathbb{V}'$ で

$$\text{すべての } X \in \mathfrak{g} \text{ に対し } \phi \circ \rho(X) = \rho'(X) \circ \phi(X)$$

をみたすものが存在するとき, ρ' は ρ に**同値**（equivalent）であるという.

定義 2.6 表現 $\rho : \mathfrak{g} \to \mathfrak{gl}(\mathbb{V})$ に対し $\mathbb{K}$ 線型部分空間 $\mathbb{W} \subset \mathbb{V}$ が

$$\text{すべての } X \in \mathfrak{g} \text{ に対し } \rho(X)\mathbb{W} \subset \mathbb{W}$$

すなわち

$$\text{すべての } X \in \mathfrak{g}, \text{ すべての } \vec{w} \in \mathbb{W} \text{ に対し } \rho(X)\vec{w} \in \mathbb{W}$$

をみたすとき $\mathbb{W}$ は ρ **不変**（ρ-invariant）であるという.

ρ 不変部分空間が $\{\vec{0}\}$ と $\mathbb{V}$ だけのとき ρ は**既約表現**（irreducible representation）であるという. 既約でないとき**可約表現**（reducible representation）であるという. たとえば Hei_{2n+1} のフォック表現は既約である.

線型部分空間 $\mathbb{W}$ が ρ 不変のとき，各 $X \in \mathfrak{g}$ に対し $\rho(X)$ を $\mathbb{W}$ に制限して得られる $\mathbb{W}$ 上の線型変換を $\rho|_{\mathbb{W}}(X) \in \mathfrak{gl}(\mathbb{W})$ で表すと $\mathfrak{g}$ の $\mathbb{W}$ 上の表現

$$\rho|_{\mathbb{W}} : \mathfrak{g} \to \mathfrak{gl}(\mathbb{W}); \ X \longmapsto \rho|_{\mathbb{W}}(X)$$

が得られる．表現 $\rho|_{\mathbb{W}}$ は ρ の**部分表現**であるという．とくに $\mathbb{W} \neq \{0\}$ かつ $\mathbb{W} \neq \mathbb{V}$ のとき**真部分表現**であるという．部分表現 $\rho|_{\mathbb{W}}$ が既約表現のとき $\rho|_{\mathbb{W}}$ を ρ の**既約成分**とよぶ．

▌2.2 イデアル

定義 2.7 $\mathbb{K}$ 上のリー環 $\mathfrak{g}$ の 2 つの $\mathbb{K}$ 線型部分空間 $\mathfrak{a}$ と $\mathfrak{b}$ に対し，$\{\, [A, B] \mid A \in \mathfrak{a},\ B \in \mathfrak{b} \,\}$ で生成される $\mathfrak{g}$ の $\mathbb{K}$ 線型部分空間を $[\mathfrak{a}, \mathfrak{b}]$ と表記する．

この記法を用いるとリー環 $\mathfrak{g}$ の $\mathbb{K}$ 線型部分空間 $\mathfrak{h}$ が部分リー環であるための必要十分条件は $[\mathfrak{h}, \mathfrak{h}] \subset \mathfrak{h}$ と表せる．次の定義を与えよう[*10]．

定義 2.8 $\mathbb{K}$ 上のリー環 $\mathfrak{g}$ の $\mathbb{K}$ 線型部分空間 $\mathfrak{h}$ に対し $[\mathfrak{g}, \mathfrak{h}] \subset \mathfrak{h}$ であるとき，$\mathfrak{h}$ を $\mathfrak{g}$ の**イデアル**（ideal）とよぶ．

イデアルの定義を随伴表現の観点から見直そう．随伴表現 $\mathrm{ad} : \mathfrak{g} \to \mathfrak{gl}(\mathfrak{g})$ に対し線型部分空間 $\mathfrak{w} \subset \mathfrak{g}$ が ad 不変であるとは $[\mathfrak{g}, \mathfrak{w}] \subset \mathfrak{w}$ ということ．つまりイデアルとは ad 不変部分空間のことである．

例 2.14 $\mathfrak{sl}_n \mathbb{K}$ は $\mathfrak{gl}_n \mathbb{K}$ のイデアル．実際，$X \in \mathfrak{gl}_n \mathbb{K}$, $Y \in \mathfrak{sl}_n \mathbb{K}$ に対し

$$\mathrm{tr}\,[X, Y] = \mathrm{tr}\,(XY - YX) = \mathrm{tr}\,(XY) - \mathrm{tr}\,(YX) = 0$$

より $[X, Y] \in \mathfrak{sl}_n \mathbb{K}$．

[*10] 環について学ばれた読者へ：環（ring）において左イデアルとイデアルが定義される．環の場合をまねてリー環において左イデアルと右イデアルを定義しても $[X, Y] = -[Y, X]$ より左イデアルと右イデアルは同じである．

2.2 イデアル

問題 2.4 2 つのイデアル $\mathfrak{a}, \mathfrak{b} \subset \mathfrak{g}$ に対し $[\mathfrak{a}, \mathfrak{b}]$ もイデアルであり，$[\mathfrak{a}, \mathfrak{b}] \subset \mathfrak{a} \cap \mathfrak{b}$ をみたすことを確かめよ.

リー環 $\mathfrak{g}$ に対し $\mathfrak{D}\mathfrak{g} := [\mathfrak{g}, \mathfrak{g}]$ は $\mathfrak{g}$ のイデアルである．このイデアルを**導来環** (derived algebra) とよぶ.

試しに $\mathfrak{sl}_2\mathbb{K}$ の導来環を求めてみよう．$\{E, F, H\}$ を

$$(2.17) \qquad E = \begin{pmatrix} 0 & 1 \\ 0 & 0 \end{pmatrix}, \ F = \begin{pmatrix} 0 & 0 \\ 1 & 0 \end{pmatrix}, \ H = \begin{pmatrix} 1 & 0 \\ 0 & -1 \end{pmatrix}$$

で定める[*11].

$$[E, F] = H, \ [F, H] = 2F, \ [H, E] = 2E$$

であるから $\mathfrak{D}\mathfrak{sl}_2\mathbb{K} = \mathfrak{sl}_2\mathbb{K}$ がわかる.

導来環を作る操作を続けて $\mathfrak{g}$ の**導来列** (derived series) $\{\mathfrak{D}^i\mathfrak{g}\}_{i=0}^{\infty}$ を

$$\mathfrak{D}^0\mathfrak{g} = \mathfrak{g}, \quad \mathfrak{D}^{i+1}\mathfrak{g} = [\mathfrak{D}^i\mathfrak{g}, \mathfrak{D}^i\mathfrak{g}], \quad i = 0, 1, 2, \dots$$

で定める．$\mathfrak{D}^1\mathfrak{g} = \mathfrak{D}\mathfrak{g}$ である．導来列はイデアルの減少列，すなわち各 $\mathfrak{D}^i\mathfrak{g}$ は $\mathfrak{g}$ のイデアルで

$$\mathfrak{D}^0\mathfrak{g} \supset \mathfrak{D}^1\mathfrak{g} \supset \cdots \supset \mathfrak{D}^i\mathfrak{g} \supset \mathfrak{D}^{i+1}\mathfrak{g} \supset \cdots$$

をみたす．たとえば $\mathfrak{sl}_2\mathbb{K}$ の導来環は $\mathfrak{sl}_2\mathbb{K}$ であるから各 $i \geq 0$ に対し $\mathfrak{D}^i\mathfrak{sl}_2\mathbb{K} = \mathfrak{sl}_2\mathbb{K}$ である.

定義 2.9 有限次元 $\mathbb{K}$ リー環 $\mathfrak{g}$ において $\mathfrak{D}^k\mathfrak{g} = \{0\}$ となる番号 $k \geq 0$ が存在するとき $\mathfrak{g}$ は**可解** (solvable, soluble) であるという．可解リー環 $\mathfrak{g}$ において

$$\mathfrak{D}^i\mathfrak{g} \neq \{0\} \ (0 \leq i \leq k-1), \ \text{かつ} \ \mathfrak{D}^k\mathfrak{g} = \{0\}$$

であるとき $\mathfrak{g}$ を k 次可解リー環 (k-step solvable Lie algebra) という.

[*11] この基底は『リー群』問題 5.4 で活用した.

可換リー環は 0 次可解リー環と見なせる. 可換でない可解リー環の例を与えよう.

$$\mathfrak{a}(1) = \left\{ \begin{pmatrix} y & x \\ 0 & 0 \end{pmatrix} \;\middle|\; x, y \in \mathbb{R} \right\}$$

とおく. $\{E_{12}, E_{11}\}$ は $\mathfrak{a}(1)$ の基底である. $[E_{12}, E_{11}] = E_{12}$ より $\mathfrak{a}(1)$ の導来列は

$$\mathfrak{D}^1 \mathfrak{a}(1) = \mathbb{R} E_{12}, \quad \mathfrak{D}^2 \mathfrak{a}(1) = \{0\}$$

であるから $\mathfrak{a}(1)$ は可解である[*12]. 可解リー環の名称の由来 (なぜ solvable というのか) については [4] を参照.

　導来列と似ているが, もう一種類, イデアルの減少列を作っておく. イデアルの減少列 $\{\mathfrak{D}_i \mathfrak{g}\}_{i=0}^{\infty}$ を次の要領で定めることができる.

$$\mathfrak{D}_0 \mathfrak{g} = \mathfrak{g}, \quad \mathfrak{D}_1 \mathfrak{g} = [\mathfrak{g}, \mathfrak{g}], \quad \mathfrak{D}_{i+1} \mathfrak{g} = [\mathfrak{D}\mathfrak{g}, \mathfrak{D}_i \mathfrak{g}], \quad i = 0, 1, 2, \ldots$$

各 i に対し $\mathfrak{D}^i \mathfrak{g} \subset \mathfrak{D}_i \mathfrak{g}$ であることを注意しておこう. 減少列 $\{\mathfrak{D}_i \mathfrak{g}\}_{i=0}^{\infty}$ を $\mathfrak{g}$ の**降中心列** (lower central series, descending central series) とよぶ.

定義 2.10 有限次元 $\mathbb{K}$ リー環 $\mathfrak{g}$ において $\mathfrak{D}_k \mathfrak{g} = \{0\}$ となる番号 $k \geq 0$ が存在するとき $\mathfrak{g}$ は**冪零** (nilpotent) であるという. 冪零リー環 $\mathfrak{g}$ において

$$\mathfrak{D}_i \mathfrak{g} \neq \{0\} \;\; (0 \leq i \leq k-1), \;\; \text{かつ} \;\; \mathfrak{D}_k \mathfrak{g} = \{0\}$$

であるとき $\mathfrak{g}$ を k 次冪零リー環 (k-step nilpotent Lie algebra) という.

可換リー環は 0 次冪零リー環と見なせる. また冪零ならば可解であることが示せる. 冪零リー環の典型例は有限次元ハイゼンベルク代数である. 実際 Hei_{2n+1} において

$$\mathfrak{D}_1 \mathrm{Hei}_{2n+1} = \mathbb{K}c, \quad \mathfrak{D}_2 \mathrm{Hei}_{2n+1} = \{0\}$$

である (確かめよ). したがって Hei_{2n+1} は 2 次冪零.

[*12] ★ このリー環はアフィン変換群 A(1) のリー環である. 問題 2.2 の解答 (p. 266) を参照. アフィン変換群については『リー群』第 6 章の式 (6.6), 第 11 章の定義 11.3 を参照. なお『リー群』第 12 章では 3 次元可解リー環の例を取り上げている.

註 **2.6 (専門的な注意)** 有限次元 $\mathbb{K}$ リー環 $\mathfrak{g}$ は唯一の極大な冪零イデアル $\mathfrak{r}$ をもつ. すなわち $\mathfrak{r} \subset \mathfrak{g}$ は $\mathfrak{g}$ の冪零なイデアルで, すべての冪零なイデアルは $\mathfrak{r}$ に含まれるというものである. $\mathfrak{r}$ を $\mathfrak{g}$ の**根基** (radical) という.

部分リー環とイデアルについて演習問題を出そう.

問題 2.5 (リー環の中心) リー環 $\mathfrak{g}$ に対し

(2.18) $$\mathfrak{z}(\mathfrak{g}) = \{Z \in \mathfrak{g} \mid \text{すべての } X \in \mathfrak{g} \text{ に対し } [X, Z] = 0\}$$

は $\mathfrak{g}$ のイデアルであることを示せ. このイデアルを $\mathfrak{g}$ の**中心** (center) という.

問題 2.6 $\mathfrak{gl}_n\mathbb{K}$, $\mathfrak{sl}_n\mathbb{K}$ の中心がそれぞれ $\mathbb{K}E_n$, $\{0\}$ で与えられることを示せ.

問題 2.7 リー環準同型写像 $f : \mathfrak{a} \to \mathfrak{b}$ は線型写像であるから核, $\mathrm{Ker}\, f$ を考えられる. $\mathrm{Ker}\, f$ は $\mathfrak{a}$ のイデアルであることを示せ.

問題 2.8 部分リー環 $\mathfrak{h} \subset \mathfrak{g}$ に対し

$$\mathfrak{n}_\mathfrak{g}(\mathfrak{h}) = \{Y \in \mathfrak{g} \mid \text{すべての } X \in \mathfrak{h} \text{ に対し } [Y, X] \in \mathfrak{h}\}$$

とおくと $\mathfrak{n}_\mathfrak{g}(\mathfrak{h})$ は $\mathfrak{g}$ の部分リー環であることおよび, $\mathfrak{h}$ は $\mathfrak{n}_\mathfrak{g}(\mathfrak{h})$ のイデアルであることを確かめよ. $\mathfrak{n}_\mathfrak{g}(\mathfrak{h})$ を $\mathfrak{h}$ の $\mathfrak{g}$ における**正規化環** (normalizer) という. $X \in \mathfrak{g}$ に対し $\mathbb{K}X$ の正規化環は $\mathfrak{n}_\mathfrak{g}(X)$ と略記することがある.

$$\mathfrak{n}_\mathfrak{g}(X) = \{Y \in \mathfrak{g} \mid [X, Y] = \in \mathbb{K}X\}.$$

問題 2.9 部分リー環 $\mathfrak{h} \subset \mathfrak{g}$ に対し

$$\mathfrak{z}_\mathfrak{g}(\mathfrak{h}) = \{Y \in \mathfrak{g} \mid \text{すべての } X \in \mathfrak{h} \text{ に対し } [Y, X] = 0\}$$

とおくと $\mathfrak{z}_\mathfrak{g}(\mathfrak{h})$ は $\mathfrak{g}$ の部分リー環であることを確かめよ. $\mathfrak{z}_\mathfrak{g}(\mathfrak{h})$ を $\mathfrak{h}$ の $\mathfrak{g}$ における**中心化環** (centralizer) という. $\mathfrak{z}_\mathfrak{g}(\mathfrak{g}) = \mathfrak{z}(\mathfrak{g})$ であることに注意.

2.3 ★ 部分群と部分環の対応

『リー群』と併読する読者のために, この節では部分リー群と部分リー環の対応を解説する.

56　　　　　　　　第 2 章　　リー環入門

　　線型リー群 G の閉部分群 $H \subset G$ も線型リー群であり H のリー環 $\mathfrak{h}$ は G の
リー環 $\mathfrak{g}$ の部分リー環である．H の性質がどのように $\mathfrak{h}$ に遺伝するかを調べ
ておこう．

　　まず随伴表現の微分を計算しておく．後々のために一般化した状況で述べて
おこう．

　　線型リー群 G と有限次元実線型空間 $\mathbb{V}$ に対し群準同型写像 $\rho : G \to \mathrm{GL}(\mathbb{V})$
を G の $\mathbb{V}$ 上の表現とよんだ[*13]．とくに ρ が次の 2 条件をみたすとしよう．

- 各 $g \in G$ に対し $\rho(g) : \mathbb{V} \to \mathbb{V}$ が連続写像．
- 各 $\vec{v}$ に対し写像 $g \longmapsto \rho(g)\vec{v}$ は G から $\mathbb{V}$ への連続写像．

このとき ρ は**連続**であるという．連続な表現について次が成り立つ．

定理 2.1 連続な表現 $\rho : G \to \mathrm{GL}(\mathbb{V})$ に対し

$$\rho(\exp(tX)) = \exp(t\sigma(X))$$

となるリー環準同型 $\sigma : \mathfrak{g} \to \mathfrak{gl}(\mathbb{V})$ が存在する．この σ を ρ の**微分表現**とい
う．$\sigma = \mathrm{d}\rho$ と書く[*14]．

実際に随伴表現 $\mathrm{Ad} : G \to \mathrm{GL}(\mathbb{V})$ の微分表現を求めてみよう．

$$
\begin{aligned}
\left.\frac{\mathrm{d}}{\mathrm{d}t}\right|_{t=0} \mathrm{Ad}(\exp(tX))Y &= \left.\frac{\mathrm{d}}{\mathrm{d}t}\right|_{t=0} (e^{tX}Ye^{-tY}) \\
&= (Xe^{tX}Ye^{-tX} - e^{tX}YXe^{-tX})\Big|_{t=0} \\
&= XY - YX = [X,Y].
\end{aligned}
$$

したがって Ad の微分表現は ad である．

[*13] 『リー群』定義 8.1.

[*14] 研究論文などで微分表現を主に扱う場合，記号の節約のため微分表現も ρ と書いてしまう
　　ことがある．

では H が正規部分群の場合を調べよう. $s \in \mathbb{R}$, $g \in G$, $Y \in \mathfrak{h}$ とすると附録 B の (B.2)（『リー群』の問題 9.2）より

$$ge^{sY}g^{-1} = \exp(g(sY)g^{-1}) = \exp(\mathrm{Ad}(g)(sY)).$$

そこで $X \in \mathfrak{g}$ をとり $g = e^{tX}$ と選ぶと Ad の微分表現が ad であることから

$$\begin{aligned}
\mathrm{Ad}(e^{tX})e^{sY} &= \exp(\mathrm{Ad}(e^{tX})(sY)) = \exp(s(\mathrm{Ad}(e^{tX})Y)) \\
&= \exp\bigl(s(\exp(t[X,Y]))\bigr).
\end{aligned}$$

H が正規部分群であるから $\mathrm{Ad}(e^{tX})e^{sY} \in H$ がすべての $s,t \in \mathbb{R}$ について成り立つ. ということは

$$\text{すべての } s, t \in \mathbb{R} \text{ について } \exp\bigl(s(\exp(t[X,Y]))\bigr) \in H.$$

リー環 $\mathfrak{h}$ の定義より

$$\boxed{\text{すべての } t \in \mathbb{R} \text{ について } \exp(t[X,Y]) \in H.}$$

これは $[X,Y] \in \mathfrak{h}$ を意味する. したがって $\mathfrak{h}$ は $\mathfrak{g}$ のイデアルである.

定理 2.2 H を線型リー群 G の閉部分群とする.

- H が G の正規部分群ならば $\mathfrak{h}$ は $\mathfrak{g}$ のイデアル.
- G と H が連結であるとする. このとき $\mathfrak{h}$ が $\mathfrak{g}$ のイデアルならば H は G の正規部分群.

さて線型リー群 G において

$$\exp(t[X,Y]) = \lim_{k\to\infty} \left\{ \exp\left(\frac{tX}{k}\right) \exp\left(\frac{tY}{k}\right) \exp\left(-\frac{tX}{k}\right) \exp\left(-\frac{tY}{k}\right) \right\}^{k^2}$$

が成り立つ[*15]. G が可換であればこの式の右辺は単位行列. したがって $[X,Y] = 0$ である.

[*15] 『リー群』式 (10.5) を用いる.

命題 2.3 線型リー群 G が可換ならば $\mathfrak{g}$ も可換. G が連結であれば逆も言える.

同様に次も確かめられる.

命題 2.4 線型リー群 G の中心 $Z(G)$ は線型リー群であり,そのリー環は $\mathfrak{g}$ の中心 $\mathfrak{z}(\mathfrak{g})$ である.

問題 2.10 線型リー群 G の交換子群 $D(G)$ は線型リー群であり,そのリー環が $\mathfrak{g}$ の導来環 $\mathfrak{D}\mathfrak{g}$ であることを示せ.

問題 2.11 線型リー群 G のリー部分群 H に対し

$$N_G(H) = \{g \in G \mid gHg^{-1} = H\},$$
$$Z_G(H) = \{g \in G \mid \text{すべての } h \in H \text{ に対し } gh = hg\}$$

と定めるとこれらは G の閉部分群であり,それぞれ H の G における**正規化群** (normalizer),H の G における**中心化群** (centralizer) とよぶ.$a \in G$ に対し a の生成する部分群の中心化群を $Z_G(a)$ と略記することがある.すなわち

$$Z_G(a) = \{g \in G \mid gag^{-1} = a\}.$$

$N_G(H)$ と $Z_G(H)$ のリー環を求めよ.

2.4　リー環に対する操作

　この節では,線型代数の手法を使ってリー環から別のリー環を作る操作を説明する.それにはまず「線型空間から線型空間を作る操作」を準備しておく必要がある.そこでまず「線型代数の準備」を述べ,そのあとでリー環に対する操作を説明する.

2.4.1　リー環の直和

　まず次の命題が成り立つことを確かめてほしい.

命題 2.5 (直和線型空間) $\mathbb{K}$ 上の有限次元線型空間 $\mathbb{V}_1$ と $\mathbb{V}_2$ の直積集合

$$\mathbb{V}_1 \times \mathbb{V}_2 = \{(\vec{v}_1, \vec{v}_2) \mid \vec{v}_1 \in \mathbb{V}_1,\ \vec{v}_2 \in \mathbb{V}_2\}$$

において加法とスカラー乗法を

$$(\vec{v}_1, \vec{v}_2) + (\vec{w}_1, \vec{w}_2) = (\vec{v}_1 + \vec{w}_1, \vec{v}_2 + \vec{w}_2),$$
$$\lambda(\vec{v}_1, \vec{v}_2) = (\lambda\vec{v}_1, \lambda\vec{v}_2)$$

で定めると $\mathbb{V}_1 \times \mathbb{V}_2$ は $\mathbb{K}$ 線型空間になる. $\mathbb{V}_1 \times \mathbb{V}_2$ にこの線型空間の構造を与えたものを $\mathbb{V}_1 \oplus \mathbb{V}_2$ と表記し $\mathbb{V}_1$ と $\mathbb{V}_2$ の**直和線型空間**という.

ここでは 2 つの線型空間の直和を定義したが 3 つ以上の線型空間についても直和が定義できることは了解してもらえると思う.

　直和という用語は以前にも見たことがあるだろう.「線型部分空間の直和」という概念を学んでいると思う (p. 14 参照). ここで導入した「直和 $\oplus$」と線型部分空間に対する「直和 $\dotplus$」の関係をここで述べておこう.

　ふたつの線型空間 $\mathbb{V}_1$ と $\mathbb{V}_2$ の直和線型空間 $\mathbb{V}_1 \oplus \mathbb{V}_2$ において

$$\mathbb{W}_1 := \{(\vec{x}_1, \vec{0}) \mid \vec{x}_1 \in \mathbb{V}_1\}, \quad \mathbb{W}_2 := \{(\vec{0}, \vec{x}_2) \mid \vec{x}_2 \in \mathbb{V}_2\}$$

とおくと, ともに $\mathbb{V}$ の線型部分空間であり $\mathbb{W}_i \cong \mathbb{V}_i$ である. さらに $\mathbb{V} = \mathbb{W}_1 \dotplus \mathbb{W}_2$ が成り立つ.

　逆に線型空間 $\mathbb{V}$ が $\mathbb{V} = \mathbb{W}_1 \dotplus \mathbb{W}_2$ と表されているとき直和線型空間

$$\mathbb{W}_1 \oplus \mathbb{W}_2 = \{(\vec{w}_1, \vec{w}_2) \mid \vec{w}_1 \in \mathbb{W}_1, \vec{w}_2 \in \mathbb{W}_2\}$$

をつくると $\mathbb{V} \cong \mathbb{W}_1 \oplus \mathbb{W}_2$ である. 実際 $\vec{w}_1 + \vec{w}_2 \longmapsto (\vec{w}_1, \vec{w}_2)$ が線型同型写像を与える.

　具体例で詳しく観察してみよう. 前の章の例 1.10 を再び採り上げる[16].

例 2.15 $\mathbb{V} = \mathbb{K}^2$ とし, $\mathbb{W}_1 = \{(u_1, 0) \mid u_1 \in \mathbb{K}\}$, $\mathbb{W}_2 = \{(0, u_2) \mid u_2 \in \mathbb{K}\}$ とおく. $\mathbb{K}^2$ の標準基底 $\{e_1, e_2\}$ を用いて

$$\mathbb{W}_1 = \{u_1 e_1 \mid u_1 \in \mathbb{K}\} = \mathbb{K}e_1, \mathbb{W}_2 = \{u_2 e_2 \mid u_2 \in \mathbb{K}\} = \mathbb{K}e_2$$

---

[16] これは『リー群』例 5.2 の再録である.

と表す. このとき $\mathbb{V}$ は 2 つの線型部分空間 $\mathbb{W}_1$ と $\mathbb{W}_2$ の直和 $\mathbb{V} = \mathbb{W}_1 \dotplus \mathbb{W}_2$ である. すなわち $\mathbb{K}^2 = \mathbb{K}e_1 \dotplus \mathbb{K}e_2$.

2 つの $\mathbb{K}$ 線型空間 $\mathbb{V}_1 = \{u_1 \in \mathbb{K}\} = \mathbb{K},\, \mathbb{V}_2 = \{u_2 \in \mathbb{K}\} = \mathbb{K}$ に対し直和線型空間 $\mathbb{V}_1 \oplus \mathbb{V}_2 = \mathbb{K} \oplus \mathbb{K}$ を定義通りに求めると

$$\mathbb{V}_1 \oplus \mathbb{V}_2 = \{(u_1, u_2) \mid u_1 \in \mathbb{V}_1, u_2 \in \mathbb{V}_2\} = \mathbb{K}^2$$

であるから $\mathbb{V}_1 \oplus \mathbb{V}_2 = \mathbb{V}$ が成り立つ. 以上のことから

$$\mathbb{K}^2 = \mathbb{K}e_1 \dotplus \mathbb{K}e_2 = \mathbb{K} \oplus \mathbb{K}$$

が得られた.

この例をみても記号 $\dotplus$ と $\oplus$ を区別せず, どちらも $\oplus$ と書いてしまっても**混乱は生じない**. そこで以後, 部分空間の直和も $\oplus$ で表すことにしよう.

ではリー環の直和を考察しよう.

定義 2.11 (直和) $\mathbb{K}$ 上のリー環 $\mathfrak{a}$ と $\mathfrak{b}$ の直和線型空間 $\mathfrak{a} \oplus \mathfrak{b} = \{(X, U) \mid X \in \mathfrak{a}, U \in \mathfrak{b}\}$ において

$$[(X, U), (Y, V)] = ([X, Y], [U, V])$$

と定めると, これは括弧積であり $(\mathfrak{a} \oplus \mathfrak{b}, [\cdot, \cdot])$ は $\mathbb{K}$ 上のリー環である. このリー環を $\mathfrak{a}$ と $\mathfrak{b}$ のリー環としての**直和** (direct sum) という.

問題 2.12 リー環の直和 $\mathfrak{a} \oplus \mathfrak{b}$ において

$$\mathfrak{a}' = \{(X, 0) \mid X \in \mathfrak{a}\}, \quad \mathfrak{b}' = \{(0, U) \mid U \in \mathfrak{b}\}$$

が $\mathfrak{a} \oplus \mathfrak{b}$ のイデアルであることを確かめよ.

定義 2.12 (直和) $\mathfrak{a}$ と $\mathfrak{b}$ を $\mathbb{K}$ リー環 $\mathfrak{g}$ のイデアルとする. $\mathfrak{g}$ が $\mathfrak{a}$ と $\mathfrak{b}$ の直和 $\mathfrak{g} = \mathfrak{a} \oplus \mathfrak{b}$ であるとき, $\mathfrak{g}$ はイデアル $\mathfrak{a}$ と $\mathfrak{b}$ の直和であるという.

2.4 リー環に対する操作 **61**

例 2.16 ($\mathfrak{so}(4) \cong \mathfrak{so}(3) \oplus \mathfrak{so}(3)$) $\mathfrak{so}(4)$ の基底 $\{A_1^+, A_2^+, A_3^+, A_1^-, A_2^-, A_3^-\}$ を

$$A_1^\pm = \frac{1}{2}\{(E_{12} - E_{21}) \pm (E_{34} - E_{43})\},$$

$$A_2^\pm = \frac{1}{2}\{(E_{14} - E_{41}) \pm (E_{23} - E_{32})\},$$

$$A_3^\pm = \frac{1}{2}\{(E_{13} - E_{31}) \pm (E_{42} - E_{24})\}$$

で選ぶ（複号同順）.

$$[A_1^\pm, A_2^\pm] = \pm A_3^\pm, \quad [A_2^\pm, A_3^\pm] = \pm A_1^\pm, \quad [A_3^\pm, A_1^\pm] = \pm A_2^\pm$$

をみたす（複号同順）. $\{A_1^+, A_2^+, A_3^+\}$ の張る線型部分空間を $\mathfrak{so}(4)_+$,
$\{A_1^-, A_2^-, A_3^-\}$ の張る線型部分空間を $\mathfrak{so}(4)_-$ とするとこれらは $\mathfrak{so}(4)$ の
イデアルであり $\mathfrak{so}(4)$ はイデアルの直和 $\mathfrak{so}(4)_+ \oplus \mathfrak{so}(4)_-$ である. さらに
$f_+ : \mathfrak{so}(4)_+ \to \mathfrak{so}(3)$, $f_- : \mathfrak{so}(4)_- \to \mathfrak{so}(3)$ を

$$f_+(A_k^+) = f_-(A_k^-) = A_k, (k = 1, 2), \quad f_+(A_3^+) = A_3, \quad f_-(A_3^-) = -A_3$$

と定める. ここで $\{A_1, A_2, A_3\}$ は例 2.12 と例 2.13 で用いた $\mathfrak{so}(3)$ の基底
(2.15) である. f_+ および f_- はリー環同型である. この同型を介して $\mathfrak{so}(4)_\pm$
を $\mathfrak{so}(3)$ と同一視し $\mathfrak{so}(4) = \mathfrak{so}(3) \oplus \mathfrak{so}(3)$ と表す. この分解の線型代数（交
代双線型形式）との関連について附録 A も参照されたい.

註 2.7 (⋆ どうやって見つけたか) リー環の同型 $\mathfrak{so}(4) = \mathfrak{so}(3) \oplus \mathfrak{so}(3)$ はどうやって
発見されるだろうか. 対応するリー群を観察すると, この同型に気づくことは難しくな
い. 『リー群』第 8 章問題 8.3 よりリー群の同型 $(\mathrm{SU}(2) \times \mathrm{SU}(2))/\mathbb{Z}_2 \cong \mathrm{SO}(4)$ が得ら
れるから $\mathfrak{so}(4) \cong \mathfrak{so}(3) \oplus \mathfrak{so}(3)$ が予想できる. 実際にこの予想が正しいことを上で検
証したが, その際に検証に都合よい $\mathfrak{so}(4)$ の基底 $\{A_1^+, A_2^+, A_3^+, A_1^-, A_2^-, A_3^-\}$ を利用し
た. この基底の発見方法については次の問題を参照.

問題 2.13 (⋆ 基底の発見方法) ρ を『リー群』第 8 章問題 8.3 で与えた $\mathrm{Sp}(1)$ の表現
とする. $x, y, z \in \mathfrak{sp}(1)$ に対し t の函数 $\rho(\exp(tx), \exp(ty))z$ の $t = 0$ における微分
係数を求めよ.

2.4.2 実リー環の複素化

まず実線型空間の複素化から始めよう ([13, 7 章] などを参照).

補題 2.1 有限次元実線型空間 $\mathbb{V}$ に対し $\mathbb{V} \times \mathbb{V}$ における加法とスカラー乗法を

$$(\vec{x}, \vec{y}) + (\vec{u}, \vec{v}) = (\vec{x} + \vec{u}, \vec{y} + \vec{v}),$$
$$(a + b\mathtt{i})(\vec{x}, \vec{y}) = (a\vec{x} - b\vec{y}, b\vec{x} + a\vec{y})$$

で定めると複素線型空間が得られる. この複素線型空間を $\mathbb{V}$ の**複素化**(complexification) といい $\mathbb{V}^{\mathbb{C}}$ で表す. 複素化 $\mathbb{V}^{\mathbb{C}}$ において

$$\operatorname{Re} \mathbb{V}^{\mathbb{C}} = \{(\vec{x}, \vec{0}) \mid \vec{x} \in \mathbb{V}\}$$

は $\mathbb{V}$ と実線型空間として同型である.

$\vec{x}$ と $(\vec{x}, \vec{0})$ を同一視し, $\operatorname{Re} \mathbb{V}^{\mathbb{C}} = \mathbb{V}$ と見なす. このとき $(0, \vec{y}) = \sqrt{-1}\vec{y}$ と書くことにすると

$$\mathbb{V}^{\mathbb{C}} = \mathbb{V} \oplus \sqrt{-1}\mathbb{V} = \{\vec{x} + \sqrt{-1}\vec{y} \mid \vec{x}, \vec{y} \in \mathbb{V}\}$$

と表示できる. 複素化を表す際にこの表示を用いることが多い. $\mathbb{V}^{\mathbb{C}}$ と複素線型空間として同型な複素線型空間も $\mathbb{V}$ の複素化という. なお $\mathbb{V}$ の複素化を $\mathbb{V}_{\mathbb{C}}$ と表記する本もある(たとえば [18]).

定義 2.13 有限次元実線型空間の間の線型写像 $f : \mathbb{V}_1 \to \mathbb{V}_2$ に対し

$$f(\vec{x} + \sqrt{-1}\vec{y}) = f(\vec{x}) + \sqrt{-1}f(\vec{y})$$

で $\mathbb{V}_1^{\mathbb{C}}$ から $\mathbb{V}_2^{\mathbb{C}}$ への複素線型写像に拡張することができる. この拡張を f の**複素延長**(extension) とか**複素化**(complexification) という. 混乱の恐れがない限り同じ記号 f で表す. f との区別が必要なときは $f^{\mathbb{C}}$ と書く.

有限次元複素線型空間 $\mathbb{W}$ が与えられているとしよう．このとき複素線型変換 $\mathrm{J} : \mathbb{W} \to \mathbb{W}$ を

$$\mathrm{J}\vec{z} = \mathrm{i}\vec{z}$$

で定めると $\mathrm{J}^2 = -\mathrm{Id}$ である．この性質に着目し次の定義を与える．

定義 2.14 有限次元実線型空間 $\mathbb{V}$ 上の線型変換 J が $\mathrm{J}^2 = -\mathrm{Id}$ をみたすとき，J を $\mathbb{V}$ の**複素構造** (complex structure) とよぶ．

斜交リー環 $\mathfrak{sp}(n; \mathbb{K})$ を定義する際に用いた行列 J_n で定まる $\mathbb{R}^{2n}$ 上の 1 次変換 f_{J_n} は $\mathbb{R}^{2n}$ 上の複素構造である[*17]．

複素構造 J が $\mathbb{V}$ に与えられたとき

$$(a + b\mathrm{i})\vec{x} = a\vec{x} + b\,\mathrm{J}\vec{x}$$

と定めることで $\mathbb{V}$ は複素線型空間になる．

定義 2.15 $\mathfrak{g}$ を実リー環とする．$\mathfrak{g}$ の線型空間としての複素化 $\mathfrak{g}^{\mathbb{C}}$

$$\mathfrak{g}^{\mathbb{C}} = \{ Z = X + \sqrt{-1}Y \mid X, Y \in \mathfrak{g} \}$$

に

$$[X + \sqrt{-1}Y, U + \sqrt{-1}V] := ([X, U] - [Y, V]) + \sqrt{-1}([Y, U] + [X, V])$$

により括弧積を定めることができ，$\mathfrak{g}^{\mathbb{C}}$ は複素リー環になる．この複素リー環を $\mathfrak{g}^{\mathbb{C}}$ の**複素化**とよぶ．$\mathfrak{g}^{\mathbb{C}}$ と同型な複素リー環も $\mathfrak{g}^{\mathbb{C}}$ の複素化とよばれる．

定義 2.16 $\mathfrak{g}$ を有限次元複素リー環, $\mathfrak{h}$ を有限次元実リー環とする．複素化 $\mathfrak{h}^{\mathbb{C}}$ と $\mathfrak{g}$ が複素リー環として同型であるとき $\mathfrak{h}$ を $\mathfrak{g}$ の**実形** (real form) という．

複素リー環は実形をもつとは限らない．もつ場合でもただ 1 つとは限らない．簡単な例を挙げよう．

[*17] 『リー群』7.3 節で考察した $\mathbb{C}$ の標準的複素構造 J の定める 1 次変換 f_J も，もちろん複素構造の例である．

64　　　　　　　　第 2 章　　リー環入門

例 2.17 $\mathfrak{gl}_n\mathbb{R}$ の複素化を求めよう．定義より

$$(\mathfrak{gl}_n\mathbb{R})^{\mathbb{C}} = \{(X,U) \mid X,U \in \mathfrak{gl}_n\mathbb{R}\}$$

である．一方，$\mathfrak{gl}_n\mathbb{C} = \{X + \mathrm{i}U \mid X,Y \in \mathfrak{gl}_n\mathbb{R}\}$ は複素リー環であり $f :$
$(\mathfrak{gl}_n\mathbb{R})^{\mathbb{C}} \to \mathfrak{gl}_n\mathbb{C}$ を

$$f((X,U)) = X + \mathrm{i}U$$

で定めると f は複素リー環としての同型写像である．この同型を介して今後
$(\mathfrak{gl}_n\mathbb{R})^{\mathbb{C}} = \mathfrak{gl}_n\mathbb{C}$ と見なす．同様に $(\mathfrak{sl}_n\mathbb{R})^{\mathbb{C}} = \mathfrak{sl}_n\mathbb{C}$ と見なす．直交リー環
$\mathfrak{o}(n)$ の複素化は

$$(2.19) \qquad \mathfrak{o}(n)^{\mathbb{C}} = \{Z \in \mathfrak{gl}_n\mathbb{C} \mid {}^t\!Z = -Z\}$$

で与えられる．これは複素直交リー環 $\mathfrak{o}(n;\mathbb{C})$ に他ならない．

命題 2.6 $n \geq 2$ に対し $K_n \in \mathrm{GL}_n\mathbb{R}$ を

$$K_{2m} = \begin{pmatrix} O_m & E_m \\ E_m & O_m \end{pmatrix} \in \mathrm{GL}_{2m}\mathbb{R}, \quad K_{2m+1} = \begin{pmatrix} 1 & O \\ O & K_{2m} \end{pmatrix} \in \mathrm{GL}_{2m+1}\mathbb{R}$$

で定めると $\mathfrak{g}(K_n;\mathbb{C}) \cong \mathfrak{o}(n;\mathbb{C})$ である．

【**証明**】　$n = 2m$ のとき

$$P = \frac{1}{\sqrt{2}} \begin{pmatrix} E_m & \mathrm{i}E_m \\ E_m & -\mathrm{i}E_m \end{pmatrix},$$

$n = 2m+1$ のとき

$$P = \frac{1}{\sqrt{2}} \begin{pmatrix} \sqrt{2} & 0 & 0 \\ 0 & E_m & \mathrm{i}E_m \\ 0 & E_m & -\mathrm{i}E_m \end{pmatrix}$$

とおくと ${}^t\!PKP = E_n$ であるから命題 2.2 より $\mathfrak{g}(K_n;\mathbb{C}) \cong \mathfrak{o}(n;\mathbb{C})$. ∎

擬直交リー環 $\mathfrak{o}_\nu(n)$ の複素化については次が成り立つ．

2.4 リー環に対する操作 **65**

命題 2.7 $\mathfrak{o}_\nu(n)^{\mathbb{C}} \cong \mathfrak{o}(n;\mathbb{C})$. すなわち擬直交リー環の複素化は指数 ν によらず共通である.

【証明】

$$P = \begin{pmatrix} \mathrm{i}E_\nu & 0 \\ 0 & E_{n-\nu} \end{pmatrix}$$

とおけば ${}^t P \mathcal{E}_{\nu,n-\nu} P = E_n$. したがって命題 2.2 より結論を得る. ∎

複素リー環の同型 $\mathfrak{o}_\nu(n)^{\mathbb{C}} \cong \mathfrak{o}(n;\mathbb{C})$ を詳しくみておこう.

$$\mathfrak{o}_\nu(n) = \left\{ \begin{pmatrix} X & Y \\ {}^t Y & Z \end{pmatrix} \,\middle|\, X \in \mathfrak{so}(\nu), Z \in \mathfrak{so}(n-\nu), Y \in \mathrm{M}_{\nu,n-\nu}\mathbb{R} \right\}$$

と表せるから

$$\mathfrak{o}_\nu(n)^{\mathbb{C}} = \left\{ \begin{pmatrix} U & V \\ {}^t V & W \end{pmatrix} \,\middle|\, U \in \mathfrak{so}(\nu;\mathbb{C}), W \in \mathfrak{so}(n-\nu;\mathbb{C}), V \in \mathrm{M}_{\nu,n-\nu}\mathbb{C} \right\}$$

である. 一方 $\mathfrak{o}(n;\mathbb{C})$ を区分けして

$$\mathfrak{o}(n;\mathbb{C}) = \left\{ \begin{pmatrix} A & B \\ -{}^t B & C \end{pmatrix} \,\middle|\, A \in \mathfrak{so}(\nu;\mathbb{C}), C \in \mathfrak{so}(n-\nu;\mathbb{C}), B \in \mathrm{M}_{\nu,n-\nu}\mathbb{C} \right\}$$

と表すことができる. $\mathfrak{o}_\nu(n)^{\mathbb{C}}$ から $\mathfrak{o}(n;\mathbb{C})$ への同型は

$$\begin{pmatrix} U & V \\ {}^t V & W \end{pmatrix} \longmapsto \begin{pmatrix} U & -\mathrm{i}V \\ \mathrm{i}{}^t V & W \end{pmatrix}$$

で与えられる. したがって $\mathfrak{o}_\nu(n)$ は $\mathfrak{o}(n;\mathbb{C})$ の実形

$$(2.20) \quad \left\{ \begin{pmatrix} X & -\mathrm{i}Y \\ \mathrm{i}{}^t Y & Z \end{pmatrix} \,\middle|\, X \in \mathfrak{so}(\nu), Z \in \mathfrak{so}(n-\nu), Y \in \mathrm{M}_{\nu,n-\nu}\mathbb{R} \right\}$$

と同型である. この事実は 6.8 節 (たとえば例 6.3) で用いる.

問題 2.14 実シンプレクティク・リー環 $\mathfrak{sp}(n;\mathbb{R})$ の複素化は複素シンプレクティク・リー環 $\mathfrak{sp}(n;\mathbb{C})$ で与えられることを確かめよ.

66 第 2 章 リー環入門

ユニタリー・リー環 $\mathfrak{u}(n)$ は複素数を成分にもつが，複素リー環ではないことを思い出そう．（ちょっとややこしいが）**実リー環 $\mathfrak{u}(n)$ の複素化 $\mathfrak{u}(n)^{\mathbb{C}}$ を**求めてみよう．

$$\mathfrak{u}(n)^{\mathbb{C}} = \{(X, Y) \mid X, Y \in \mathfrak{u}(n)\}$$

において $\sqrt{-1}Y$ をどう考えるかが問題である．ここで例 2.7 で調べておいたことが役に立つ．

$$\mathrm{Her}_n\mathbb{C} = \{\mathrm{i}Z \mid Z \in \mathfrak{u}(n)\}$$

と書き換えられるから $\mathrm{M}_n\mathbb{C} = \mathfrak{u}(n) \oplus \mathrm{i}\mathfrak{u}(n)$ である．したがって $\mathrm{M}_n\mathbb{C}$ は **$\mathfrak{u}(n)$ の線型空間としての複素化と同型である**ことがわかる．$\mathrm{M}_n\mathbb{C}$ に通常の交換子括弧を与えて複素リー環 $\mathfrak{gl}_n\mathbb{C}$ にしよう．

あとは対応 $f : \mathfrak{u}(n)^{\mathbb{C}} \to \mathfrak{gl}_n\mathbb{C};$

$$f((X, U)) = X + \mathrm{i}U$$

がリー環同型であることを確かめればよい．この確認は読者の演習としよう．

命題 2.8 $\mathfrak{u}(n)$ の複素化は $\mathfrak{gl}_n\mathbb{C}$ である．また $\mathfrak{su}(n)$ の複素化は $\mathfrak{sl}_n\mathbb{C}$ である．

$\mathfrak{gl}_n\mathbb{C}$ は $\mathfrak{gl}_n\mathbb{R}$ の複素化であると同時に $\mathfrak{u}(n)$ の複素化でもある．言い方をかえると $\mathfrak{gl}_n\mathbb{C}$ は実リー環として**同型でない異なる二つの実形** $\mathfrak{gl}_n\mathbb{R}$ と $\mathfrak{u}(n)$ をもつことがわかった．同様に $\mathfrak{sl}_n\mathbb{C}$ は実リー環として同型でない異なる二つの実形 $\mathfrak{sl}_n\mathbb{R}$ と $\mathfrak{su}(n)$ をもつ．さらに擬直交リー環 $\mathfrak{o}_\nu(n)$ の複素化は ν の値によらず $\mathfrak{o}(n;\mathbb{C})$ であった．

註 2.8 (⋆ 実形をリー群で視る) 対応するリー群を比較してみよう．ここで取り上げた例ではコンパクトな線型リー群と非コンパクトな線型リー群に対応する実形がある．

$\mathfrak{g}^{\mathbb{C}}$ に対応するリー群	コンパクトな実形	非コンパクトな実形
$\mathrm{GL}_n\mathbb{C}$	$\mathrm{U}(n)$	$\mathrm{GL}_n\mathbb{R}$
$\mathrm{SL}_n\mathbb{C}$	$\mathrm{SU}(n)$	$\mathrm{SL}_n\mathbb{R}$
$\mathrm{O}(n;\mathbb{C})$	$\mathrm{O}(n)$	$\mathrm{O}_\nu(n), 0 < \nu < n$

2.4 リー環に対する操作　　67

註 2.9 (実形をもたない例) 0 でない複素数 λ を 1 つとり

$$[X,Y] = Y, \ [Y,Z] = 0, \ \ [Z,X] = \lambda Z$$

で定まる括弧積を $\mathbb{C}X \oplus \mathbb{C}Y \oplus \mathbb{C}Z$ に与えて得られる 3 次元複素リー環は $\lambda + \lambda^{-1} \notin \mathbb{R}$ ならば実形をもたない (詳細は [18, 例 12.6] 参照).

　ここまでは実リー環からその複素化を求める作業を行ってきたが, **逆に複素リー環から実形を探してみよう**. 手がかりは次の命題である.

命題 2.9 $z \in \mathbb{C}$ に対し $z \in \mathbb{R} \Longleftrightarrow z = \bar{z}$.

複素共軛をとる操作をモデルに次の定義をしよう.

定義 2.17 複素リー環 $\mathfrak{g}$ 上の変換 ι が以下の条件をみたすとき $\mathfrak{g}$ の **共軛変換** (conjugation) という. $X, Y \in \mathfrak{g}, a \in \mathbb{C}$ に対し

- $\iota(X + Y) = \iota(X) + \iota(Y)$,
- $\iota(aX) = \bar{a}\iota(X)$,
- $\iota([X,Y]) = [\iota(X), \iota(Y)]$,
- $\iota(\iota(X)) = X$.

共軛変換を用いて

$$\mathfrak{g}_\iota = \{X \in \mathfrak{g} \mid \iota(X) = X\}$$

とおくと $\mathfrak{g}_\iota$ は $\mathfrak{g}$ の実形である (確かめよ). 逆に $\mathfrak{g}$ が実形 $\mathfrak{h}$ をもてば, $\mathfrak{h}$ は $\mathfrak{g}$ の共軛変換を用いて $\mathfrak{h} = \mathfrak{g}_\iota$ と表すことができる.

例 2.18 ($\mathfrak{gl}_n\mathbb{C}$ の実形) 複素リー環 $\mathfrak{gl}_n\mathbb{C}$ 上の共軛変換の例を 2 つ挙げる.

- $\iota_\circ(X) = \overline{X}$ (複素共軛をとる操作),
- $\iota_{\mathrm{u}}(X) = -X^*$.

これらの共軛変換の定める実形はそれぞれ $\mathfrak{gl}_n\mathbb{R}$ と $\mathfrak{u}(n)$ である. 同様に $\mathfrak{sl}_n\mathbb{C}$ において $\iota_\circ$ の定める実形は $\mathfrak{sl}_n\mathbb{R}$, ι_{u} の定める実形は $\mathfrak{su}(n)$ である (確かめよ).

同様に $\mathfrak{sl}_n\mathbb{C}$ において ι_1 の定める実形は $\mathfrak{sl}_n\mathbb{R}$, ι_2 の定める実形は $\mathfrak{su}(n)$ である（確かめよ）.

問題 2.15 $\mathfrak{o}(n;\mathbb{C})$ において $\iota_\circ$ の定める実形は $\mathfrak{o}(n)$ である. $\mathfrak{o}_\nu(n)$ を定める共軛変換を求めよ.

例 2.19 ($\mathfrak{sp}(n;\mathbb{C})$ の実形) 複素リー環 $\mathfrak{sp}(n;\mathbb{C})$ 上の共軛変換の例を 2 つ挙げる.

- $\iota_\circ(X) = \overline{X}$ （複素共軛をとる操作），
- $\iota_\mathrm{u}(X) = J_n\overline{X}J_n^{-1}$.

$\iota_\circ$ の定める実形はもちろん $\mathfrak{sp}(n;\mathbb{R})$ である. ι_u はどんな実形を定めるだろうか. $\iota_\mathrm{u}(X) = X$ より $J_n\overline{X} = XJ_n$. この両辺の随伴行列をとると $(J_n\overline{X})^* = (XJ_n)^*$ である. この式の両辺を計算してみる.

$$左辺 = (\overline{X})^*J_n^* = {}^tX(-J) = -{}^tXJ_n = J_nX.$$

一方

$$右辺 = (XJ_n)^* = J_n^*X^* = -J_nX^*$$

であるから $J_nX^* = -J_nX$. 両辺に左から $-J_n$ をかけてやると $X^* = -X$ を得る. したがって ι_u の定める実形は $\mathfrak{sp}(n)$ である.

2.5 実験

リー環の表現に対し，既約性を定義した. 既約でない表現（可約な表現）についてリー環の直和を用いて少し補足説明をしておこう.

定義 2.18 表現 $\rho : \mathfrak{g} \to \mathfrak{gl}(\mathbb{V})$ に対し ρ 不変部分空間 $\mathbb{W}_1, \mathbb{W}_2, \ldots, \mathbb{W}_k$ が存在し

- $\mathbb{V} = \mathbb{W}_1 \oplus \mathbb{W}_2 \oplus \cdots \oplus \mathbb{W}_k$ と直和分解され，

2.5 実験　　69

- 各部分表現 $\rho|_{W_j}$ は既約表現

であるとき ρ は**完全可約**であるという.

ここでは証明を与えないが次の重要な定理が成立する[18].

定理 2.3 $\mathfrak{sl}_2\mathbb{K}$ の有限次元表現はつねに完全可約である.

この章の最後に $\mathfrak{sl}_2\mathbb{K}$ の表現を調べておこう. $\mathfrak{g} = \mathfrak{sl}_2\mathbb{K}$ の基底として (2.17) で与えた $\{\mathsf{E}, \mathsf{F}, \mathsf{H}\}$ を採用する. $\rho : \mathfrak{sl}_2\mathbb{K} \to \mathfrak{gl}(\mathbb{V})$ を (恒等的に 0 でない) 表現とする.

$$A = \rho(\mathsf{E}), \quad B = \rho(\mathsf{F}), \quad C = \rho(\mathsf{H})$$

とおくと次が成り立つ.

命題 2.10 自然数 n について次が成り立つ.

(1) $[C, A^n] = 2n\,A^n,$

(2) $[C, B^n] = -2n\,B^n,$

(3) $[A, B^n] = nB^{n-1}(C - (n-1)\mathrm{Id}),$

(4) $[B, A^n] = -n(C - (n-1)\mathrm{Id})A^{n-1}.$

【証明】　数学的帰納法による.

$$[C, A] = [\rho(\mathsf{H}), \rho(\mathsf{E})] = \rho([\mathsf{H}, \mathsf{E}]) = \rho(2\mathsf{E}) = 2A$$

より $n = 1$ のとき正しい. $n - 1$ のときの成立を仮定すると

$$\begin{aligned}
[C, A^n] &= CA^n - A^nC = (CA^{n-1})A - A^{n-1}(AC) \\
&= (CA^{n-1})A - A^{n-1}CA + A^{n-1}CA - A^{n-1}(AC) \\
&= [C, A^{n-1}]A + A^{n-1}[C, A] \\
&= 2(n-1)A^{n-1} \cdot A + A^{n-1}(2A) = 2nA^n.
\end{aligned}$$

他も同様.　　■

―――――――――
[18] 証明はたとえば [38, 4.3 節, 定理 4.8], [33, 1.65 定理], [23, 7 章定理 3] を参照.

70　　　　　　　　第 2 章　　リー環入門

　ここで線型変換の固有値と固有ベクトルについて復習しよう（4.1 節で再度
採り上げるのでここでは手短かに）．

　有限次元 $\mathbb{K}$ 線型空間 $\mathbb{V}$ 上の線型変換 f に対し

$$f(\vec{x}) = \lambda \vec{x}$$

をみたす $\lambda \in \mathbb{K}$ と $\vec{x} \neq \vec{0}$ が存在するとき λ を f の**固有値**, $\vec{x}$ を固有値 λ に対
応する**固有ベクトル**という．固有値 λ に対し

$$\mathbb{V}_f(\lambda) = \{\vec{v} \in \mathbb{V} \,|\, f(\vec{v}) = \lambda \vec{v}\}$$

は $\mathbb{V}$ の線型部分空間である．これを固有値 λ に対応する f の**固有空間**という．
固有値の求め方を思い出そう．多項式

$$(2.21) \qquad\qquad \Phi_f(t) = \det(t\,\mathrm{Id} - f)$$

を定め f の**特性多項式**とよぶ．f の固有値 λ は $\Phi_f(t) = 0$ の解として求めら
れる．この方程式を f の**特性方程式**（または**固有方程式**）といい，特性方程式
の解を f の**特性根**という．$\mathbb{K} = \mathbb{C}$ のときは f の特性根とは f の固有値である．
$\mathbb{K} = \mathbb{R}$ のときは特性根で実数であるものが f の固有値である．$\dim \mathbb{V} = n$ な
らば特性方程式は n 次方程式である．したがって特性根は重複も込めてちょ
うど n 個である．

　本論に戻ろう．表現 $\rho : \mathfrak{sl}_2\mathbb{K} \to \mathfrak{gl}(\mathbb{V})$ に対し $\rho(\mathsf{H})$ の固有ベクトル $\vec{v}$ を考え
る．実の固有値があるかどうかわからないので，まず $\mathbb{K} = \mathbb{C}$ の場合を考える
ことにしよう．λ を $\rho(\mathsf{H})$ の固有値，$\vec{v}$ を対応する固有ベクトルとする．すな
わち $\rho(\mathsf{H})\vec{v} = \lambda\vec{v}$．$C = \rho(H)$ とおいたから $C\vec{v} = \lambda\vec{v}$ である．

$$C(A^n\vec{v}) = (CA^{n-1})\vec{v} = (A^nC + 2nA^n)\vec{v}$$
$$= A^n(\lambda\vec{v}) + 2nA^n\vec{v} = (\lambda + 2n)A^n\vec{v}$$

であるから $A^n\vec{v} \neq \vec{0}$ であれば $A^n\vec{v}$ は固有値 $\lambda + 2n$ に対応する固有ベクトル
である．もし，すべての自然数 n に対し $A^n\vec{v} \neq \vec{0}$ であると $\{\lambda + 2n\}_{n=0}^\infty$ の元
はすべて C の固有値ということになる．C の固有値は有限個しかないから，

どこかで $A^n\vec{v}$ は $\vec{0}$ になるはず. すなわち $A^{p-1}\vec{v} \neq \vec{0}$ だが $A^p\vec{v} = \vec{0}$ となる $p \in \mathbb{N}$ が存在する. ここで $\vec{u} = A^{p-1}\vec{v}$ とおくと $C\vec{u} = (\lambda + 2n)\vec{u}$ かつ $A\vec{u} = \vec{0}$ である. ここまでの観察を整理するために次の定義をしよう.

定義 2.19 次の条件をみたすベクトル $\vec{u} \neq \vec{0}$ を表現 $\rho : \mathfrak{sl}_2\mathbb{K} \to \mathfrak{gl}(\mathbb{V})$ の**原始ベクトル** (primitive vector) とよぶ.

$$C\vec{u} = \mu\vec{u}, \quad \mu \in \mathbb{K}, \quad A\vec{u} = \vec{0}.$$

この用語を用いると, $\mathbb{K} = \mathbb{C}$ のとき $C = \rho(H)$ の固有ベクトル $\vec{v}$ から作った $\vec{u} = A^{p-1}\vec{v}$ は原始ベクトルであると言い表せる.

次の命題は簡単に確かめられるので読者に検証をまかせよう.

命題 2.11 表現 $\rho : \mathfrak{sl}_2\mathbb{C} \to \mathfrak{gl}(\mathbb{V})$ に対し $C\vec{u} = \lambda\vec{u}$ かつ $A\vec{u} = \vec{0}$ をみたす原始ベクトル $\vec{u}$ を用いてベクトルの列 $\{u_n\}_{n=-1}^{\infty}$ を

$$u_n = \frac{1}{n!}B^n\vec{v}\,(n \geq 1), \quad \vec{u}_0 = \vec{u}, \quad \vec{u}_{-1} = \vec{0}$$

で定めると

- $C\vec{u}_n = (\lambda - 2n)\vec{u}_n$,
- $B\vec{u}_n = (n+1)\vec{u}_n$,
- $A\vec{u}_n = (\lambda - n + 1)\vec{u}_{n+1}$

がすべての $n \geq -1$ について成り立つ.

系 2.1 上の命題において $\vec{u}$ に対応する C の固有値 λ は負でない整数である. $\lambda = m$ と表すと $\vec{u}_m \neq \vec{0}$ かつ $\vec{u}_{m+1} = \vec{0}$.

【証明】 もしすべての $n \geq 1$ に対し $\vec{u}_n \neq \vec{0}$ だと $\vec{u}_n$ はすべて C の固有ベクトルとなる. したがって無限個の固有値 $\{\lambda - 2n\}_{n=0}^{\infty}$ をもつことになってしまうから $\vec{u}_m \neq \vec{0}$ かつ $\vec{u}_{m+1} = \vec{0}$ となる番号 $m \geq 0$ が存在する. すると先ほどの命題から

$$A\vec{u}_{m+1} = (\lambda - (m+1) - 1)\vec{u}_m = (\lambda - m)\vec{u}_m$$

を得るが $A\vec{u}_{m+1} = \vec{0}$ だから $\lambda = m$ となってしまう.　■

原始ベクトルから作ったベクトルの列 $\{\vec{u} = \vec{u}_0, \vec{u}_1, \ldots, \vec{u}_m\}$ が張る $\mathbb{V}$ の線型部分空間は ρ 不変であることに注意しよう.

　ここまで $\mathbb{K} = \mathbb{C}$ の場合を考察してきたが系 2.1 より $\mathbb{K} = \mathbb{R}$ のときでも原始ベクトルが存在することがわかる.

註 2.10 正確には次のような手続きを行う. 実線型空間 $\mathbb{V}$ 上の表現 $\rho : \mathfrak{sl}_2\mathbb{R} \to \mathfrak{gl}(\mathbb{V})$ に対し $C = \rho(H)$ を $\mathbb{V}$ の複素化 $\mathbb{V}^{\mathbb{C}}$ に延長して考える. 原始ベクトル $\vec{u}$ をここまでに説明した方法で作ると $\vec{u} \in \mathbb{V}^{\mathbb{C}}$ であるが, 系 2.1 より原始ベクトルの対応する固有値が実数であることから $\vec{u} \in \mathbb{V}$ であることが言える.

　いままで ρ には特別に何も条件を課していなかったが, ここで ρ に**既約**であることを要請すると $\{\vec{u} = \vec{u}_0, \vec{u}_1, \ldots, \vec{u}_m\}$ が張る ρ 不変部分空間は $\mathbb{V}$ と一致しなければならない. ということは $\dim \mathbb{V} = m + 1$ である.

　以上のことから次の定理が証明できた.

定理 2.4 $\mathbb{V}$ を $(m + 1)$ 次元 $\mathbb{K}$ 線型空間, $\rho : \mathfrak{sl}_2\mathbb{K} \to \mathfrak{gl}(\mathbb{V})$ を既約表現とすると $\mathbb{V}$ の基底 $\{\vec{u}_0, \vec{u}_1, \ldots, \vec{u}_m\}$ で以下の条件をみたすものが存在する.

$$\rho(H)\vec{u}_k = (m - 2k)\vec{u}_k, \quad 0 \le k \le m,$$
$$\rho(E)\vec{u}_0 = 0,$$
$$\rho(E)\vec{u}_k = (m - k + 1)\vec{u}_{k-1}, \quad 1 \le k \le m,$$
$$\rho(F)\vec{u}_k = (k + 1)\vec{u}_{k+1}, \quad 0 \le k \le m - 1,$$
$$\rho(F)\vec{u}_m = 0.$$

基底 $\{\vec{u}_0, \vec{u}_1, \ldots, \vec{u}_m\}$ に関する $\rho(H)$ の表現行列 ρ_m は対角行列 $\mathrm{diag}(m, m - 2, m - 4, \ldots, -m)$ であることに注目してほしい. $\rho(H)$ は対角化可能であることが証明されたのである. しかも固有値はすべて整数である.

　逆に負でない整数 m に対し

$$\rho_m(\mathsf{H}) = \begin{pmatrix} m & 0 & \cdots & 0 & 0 \\ 0 & m-2 & \cdots & 0 & 0 \\ \vdots & \vdots & \ddots & \vdots & \vdots \\ 0 & 0 & \cdots & -m+2 & 0 \\ 0 & 0 & \cdots & 0 & -m \end{pmatrix},$$

$$\rho_m(\mathsf{E}) = \begin{pmatrix} 0 & m & 0 & \cdots & 0 \\ 0 & 0 & m-1 & \cdots & 0 \\ 0 & 0 & 0 & \ddots & 0 \\ \vdots & \vdots & \vdots & \ddots & 1 \\ 0 & 0 & 0 & \cdots & 0 \end{pmatrix},$$

$$\rho_m(\mathsf{F}) = \begin{pmatrix} 0 & \cdots & 0 & \cdots & 0 \\ 1 & \ddots & \ddots & \ddots & \vdots \\ 0 & 2 & 0 & \ddots & 0 \\ \vdots & \vdots & \ddots & \ddots & \vdots \\ 0 & 0 & \cdots & m & 0 \end{pmatrix},$$

で $\rho_m : \mathfrak{sl}_2\mathbb{C} \to \mathfrak{gl}(\mathbb{C}^{m+1}) = \mathfrak{gl}_{m+1}\mathbb{C}$ を定めると ρ_m は既約表現である. 実は次の結果が知られている ([23, 第 9 章, 定理 1]).

定理 2.5 $\mathfrak{sl}_2\mathbb{C}$ の既約表現は $\rho_m : \mathfrak{sl}_2\mathbb{C} \to \mathfrak{gl}_{m+1}\mathbb{C}$ に同値である.

【研究課題】 $\mathsf{V}_m\mathbb{K}$ を $\mathbb{K}$ の要素を係数にもつ多項式で次数が m 以下のものをすべて集めて得られる集合とする.

$$\mathsf{V}_m\mathbb{K} = \{f(t) = a_0 + a_1 t + a_2 t^2 + \cdots + a_m t^m \mid a_0, a_1, \ldots, a_m \in \mathbb{K}\}.$$

$\mathsf{V}_m\mathbb{K}$ は多項式の加法とスカラー倍に関し $\mathbb{K}$ 線型空間であり $\dim \mathsf{V}_m\mathbb{K} = m+1$ である. 表現 $\rho_m : \mathfrak{sl}_2\mathbb{K} \to \mathfrak{gl}(\mathsf{V}_m\mathbb{K})$ を

$$\begin{cases} (\rho_m(\mathsf{E})f)(t) = mtf(t) - t^2 f'(t), \\ (\rho_m(\mathsf{F})f)(t) = f'(t), \\ (\rho_m(\mathsf{H})f)(t) = 2tf'(t) - mf(t) \end{cases}$$

で定める. ただし $f'(t)$ は $f(t)$ を t の函数と考えたときの導函数である. この ρ_m が既約表現であることを証明せよ.

【コラム】 **(冪の字)** 大学生のときの出来事．前の授業が長引いていて教室が空くのを待っていた．工業化学の先生が化学のための数学を教えていた．大きな声が漏れていた．「ハバキュウスウ！」ドアのガラス越しに覗いてみると黒板には

$$\sum_{n=0}^{\infty} a_n z^n.$$

巾級数（冪級数）のことだった．受講していた人たちは「はばきゅうすう」と読むと信じ込んでいた．巾級数にわざわざ「べききゅうすう」とルビが振ってある教科書を見ることがなかったからかもしれない．それからずっとずっと後のこと．ある本の索引で冪零軌道を探した．その本の表記は巾零軌道であった．探しても見当たらない．索引を"あ"から順にたどってやっと見つけた．キリング形式の次に「巾零（線型変換が）」，「巾零軌道」と続く．？？？　そして旗多様体の次に「巾指数」？？？　編集者が索引を編集する際に誤って巾零とか巾指数と読み"き"や"は"に配置し直してしまったのだろう（著者が間違うはずはない）．こういう経験もあって「どうして冪なんて難しい漢字をわざと使うんですか」と言われてしまうけれども冪と書くようにしている．

3 随伴表現

リー環 $\mathfrak{g}$ が可換ならば $\mathrm{ad} = 0$ であるから，一般のリー環は ad を調べればその**非可換具合がつかめるはず**である．この章では ad を使ってリー環を調べてみたい．その準備としてこの章では随伴表現 ad と相性のよいスカラー積を定めることを考えたい．具体的には

$$\langle \mathrm{ad}(Z)X, Y \rangle + \langle X, \mathrm{ad}(Z)Y \rangle = 0$$

という性質をもつスカラー積である．この性質は ad 不変性とよばれる．本論は 3.2 節から始まるが『リー群』と併読される読者や，「リー群とリー環の関連」に興味がある読者のために 3.1 節では ad 不変性をリー群の観点から説明する．

3.1 ★ 不変内積

この節では「よいスカラー積」を探す手がかりをリー群の観点から探る．

線型リー群 $G \subset \mathrm{GL}_n\mathbb{R}$ のリー環 $\mathfrak{g} \subset \mathfrak{gl}_n\mathbb{R}$ を考える．$\mathfrak{g}$ にどのようにして内積を与えるのがよいだろうか．

G の要素 g をひとつ採る．g 自身が G の変換を定めることに注意しよう．実際 g を左からかけることで G の変換 $h \longmapsto gh$ が定まる．この変換を g による**左移動**（left translation）といい L_g と表す．混乱のおそれがなければ（記号の節約のため）g と略記してしまう．

同様に**右移動** R_g も定まる．L_g も R_g も全単射である．実際 L_g, R_g の逆変換はそれぞれ $L_{g^{-1}}$, $R_{g^{-1}}$ である[*1]．

L_g, R_g は G 内での「場所の移動」であるからこれらが $\mathfrak{g}$ 上の等長写像となるような内積（あるいはスカラー積）を与えるのが自然な要請であろう．最低限

すべての $g \in G$, $X, Y \in \mathfrak{g}$ に対し $\langle gX, gY \rangle = \langle X, Y \rangle$

[*1] L_g, R_g はさらに連続であり同相写像であることもわかる．

76 第 3 章 随伴表現

という条件をみたしてほしい．できれば

$$\text{すべての } g \in G,\ X, Y \in \mathfrak{g} \text{ に対し } \langle Xg, Yg \rangle = \langle X, Y \rangle$$

もみたしてほしい．この 2 つの条件をみたすスカラー積を**両側不変スカラー積**とよぶ．

註 3.1 (接ベクトル空間を使った説明) リー環 $\mathfrak{g}$ は G の単位元 $e = E_n$ における接ベクトル空間である．別の要素 $g \in G$ における接ベクトル空間 $T_g G$ は

$$T_g G = \{ gX \mid X \in \mathfrak{g} \} = \{ Yg \mid Y \in \mathfrak{g} \}$$

で与えられる（『リー群』附録 C 参照）．そのことを頭に入れると $\mathfrak{g}$ に与える内積（スカラー積）は両側不変が望ましいことが理解できる（『リー群』12.1 節も参照のこと）．

$\mathfrak{gl}_n \mathbb{R}$ には内積が次のように与えられていた（例 1.14，『リー群』の例 5.8 および定義 4.9 も参照）：

$$(1.10) \qquad (X|Y) = \text{tr}\,({}^t XY) = \sum_{i,j=1}^{n} x_{ij} y_{ij}.$$

$\mathfrak{g}$ は $\mathfrak{gl}_n \mathbb{R}$ の線型部分空間なので，この内積を $\mathfrak{g}$ にそのまま与えることが考えられる[*2]．ところが

$$(gX|gY) = \text{tr}\,({}^t (gX)gY) = \text{tr}\,({}^t X\,{}^t ggY)$$

であるから $G \subset \mathrm{O}(n)$ であれば $(\cdot|\cdot)$ は両側不変性をみたすことがわかるが，他のリー環，たとえば $\mathfrak{sl}_n \mathbb{R}$ では両側不変性はみたされない．

$\mathfrak{g}$ のスカラー積 $\langle \cdot, \cdot \rangle$ に対し両側不変という性質は随伴表現 Ad を用いて

$$(3.1) \qquad \langle \mathrm{Ad}(g)X, \mathrm{Ad}(g)Y \rangle = \langle X, Y \rangle, \quad g \in G, X, Y \in \mathfrak{g}$$

と書き換えてよい．この性質を Ad **不変性**と言い表す．Ad 不変なスカラー積に関する $\mathfrak{g}$ の正規直交基底 $\{ \vec{e}_1, \vec{e}_2, \ldots, \vec{e}_N \}$ をとり $(\mathfrak{g}, \langle \cdot, \cdot \rangle)$ を擬ユークリッド空間 $\mathbb{E}_\nu^N$ と同一視しよう（$N = \dim_{\mathbb{R}} \mathfrak{g}$）．すると Ad 不変性は各 $\mathrm{Ad}(g)$ が

[*2] 内積 (1.10) を $\mathfrak{g}$ に制限すると言い表す．

擬直交行列であることに他ならない．この同一視の下で Ad は G から $\mathrm{O}_\nu(N)$ への準同型となる．

さて $\mathfrak{g}$ のスカラー積の Ad 不変性を G を使わずに言い換えておこう．$Z \in \mathfrak{g}$ をとり (3.1) において $g = e^{tZ}$ と選び

$$\langle \mathrm{Ad}(e^{tZ})X, \mathrm{Ad}(e^{tZ})Y \rangle = \langle X, Y \rangle$$

の両辺を t の函数と考え $t = 0$ における微分係数を計算すると

$$(3.2) \qquad \langle \mathrm{ad}(Z)X, Y \rangle + \langle X, \mathrm{ad}(Z)Y \rangle = 0$$

が得られる．これは ad が $\mathfrak{g}$ から $\mathfrak{o}_\nu(N)$ への準同型であることを意味する．したがって $\mathfrak{g}$ において (3.2) をみたすスカラー積を探せばよいことがわかった．(3.2) を $\langle \cdot, \cdot \rangle$ の ad 不変性とよぶ．

▋ 3.2　実験

（前節を読まれた読者には繰り返しになってしまうが）直交リー環 $\mathfrak{o}(3)$ の内積の考察から始めよう．

直交リー環 $\mathfrak{o}(3)$ は $\mathfrak{gl}_3\mathbb{R}$ の部分リー環である．$\mathfrak{gl}_3\mathbb{R}$ には内積

$$(X|Y) = \mathrm{tr}(^t XY) = \sum_{i,j=1}^{3} x_{ij}y_{ij}$$

が定義されていた（式 (1.10) 参照）．この内積に関し $\{E_{11}, E_{12}, \ldots, E_{33}\}$ は正規直交基底であった．$\mathfrak{o}(3)$ は

$$\mathfrak{o}(3) = \left\{ X = \begin{pmatrix} 0 & -x_3 & x_2 \\ x_3 & 0 & -x_1 \\ -x_2 & x_1 & 0 \end{pmatrix} \;\middle|\; x_1, x_2, x_3 \in \mathbb{R} \right\}$$

と表される．$X, Y \in \mathfrak{o}(3)$ に対しその内積をどう定めるのがよいだろうか．

$$\mathrm{tr}(^t XY) = 2(x_1 y_1 + x_2 y_2 + x_3 y_3)$$

と計算されることから

$$(X|Y)_{\mathfrak{o}(3)} = \frac{1}{2}\mathrm{tr}({}^t XY) = -\frac{1}{2}\mathrm{tr}(XY) = \sum_{i=1}^{3} x_i y_i$$

と定めるのがよさそうである．この内積は随伴表現 ad に関し

$$(\mathrm{ad}(Z)X|Y) + (X|\mathrm{ad}(Z)Y) = 0$$

をみたしている．実際

$$
\begin{aligned}
-2(\mathrm{ad}(Z)X|Y) &= \mathrm{tr}([Z,X]Y) = \mathrm{tr}(\,(ZX)Y - (XZ)Y\,) \\
&= \mathrm{tr}(\,(Z(XY) - X(ZY)\,) = \mathrm{tr}(\,(ZX)Y - X(ZY)\,) \\
&= \mathrm{tr}(\,Y(ZX) - X(ZY)\,) = \mathrm{tr}(\,(YZ)X - X(ZY)\,) \\
&= \mathrm{tr}(\,X(YZ) - X(ZY)\,) = \mathrm{tr}(X[Y,Z]) \\
&= -\mathrm{tr}(X[Z,Y]) = -2(X|\mathrm{ad}(Z)Y).
\end{aligned}
$$

$\mathfrak{sl}_n\mathbb{K}$ では (1.10) で定まる内積は ad 不変ではない．そこで ad 不変なスカラー積を探してみよう．**要点**は ad 不変なスカラー積を ad 自身から作ってしまうことである．

$\mathfrak{sl}_2\mathbb{K}$ の基底として (2.17) で与えた $\{\mathsf{E},\mathsf{F},\mathsf{H}\}$ を使う．$X = a\mathsf{E} + b\mathsf{F} + c\mathsf{H}$, $Y = a'\mathsf{E} + b'\mathsf{F} + c'\mathsf{H}$ に対し $\mathrm{ad}(X)$ の基底 $\{\mathsf{E},\mathsf{F},\mathsf{H}\}$ に関する表現行列は

$$
\begin{pmatrix}
2c & 0 & -2a \\
0 & -2c & 2b \\
-b & a & 0
\end{pmatrix}
$$

であるから $\mathrm{ad}(X)\mathrm{ad}(Y)$ の表現行列は

$$
\begin{pmatrix}
2c & 0 & -2a \\
0 & -2c & 2b \\
-b & a & 0
\end{pmatrix}
\begin{pmatrix}
2c' & 0 & -2a' \\
0 & -2c' & 2b' \\
-b' & a' & 0
\end{pmatrix}
$$

$$
=
\begin{pmatrix}
4cc' + 2ab' & -2aa' & -4ca' \\
-2bb' & 4cc' + 2ba' & -4cb' \\
-bc' & -2ac' & 2ab' + 2ba'
\end{pmatrix}
$$

より

$$\mathrm{tr}\,(\mathrm{ad}(X)\mathrm{ad}(Y)) = 4(ab' + ba') + 8cc'$$

である.

ここで $\mathfrak{sl}_2\mathbb{K}$ 上の 2 変数函数 B を $B(X,Y) = \mathrm{tr}\,(\mathrm{ad}(X)\mathrm{ad}(Y))$ で定めると B は $\mathfrak{sl}_2\mathbb{R}$ 上の双線型形式であり表現行列は

$$\begin{pmatrix} 0 & 4 & 0 \\ 4 & 0 & 0 \\ 0 & 0 & 8 \end{pmatrix}.$$

したがって B は非退化な対称双線型形式である.B は内積ではないがスカラー積にはなっている.ところで XY の固有和は

$$XY = \begin{pmatrix} c & a \\ b & -c \end{pmatrix} \begin{pmatrix} c' & a' \\ b' & -c' \end{pmatrix} = \begin{pmatrix} cc' + ab' & ca' - ac' \\ bc' - cb' & ba' + cc' \end{pmatrix}$$

より

$$\mathrm{tr}\,(XY) = ab' + ba' + 2cc' = \frac{1}{4}B(X,Y)$$

である.したがって

$$\begin{aligned}
B(\mathrm{ad}(Z)X, Y) &= 4\mathrm{tr}\,([Z,X]Y) = 4\mathrm{tr}\,(ZXY - XZY) \\
&= 4\mathrm{tr}\,(XYZ - XZY) \\
&= 4\mathrm{tr}\,(X(YZ - ZY)) = 4\mathrm{tr}\,(X[Y,Z]) = -B(X, \mathrm{ad}(Z)Y).
\end{aligned}$$

すなわち B は ad 不変である.

問題 3.1 $(\mathfrak{sl}_2\mathbb{R}, B)$ は 3 次元ミンコフスキー空間 $\mathbb{L}^3$ とスカラー積空間として同型であることを示せ.

直交リー環 $\mathfrak{o}(n)$ では内積 (1.10) が ad 不変な内積として選べた.$\mathfrak{sl}_2\mathbb{R}$ では ad 不変な不定値スカラー積がみつかった.実は $\mathfrak{sl}_2\mathbb{R}$ には ad 不変な内積が**存在しない**ことが知られている.

リー環の研究を進めていく上で

- ad 不変性を失ってもよいから内積を入れたい.

- 不定値のスカラー積になってもよいから ad 不変性を要請したい.

という 2 種の選択に迫られたときは後者を採る[*3]. 第 1 章でスカラー積の準備
をしておいたことが役に立つ.

3.3 キリング形式

ここまでの観察をもとに次の定義を行う.

定義 3.1 リー環 $\mathfrak{g}$ 上の $\mathbb{K}$ 双線型形式 $B : \mathfrak{g} \times \mathfrak{g} \to \mathbb{K}$ を

$$B(X,Y) := \operatorname{tr}(\operatorname{ad}(X)\operatorname{ad}(Y)), \quad X, Y \in \mathfrak{g}$$

で定め $\mathfrak{g}$ の**キリング形式**（Killing form）とよぶ[*4].

キリング形式 B は対称, すなわち各 $X, Y \in \mathfrak{g}$ に対し $B(X,Y) = B(Y,X)$ を
みたす. さらに ad 不変性をもつ. すなわち

$$\text{すべての } X, Y, Z \in \mathfrak{g} \text{ に対し } B([X,Y], Z) = B(X, [Y,Z]).$$

ところでリー環 $\mathfrak{g}$ から $\mathfrak{g}$ へのリー環同型写像も一種の「場所の移動」と考え
られる. ということはスカラー積が**同型写像でどう変化するか**も考えるべきで
ある.

キリング形式は同型写像でも不変である.

問題 3.2 リー環 $\mathfrak{g}$ から $\mathfrak{g}$ へのリー環同型写像を $\mathfrak{g}$ の**リー環自己同型写像**とよ
び, その全体を $\operatorname{Aut}(\mathfrak{g})$ で表す. $f \in \operatorname{Aut}(\mathfrak{g})$ に対し

$$\text{すべての } X, Y \in \mathfrak{g} \text{ に対し } B(f(X), f(Y)) = B(X,Y)$$

[*3] 『リー群』第 12 章で紹介している 3 次元幾何学のモデル空間では前者を採っている.

[*4] Wilhelm Karl Joseph Killing（1847–1923）. キリング形式を導入したのはカルタン
（Élie Joseph Cartan, 1869–1951）らしい. そのためカルタン計量とよんでいる本もあ
る.

3.3 キリング形式 81

が成り立つことを確かめよ．この事実をキリング形式 B はリー環自己同型写像で不変であると言い表す．

【ひとこと】　(変換が先かスカラー積が先か) ユークリッド空間 $\mathbb{E}^n$ においては最初に内積 $(\cdot|\cdot)$ が指定されていて線型変換 f に対し「f が内積を保つ」という条件

$$\text{すべての } \boldsymbol{x}, \boldsymbol{y} \in \mathbb{E}^n \text{ に対し } (f(\boldsymbol{x})|f(\boldsymbol{y})) = (\boldsymbol{x}|\boldsymbol{y})$$

で線型等長変換（線型な合同変換）が定義された．

　ここでは**逆の発想**をしている．線型等長変換に相当する変換（リー環自己同型）が先に与えられている．リー環自己同型を線型等長変換にもつようなスカラー積を $\mathfrak{g}$ に与えようというのである．そしてキリング形式は求めているスカラー積であるということがわかったのである．

命題 3.1 有限次元 $\mathbb{K}$ リー環 $\mathfrak{g}$ のイデアル $\mathfrak{h}$ のキリング形式は $\mathfrak{g}$ のキリング形式 B を $\mathfrak{h}$ に制限したものである．

【証明】 $\dim \mathfrak{h} = k$, $\dim \mathfrak{g} = n$ とおく．$0 < k < n$ の場合を考えればよい．$\mathfrak{h}$ の基底 $\{E_1, E_2, \cdots, E_k\}$ を含む $\mathfrak{g}$ の基底 $\{E_1, E_2, \ldots, E_n\}$ をとる．$\mathfrak{h}$ はイデアルだから $H \in \mathfrak{h}$ に対し $\mathrm{ad}(H)E_i = [H, E_i] \in \mathfrak{h}$ であるから $\mathrm{ad}(H)$ の基底 $\{E_1, E_2, \ldots, E_n\}$ に関する表現行列は次のような形をしている．

$$\begin{pmatrix} Q(H) & R(H) \\ O_{n-k,k} & O_{n-k} \end{pmatrix}, \quad Q(H) \in \mathrm{M}_k\mathbb{K}, \ R(H) \in \mathrm{M}_{n-k,k}\mathbb{K}.$$

$\mathfrak{h}$ の随伴表現を $\mathrm{ad}_{\mathfrak{h}}$ で表す．$\mathrm{ad}_{\mathfrak{h}}(H)$ の $\{E_1, E_2, \cdots, E_k\}$ に関する表現行列は $Q(H)$ であることに注意すると $\mathfrak{h}$ のキリング形式 $B_{\mathfrak{h}}$ は次のように求められる．$X, Y \in \mathfrak{h}$ に対し

$$\begin{aligned} B(X, Y) &= \mathrm{tr}(\mathrm{ad}(X)\mathrm{ad}(Y)) = \mathrm{tr}(Q(X)Q(Y)) \\ &= \mathrm{tr}(\mathrm{ad}_{\mathfrak{h}}(X)\mathrm{ad}_{\mathfrak{h}}(Y)) = B_{\mathfrak{h}}(X, Y). \end{aligned}$$

∎

　いくつかの線型リー環についてキリング形式を計算してみよう．$B(X, X)$ が求められていれば

$$B(X + Y, X + Y) = B(X, X) + 2B(X, Y) + B(Y, Y)$$

より

$$B(X,Y) = \frac{1}{2}(B(X+Y, X+Y) - B(X,X) - B(Y,Y))$$

で $B(X,Y)$ の表示式を求められることを注意しておく.

例 3.1 $\mathfrak{gl}_n\mathbb{K} = \mathrm{M}_n\mathbb{K}$ のキリング形式を計算してみよう.

$$\mathrm{ad}(X)^2 Z = [X, [X, Z]] = X^2 Z - 2XZX + ZX^2.$$

Z に XZ を対応させる線型変換の固有和を $\mathrm{tr}(Z \longmapsto X^2 Z)$ で表す. 同様に Z に XZX を対応させる線型変換の固有和を $\mathrm{tr}(Z \longmapsto XZX)$, Z に ZX^2 を対応させる線型変換の固有和を $\mathrm{tr}(Z \longmapsto ZX^2)$ で表そう. これらの表記法を用いると

$$B(X,X) = \mathrm{tr}(Z \longmapsto X^2 Z) - 2\mathrm{tr}(Z \longmapsto XZX) + \mathrm{tr}(Z \longmapsto ZX^2).$$

各固有和は

$$\mathrm{tr}(Z \longmapsto X^2 Z) = n\,\mathrm{tr}(X^2),$$
$$\mathrm{tr}(Z \longmapsto XZX) = \mathrm{tr}(X)^2,$$
$$\mathrm{tr}(Z \longmapsto ZX^2) = n\,\mathrm{tr}(X^2)$$

と求められる. 実際, 線型変換 $Z \longmapsto X^2 Z$ を f で表すと, その表現行列は

$$f(E_{ij}) = X^2 E_{ij} = \sum_{l=1}^{n} (X^2)_{li} E_{lj}$$

で定められるから

$$\mathrm{tr}\, f = \sum_{i=1}^{n}\sum_{j=1}^{n} (X^2)_{ii} = n\,\mathrm{tr}\, X^2.$$

同様に $X = \displaystyle\sum_{i,j=1}^{n} x_{ij} E_{ij}$ に対し

$$XE_{ij}X = \sum_{l=1}^{n}\sum_{k=1}^{n} x_{li} x_{jk} E_{lk}, \quad E_{ij}X^2 = \sum_{l=1}^{n} (X^2)_{jl} E_{il}.$$

を用いて

$$\mathrm{tr}(Z \longmapsto XZX) = \mathrm{tr}(X)^2, \quad \mathrm{tr}(Z \longmapsto ZX^2) = n\,\mathrm{tr}(X^2)$$

と計算される．したがって $B(X,X) = 2n \cdot \mathrm{tr}(X^2) - 2\mathrm{tr}(X)^2$. 以上より

$$B(X,Y) = 2n\,\mathrm{tr}(XY) - 2\mathrm{tr}(X)\mathrm{tr}(Y)$$

が得られる．$\mathfrak{sl}_n\mathbb{K}$ は $\mathfrak{gl}_n\mathbb{K}$ のイデアルだから命題 3.1 よりキリング形式は

$$B(X,Y) = 2n\,\mathrm{tr}(XY)$$

で与えられる．$\mathfrak{gl}_n\mathbb{K}$ において $B(X,E) = 2n\mathrm{tr}(X) - 2\mathrm{tr}(X)\mathrm{tr}(E) = 0$ であるから非退化ではない（**退化している**という）．

　$\mathfrak{gl}_n\mathbb{K}$ のエルミート内積を使ってキリング形式を計算してみよう．何かの量を計算するときに，補助的に内積を用いることは覚えておくとよい．線型変換の固有和の場合は次のようにすればよい．

補題 3.1 n 次元 $\mathbb{K}$ 線型空間にエルミート内積 $\langle\cdot|\cdot\rangle$ が与えられているとする．このエルミート内積に関する正規直交基底 $\{\vec{e}_1, \vec{e}_2, \ldots, \vec{e}_n\}$ を使うと $f \in \mathfrak{gl}(\mathbb{V})$ の固有和は

$$\mathrm{tr}\,f = \sum_{i=1}^{n} \langle f(\vec{e}_i)|\vec{e}_i\rangle$$

で求められる．

$\mathfrak{gl}_n\mathbb{K}$ 上の線型変換 $f(Z) = X^2 Z$ の場合 (1.11) で定めたエルミート内積を使うと

$$\mathrm{tr}\,f = \sum_{i,j=1}^{n} \langle f(E_{ij})|E_{ij}\rangle = \sum_{i,j=1}^{n} \langle X^2 E_{ij}|E_{ij}\rangle = \sum_{i,j=1}^{n} \left\langle \sum_{l=1}^{n} (X^2)_{li} E_{lj} \,\middle|\, E_{ij} \right\rangle$$

$$= \sum_{j=1}^{n} \sum_{i,l=1}^{n} (X^2)_{li} \langle E_{lj}|E_{ij}\rangle.$$

$\langle E_{lj} | E_{ij} \rangle$ は $l = i$ のときだけ 1 だから

$$\operatorname{tr} f = \sum_{j=1}^{n} \sum_{i=1}^{n} (X^2)_{ii} = \sum_{j=1}^{n} \operatorname{tr}(X^2) = n \operatorname{tr}(X^2).$$

同様に $\operatorname{tr}(Z \longmapsto XZX) = \operatorname{tr}(X)^2$, $\operatorname{tr}(Z \longmapsto ZX^2) = n\operatorname{tr}(X^2)$ も示される.

　固有和は内積に関係なく定まる量であることを（くどいが）もう一度注意しておこう．言い換えると**どんな内積を使っても**計算結果は一致する.

問題 3.3 $\operatorname{tr}(Z \longmapsto XZX) = \operatorname{tr}(X)^2$, $\operatorname{tr}(Z \longmapsto ZX^2) = n\operatorname{tr}(X^2)$ をエルミート内積を使って示せ.

問題 3.4 (直交リー環・斜交リー環) 直交リー環 $\mathfrak{o}(n; \mathbb{K})$ のキリング形式が

$$B(X, Y) = (n - 2)\operatorname{tr}(XY)$$

で与えられることを確かめよ．また $\mathfrak{sp}(n; \mathbb{K})$ のキリング形式が

$$B(X, Y) = 2(n + 1)\operatorname{tr}(XY)$$

で与えられることを確かめよ.

問題 3.5 Hei_3 のキリング形式は恒等的に 0 であることを確かめよ.

3.4　半単純リー環

　キリング形式はリー環の構造を判定することに役立つ．まず次の用語を定義する.

定義 3.2 リー環 $\mathfrak{g}$ が可換でなく，さらに $\{0\}$ と $\mathfrak{g}$ 以外のイデアルを持たないとき**単純** (simple) であるという.

複素単純リー環の ad 不変なスカラー積はキリング形式を 0 でない定数倍したものしかないことが知られている．つまり本質的にはキリング形式しかないということ.

3.4 半単純リー環

註 3.2 リー環 $\mathfrak{g}$ のイデアル $\mathfrak{i}$ で $\mathfrak{i} \neq \{0\}$ かつ $\mathfrak{i} \neq \mathfrak{g}$ であるものを**非自明なイデアル**という.

導来環を使うと次のように言い換えられる.

命題 3.2 リー環 $\mathfrak{g}$ が単純であるための必要十分条件は, $\mathfrak{D}\mathfrak{g} \neq \{0\}$ かつ $\mathfrak{g}$ が非自明なイデアルをもたないことである.

$\dim \mathfrak{g} = 1$ だと $\mathfrak{D}\mathfrak{g} = \{0\}$ であるから, 単純リー環の次元は 2 以上である. また単純リー環において $\mathfrak{z}(\mathfrak{g}) = \{0\}$, $\mathfrak{D}\mathfrak{g} = \mathfrak{g}$ である.

問題 3.6 $\mathfrak{sl}_2\mathbb{K}$ が単純であることを確かめよ.

単純リー環の直和になっているリー環を半単純リー環とよぶ. 正確には次の定理を利用して「半単純」の概念を定める ([23, 第 7 章, 定理 1]).

定理 3.1 (半単純リー環の構造定理) $\mathbb{K}$ 上の有限次元リー環 $\mathfrak{g}$ に対し, 次の 2 つの条件は同値である.

(1) 有限個の単純リー環 $\mathfrak{a}_1, \mathfrak{a}_2, \ldots, \mathfrak{a}_r$ が存在し
 - 各 $\mathfrak{a}_j$ は $\mathfrak{g}$ のイデアルであり
 - $\mathfrak{g}$ は $\mathfrak{g} = \mathfrak{a}_1 \oplus \mathfrak{a}_2 \oplus \cdots \oplus \mathfrak{a}_r$ とイデアルの直和に分解される. この直和分解はイデアルの並べ方を除き一意的である.

(2) $\mathfrak{g}$ のキリング形式 B は非退化.

定義 3.3 キリング形式が非退化である有限次元リー環を**半単純リー環** (semisimple Lie algebra) とよぶ.

半単純リー環は $\{0\}$ 以外に可換なイデアルをもたない.

問題 3.7 実リー環 $\mathfrak{k}$ に対し, $\mathfrak{k}$ が半単純であることと, その複素化 $\mathfrak{k}^{\mathbb{C}}$ が半単純であることは同値である. この事実を確かめよ (ヒント: $\mathfrak{k}^{\mathbb{C}}$ のキリング形式を $\mathfrak{k}$ に制限したものが $\mathfrak{k}$ のキリング形式と一致する).

86 第 3 章 随伴表現

半単純リー環の定義より「半単純リー環の随伴表現は完全可約である」ことに注意しよう.

註 3.3 (ワイルの定理) より強く, ワイルにより, $\mathbb{K}$ 上の半単純リー環のどの表現も完全可約であることが示されている ([23, §7.3, 定理 1]).

註 3.4 (可解リー環) 半単純リー環と対極的な性質 $B = 0$ (キリング形式 B が恒等的に 0) をみたすならばそのリー環は可解である ([38, 補題 4.1]).

例 3.2 (半単純リー環の例) $\mathfrak{sl}_n\mathbb{K}$ $(n \geq 2)$, $\mathfrak{o}(n; \mathbb{K})$ $(n \geq 3)$, $\mathfrak{sp}(n; \mathbb{K})$ $(n \geq 1)$ のキリング形式 B はどれも

$$B(X, Y) = c \operatorname{tr}(XY)$$

($c \neq 0$ は定数) という形をしていることから, 非退化であることが確かめられる. したがってこれらのリー環は半単純である. とくに $\mathfrak{o}(3)$ は単純である. ところが例 2.16 で説明したように $\mathfrak{o}(4) = \mathfrak{o}(3) \oplus \mathfrak{o}(3)$ である ($\mathfrak{o}(n) = \mathfrak{so}(n)$ に注意). したがって $\mathfrak{o}(4)$ は半単純であるが単純ではない. 実は $n \geq 3$ かつ $n \neq 4$ であれば $\mathfrak{o}(n; \mathbb{K})$ は単純であることが知られている ([43, 定理 11.6] 参照). また問題 3.7 より $\mathfrak{su}(n)$ $(n \geq 2)$, $\mathfrak{sp}(n)$ $(n \geq 1)$ も半単純である.

一方, $\mathfrak{gl}_n\mathbb{K}$ は非自明な可換イデアルを持つ ($\mathfrak{gl}_n\mathbb{K}$ のキリング形式は退化していることを思い出そう). 実際, $\mathfrak{gl}_n\mathbb{K}$ の中心 $\mathfrak{z}(\mathfrak{gl}_n\mathbb{K}) \cong \mathbb{K}$ は $\mathfrak{gl}_n\mathbb{K}$ の可換なイデアルである.

ここでユニタリ・リー環を少し詳しく見ておこう. $\mathfrak{u}(n)$ の複素化は $\mathfrak{gl}_n\mathbb{C}$ だから $\mathfrak{u}(n)$ のキリング形式 $B_{\mathfrak{u}(n)}$ は

$$B_{\mathfrak{u}(n)}(X, Y) = 2n \operatorname{tr}(XY) - 2 \operatorname{tr}(X)\operatorname{tr}(Y).$$

$\mathfrak{u}(n)$ の中心は

$$\mathfrak{z}(\mathfrak{u}(n)) = \{\operatorname{diag}(\mathrm{i}t, \mathrm{i}t, \ldots, \mathrm{i}t) \,|\, t \in \mathbb{R}\} \cong \mathfrak{u}(1)$$

である (確かめよ). したがって

$$X, Y \in \mathfrak{z}(\mathfrak{u}(n)) \Longrightarrow B_{\mathfrak{u}(n)}(X, Y) = 0$$

である．一方，導来環は $\mathfrak{D}\mathfrak{u}(n) = \mathfrak{su}(n)$ であり $\mathfrak{u}(n) = \mathfrak{u}(1) \oplus \mathfrak{su}(n)$ と分解される．$\mathfrak{su}(n)$ の複素化は $\mathfrak{sl}_n\mathbb{C}$ であるから $\mathfrak{su}(n)$ は半単純リー環である．$\mathfrak{su}(n)$ のキリング形式は

$$B(X,Y) = 2n\mathrm{tr}(XY)$$

で与えられる．ここで (1.12) より

$$B(X,X) = 2n\mathrm{tr}(XX) = -2n\mathrm{tr}(X^*X) = -2n\|X\|_{\mathrm{M}_n\mathbb{C}}$$

であるから $-B$ は $\mathfrak{su}(n)$ の内積を与えている．実はユニタリ・リー環だけでなく直交リー環 $\mathfrak{so}(n)$ および斜交リー環 $\mathfrak{sp}(n)$ でも同様に $-B$ が内積になっている．$\mathfrak{so}(n), \mathfrak{su}(n), \mathfrak{sp}(n)$ に共通するこの性質については 6.8 節で詳しく調べる．

　半単純リー環にキリング形式を与えてスカラー積空間が得られることを思い出そう．スカラー積を利用して，半単純リー環に直交直和分解あるいは固有空間分解を行い $\mathfrak{g}$ の「非可換具合」を調べてみよう．次章の目標はこの「分解」である．

★ リー群の観点から

　この本では証明を述べられないがコンパクト線型リー群について次が成り立つ．

定理 3.2 コンパクト線型リー群 G に対し，そのリー環 $\mathfrak{g}$ は $\mathfrak{g} = \mathfrak{z}(\mathfrak{g}) \oplus \mathfrak{D}\mathfrak{g}$ と直和分解される．導来環 $\mathfrak{D}\mathfrak{g}$ は $\{0\}$ であるか半単純である．また $\mathfrak{g}$ のキリング形式 B は $\mathfrak{z}(\mathfrak{g})$ 上では恒等的に 0 の値をとる．$\mathfrak{D}\mathfrak{g}$ が半単純のとき $-B$ は $\mathfrak{D}\mathfrak{g}$ 上の内積を与える．

したがってコンパクト線型リー群のリー環を調べる際には**中心を除いた部分 $\mathfrak{D}\mathfrak{g}$ に着目**すればよい．ゆえに半単純リー環を調べることに帰着する．

　主な線型リー群の中心を表にして挙げておこう (証明は [43, 9 章] 参照)．

第 3 章　随伴表現

$Z(\mathrm{GL}_n\mathbb{K}) \cong \mathbb{K}^\times$
$Z(\mathrm{GL}_n\mathbf{H}) \cong \mathbb{R}^\times$
$Z(\mathrm{O}(n;\mathbb{K})) \cong \mathbb{Z}_2 = \{\pm 1\}$
$Z(\mathrm{O}_\nu(n)) \cong \mathbb{Z}_2$
$Z(\mathrm{U}(n)) \cong \mathrm{U}(1)$
$Z(\mathrm{SL}_n\mathbb{C}) \cong \mathbb{Z}_n$
$Z(\mathrm{SL}_{2n+1}\mathbb{R}) \cong \{1\}$
$Z(\mathrm{SL}_{2n}\mathbb{R}) \cong \mathbb{Z}_2 \quad (n \geq 2)$
$Z(\mathrm{SU}(n)) \cong \mathbb{Z}_n$
$Z(\mathrm{Sp}(n)) \cong \mathbb{Z}_2$
$Z(\mathrm{Sp}(n;\mathbb{C})) \cong \mathbb{Z}_2$
$Z(\mathrm{Sp}(n;\mathbb{R})) \cong \mathbb{Z}_2$

線型リー群の中心

4 ルートとウェイト

　複素半単純リー環を随伴表現を介して調べることが，この章の目標である．この章でもまた線型代数の準備が必要になる．リー環論（表現論）を本格的に学ぶ際にウェイトの知識は必須である．この本ではウェイトについて詳しく解説しないが「リー群論・リー環論を学ぶ際に必要となる線型代数の知識」についてできるだけ詳しく解説したいため，ウェイトの準備となる広義固有空間分解についての説明から始める．

4.1　広義固有空間分解

　有限次元 $\mathbb{K}$ 線型空間 $\mathbb{V}$ 上の線型変換 f に対し

$$f(\vec{x}) = \lambda \vec{x}$$

をみたす $\lambda \in \mathbb{K}$ と $\vec{x} \neq \vec{0}$ が存在するとき λ を f の**固有値**，$\vec{x}$ を固有値 λ に対応する**固有ベクトル**という．固有値 λ に対し

$$(4.1) \qquad \mathbb{V}_f(\lambda) = \{\vec{v} \in \mathbb{V} \mid f(\vec{v}) = \lambda \vec{v}\}$$

は $\mathbb{V}$ の線型部分空間である．これを固有値 λ に対応する f の**固有空間**という．前後の文脈から f が明らかなときは $\mathbb{V}(\lambda)$ と略記してよい．ここで多項式

$$(4.2) \qquad \Phi_f(t) = \det(t\mathrm{Id} - f)$$

を定め f の**特性多項式**とよぶ．f の固有値 λ は $\Phi_f(t) = 0$ の解として求められる．この方程式を f の**特性方程式**（または**固有方程式**）といい，特性方程式の解を f の**特性根**という．$\mathbb{K} = \mathbb{C}$ のときは f の特性根とは f の固有値である．$\mathbb{K} = \mathbb{R}$ のときは特性根で実数であるものが f の固有値である．特性多項式を因数分解して

$$\Phi_f(t) = (t - \lambda_1)^{m_1}(t - \lambda_2)^{m_2} \cdots (t - \lambda_r)^{m_r}$$

90 第 4 章 ルートとウェイト

と表そう．ここで $\{\lambda_1, \lambda_2, \ldots, \lambda_r\}$ は相異なる特性根である．特性根 λ_j に対し m_j を λ_j の**重複度**という．

例 4.1 $\mathbb{V} = \mathbb{K}^n$ の場合，線型変換 f の標準基底に関する表現行列 A を使って f を 1 次変換 f_A として表そう．このとき f_A の固有値 λ と対応する固有ベクトルは $Av = \lambda v$ をみたす．そこで次の定義を与える．

定義 4.1 (行列の固有値) 行列 $A \in \mathrm{M}_n\mathbb{K}$ に対し $Av = \lambda v$ をみたす $\lambda \in \mathbb{K}$ と $v \neq 0$ が存在するとき λ を**行列 A の固有値**, v を固有値 λ に対応する**固有ベクトル**という．$\Phi_A(t) = \det(tE - A)$ を A の**特性多項式**, 方程式 $\Phi_A(t) = 0$ を A の**特性方程式**とよぶ．特性方程式の解を A の特性根，$\lambda \in \mathbb{K}$ である A の特性根が A の固有値である．

　n 次元 $\mathbb{K}$ 線型空間 $\mathbb{V}$ の基底 $\mathcal{E} = \{\vec{e}_1, \vec{e}_2, \ldots, \vec{e}_n\}$ をひとつ採り固定する．線型変換 f の $\mathcal{E}$ に関する表現行列を $A = (a_{ij})$ とする．すなわち $f(\vec{e}_j) = \sum_{i=1}^{n} a_{ij}\vec{e}_i$．別の基底 $\mathcal{E}' = \{\vec{e}_1', \vec{e}_2', \ldots, \vec{e}_n'\}$ をとり基底の変換行列を $P = (p_{ij})$ としよう．(1.6) より

$$(\vec{e}_1', \vec{e}_2', \ldots, \vec{e}_n') = (\vec{e}_1, \vec{e}_2, \ldots, \vec{e}_n)P.$$

新しい基底 $\mathcal{E}'$ に関する f の表現行列は命題 1.2 (『リー群』問題 5.3) より $P^{-1}AP$ である．$P^{-1}AP$ の特性多項式は

$$\begin{aligned}
\Phi_{P^{-1}AP}(t) &= \det(tE - P^{-1}AP) = \det(P^{-1}(tE - A)P) \\
&= \det P \det(tE - A) \det P = \Phi_A(t)
\end{aligned}$$

となり A の特性多項式と一致する．したがって f の固有値を求めるには**何でもよいから基底をひとつ選んで表現行列に関する特性方程式を解けばよい**．そこで $\mathbb{V}$ の基底として**特別なもの**を選ぶことにしよう．f の**固有値ベクトルからなる基底** $\mathcal{P} = \{\vec{p}_1, \vec{p}_2, \ldots, \vec{p}_n\}$ が存在すると**仮定**する．$\mathbb{K} = \mathbb{R}$ のときは特性根がすべて実数であることも仮定する．各 $\vec{p}_j$ に対応する固有値を $\lambda_j \in \mathbb{K}$ とする．すなわち，$f(\vec{p}_j) = \lambda_j \vec{p}_j \ (j = 1, 2, \ldots, n)$ とする．f の $\mathcal{P}$ に関する

表現行列は $\Lambda = \mathrm{diag}(\lambda_1, \lambda_2, \ldots, \lambda_n)$ である．基底を $\mathcal{E}$ から $\mathcal{P}$ へ取り替える行列を P としよう．すなわち $(\vec{p_1}, \vec{p_2}, \ldots, \vec{p_n}) = (\vec{e_1}, \vec{e_2}, \ldots, \vec{e_n})P$．ふたたび命題 1.2 より $\Lambda = P^{-1}AP$ が得られる．より詳しく次が成り立つ（[13], [21], [30, 定理 13.4] 等参照）．

補題 4.1 有限次元 $\mathbb{K}$ 線型空間 $\mathbb{V}$ 上の線型変換 f に対する次の条件は互いに同値．

(1) f の表現行列が対角行列になる $\mathbb{V}$ の基底が存在する．

(2) f の固有ベクトルからなる $\mathbb{V}$ の基底が存在する．

(3) $\mathbb{V}$ は固有空間すべての直和である．

(4) f の特性根 $\lambda_1, \lambda_2, \ldots, \lambda_n$ はすべて $\mathbb{K}$ の元であり，各 i について $\dim \mathbb{V}_f(\lambda_i) = m_i$ が成り立つ．

これらの条件をみたすとき f は**対角化可能**であるという．

註 4.1 $A \in \mathrm{M}_n\mathbb{K}$ に対し $P^{-1}AP$ が対角行列になるような $P \in \mathrm{GL}_n\mathbb{K}$ が存在するとき A は $\mathbb{K}$ において対角化可能であるといい，$P^{-1}AP$ を A の $\mathbb{K}$ における**対角化**とよぶ．$\mathbb{K} = \mathbb{C}$ のときは「$\mathbb{C}$ における」は省いてよい．

定義 4.2 $\mathbb{V}$ を有限次元 $\mathbb{K}$ 線型空間とする．$f \in \mathrm{End}(\mathbb{V})$ が $\mathbb{V}$ 上**半単純** (semi-simple) であるとは

- $\mathbb{K} = \mathbb{C}$ のとき：f が対角化可能であるときをいう．
- $\mathbb{K} = \mathbb{R}$ のとき：$\mathbb{V}$ の複素化 $\mathbb{V}^{\mathbb{C}}$ への f の延長が $\mathbb{V}^{\mathbb{C}}$ において対角化可能であるときをいう．

f が対角化可能でないときのために次の概念を準備する．

定義 4.3 有限次元 $\mathbb{K}$ 線型空間 $\mathbb{V}$ 上の線型変換 f と $\lambda \in \mathbb{K}$ に対し

$$(4.3) \quad \mathbb{W}_f(\lambda) = \left\{ \vec{v} \in \mathbb{V} \mid \text{ある番号 } m \geq 1 \text{ が存在して } (f - \lambda\mathrm{Id})^m \vec{v} = \vec{0} \right\}$$

と定めると $\mathbb{V}$ の線型部分空間である．とくに λ が固有値のときに限り $\mathbb{W}_f(\lambda) \neq \{\vec{0}\}$ である（p. 234, 命題 A.4）．固有値 λ に対し $\mathbb{W}_\lambda(f)$ を f

の固有値 λ に対応する**広義固有空間**（generalized eigenspace）とよぶ（一般固有空間ともよばれる）．$\mathbb{W}_f(\lambda)$ の元を固有値 λ に対応する**広義固有ベクトル**（generalized eigenvector）とか**一般固有ベクトル**とよぶ．$\mathbb{W}_f(\lambda)$ は

$$\mathbb{W}_f(\lambda) = \bigcup_{m=0}^{\infty} \left\{ \vec{v} \in \mathbb{V} \mid (f - \lambda \mathrm{Id})^m \vec{v} = \vec{0} \right\}$$

とも表せる．

有限次元複素線型空間の場合，次が成り立つ．

定理 4.1 有限次元複素線型空間 $\mathbb{V}$ と $f \in \mathrm{End}(\mathbb{V})$ に対し f の相異なる固有値を $\{\lambda_1, \lambda_2, \ldots, \lambda_r\}$ とすると直和分解

$$\mathbb{V} = \mathbb{W}_f(\lambda_1) \oplus \mathbb{W}_f(\lambda_2) \oplus \cdots \oplus \mathbb{W}_f(\lambda_r)$$

が成立する．これを $\mathbb{V}$ の f による**広義固有空間分解**という．したがって f が半単純であるための必要十分条件は $\mathbb{V}_f(\lambda_k) = \mathbb{W}_f(\lambda_k)$ がすべての固有値 λ_1, $\lambda_2, \ldots, \lambda_r$ について成り立つことである．

この定理の証明は附録 A.3 で与える[*1]．

広義固有空間を用いて 4.1 を手直ししておこう．

命題 4.1 有限次元 $\mathbb{K}$ 線型空間 $\mathbb{V}$ 上の線型変換 f に対する次の条件は互いに同値．

(1) f は対角化可能．

(2) f の表現行列が対角行列になる $\mathbb{V}$ の基底が存在する．

(3) f の固有ベクトルからなる $\mathbb{V}$ の基底が存在する．

(4) $\mathbb{V}$ は固有空間すべての直和である．

(5) f の特性根 λ_1, $\lambda_2, \ldots, \lambda_n$ はすべて $\mathbb{K}$ の元であり，各 i について $\dim \mathbb{V}_f(\lambda_i) = m_i$ が成り立つ．

[*1] 文献 [22, p. 135]，[29, 定理 1.48]，または [37, 定理 8.8] を参照してもよい．

4.2 冪零行列 **93**

(6) f の特性根 $\lambda_1,\ \lambda_2, \ldots, \lambda_n$ はすべて $\mathbb{K}$ の元であり，各 i について $\mathbb{V}_f(\lambda_i) = \mathbb{W}_f(\lambda_i)$ が成り立つ．

4.2 冪零行列

ここで冪零線型変換と冪零行列を説明しておこう．

定義 4.4 n 次元 $\mathbb{K}$ 線型空間 $\mathbb{V}$ 上の線型変換 $f \in \mathfrak{gl}(\mathbb{V})$ に対しある自然数 m が存在し $f^m = 0$ となるとき f は**冪零線型変換** (nilpotent linear transformation) であるという．冪零変換と略称することも多い．

$A \in \mathfrak{gl}_n \mathbb{K}$ を何乗かすると O になるとき，すなわち $A^m = O$ となる自然数 m がみつかるとき A を**冪零行列**とよぶ．線型変換 $f \in \mathfrak{gl}(\mathbb{V})$ が冪零変換であるための必要十分条件は f のある基底に関する表現行列が冪零行列であること（したがって全ての基底に対し表現行列は冪零）．

冪零行列は逆行列を持たないことに注意しよう．実際，もし A^{-1} が存在すれば A^m は逆行列 $(A^m)^{-1} = (A^{-1})^m$ をもつ．$A^m = O$ の両辺に $(A^{-1})^m$ を左からかけると $A^m(A^m)^{-1} = O(A^m)^{-1} = O$. ところで左辺は E なので $E = O$ となり矛盾．

冪零行列の例を挙げよう．たとえば

$$A = \begin{pmatrix} 0 & a_{12} & \ldots & a_{1n} \\ 0 & 0 & \ldots & a_{2n} \\ \vdots & \vdots & \ddots & \vdots \\ 0 & 0 & \ldots & 0 \end{pmatrix}$$

という形の行列（対角線及びその下に並んでいる成分がすべてゼロ）は冪零である．$A^n = O$ となることを確かめてほしい．この形の行列を**冪零上三角行列**とよぶ．実は n 次正方行列が冪零ならば $A^n = O$ である (命題 A.3).

この事実から n 次元線型空間 $\mathbb{V}$ 上の線型変換 $f \in \mathfrak{gl}(\mathbb{V})$ が冪零であるための必要十分条件は $f^n = 0$ であることがわかる．冪零変換の特性根はすべて 0 であることを示そう．

94　　　　　　　　第 4 章　　ルートとウェイト

f を有限次元複素線型空間上の冪零変換とする．$\lambda \in \mathbb{C}$ を f の固有値とし対応する固有ベクトルを $\vec{x} \in \mathbb{V}$（$\vec{x} \neq \vec{0}$）とする．すなわち $f(\vec{x}) = \lambda \vec{x}$．この両辺に f を施すと

$$f^2(\vec{x}) = f(f(\vec{x})) = \lambda f(\vec{x}) = \lambda^2 \vec{x}.$$

この操作を繰り返して $f^n(\vec{x}) = \lambda^n \vec{x}$ を得る．f は冪零なので $f^n(\vec{x}) = \vec{0}$．したがって $\lambda = 0$ を得る．

次に $\mathbb{V}$ が有限次元実線型空間の場合を考える．$\mathbb{V}$ 上の冪零線型変換 f を $\mathbb{V}$ の複素化 $\mathbb{V}^{\mathbb{C}}$ に延長して固有値 λ と $\mathbb{V}^{\mathbb{C}}$ における固有ベクトル $\vec{x} \in \mathbb{V}^{\mathbb{C}}$ を考える．すなわち $f(\vec{x}) = \lambda \vec{x} \in \mathbb{V}^{\mathbb{C}}$．すると上の議論から $\lambda = 0$ が導かれる．f の特性根は f の $\mathbb{V}^{\mathbb{C}}$ への延長の固有値であることに注意しよう．したがって f の特性根は 0．

以上より $\mathbb{K} = \mathbb{R}$ のときも $\mathbb{K} = \mathbb{C}$ のときも冪零変換 f の特性根はすべて 0 であることがわかった．したがって $\mathrm{tr}\, f = 0$．

問題 4.1 2 次の正方行列 $A = \begin{pmatrix} a & b \\ c & d \end{pmatrix}$ が $A^5 = O$ をみたすとする．

(1) A の逆行列が存在しないことを示せ．
(2) $A^2 = (a+d)A$ となることを示せ．
(3) $A^2 = O$ であることを示せ．
(4) $A + E$ が逆行列をもつことを示せ． 〔甲南大・理工〕

冪零行列は次のように特徴づけられる (系 A.1)．

命題 4.2 $A \in \mathfrak{gl}_n\mathbb{C}$ が冪零行列であるための必要十分条件は A の特性多項式が $\Phi_A(t) = t^n$ であることである．

この命題からも冪零変換の特性根がすべて 0 であることがわかる．

命題 4.3 $A \in \mathfrak{gl}_n\mathbb{C}$ が冪零であるための必要十分条件は

$$\mathrm{tr}\,(A^k) = 0$$

がすべての $k \in \{1, 2, \ldots, n\}$ について成り立つことである．

【証明】 附録 A.2 で与える（命題 A.2）. ∎

線型変換 $f : \mathbb{V} \to \mathbb{V}$ の相異なる固有値を $\{\lambda_1, \lambda_2, \ldots, \lambda_r\}$ としよう. 各 λ_i の重複度を m_i とすると広義固有空間 $\mathbb{W}_f(\lambda_i)$ は

$$(4.4) \qquad \mathbb{W}_f(\lambda_i) = \left\{ \vec{v} \in \mathbb{V} \mid (f - \lambda_i \mathrm{Id})^{m_i} \vec{v} = \vec{0} \right\}$$

と表せる（[30, 命題 15.8] 参照）. 補題 4.1 で既に述べてあるが, 改めて次の事実を述べよう（[22, p. 147]）.

命題 4.4 $A \in \mathfrak{gl}_n\mathbb{C}$ が対角化可能であるための必要十分条件は, A の各固有値に対しその重複度と固有空間の次元が一致することである.

（線型代数の学習で経験していると思うが）対角化できない行列は確かに存在する. たとえば $Y = \begin{pmatrix} 2 & 1 \\ 0 & 2 \end{pmatrix}$ は対角化できない. Y の固有方程式を解いてみると

$$0 = \begin{vmatrix} t-2 & -1 \\ 0 & t-2 \end{vmatrix} = (t-2)^2$$

より固有値は 2 で重複度は 2. ところが

$$(Y - 2E)\begin{pmatrix} x \\ y \end{pmatrix} = \begin{pmatrix} 0 & 1 \\ 0 & 0 \end{pmatrix} \begin{pmatrix} x \\ y \end{pmatrix} = \begin{pmatrix} 0 \\ 0 \end{pmatrix}$$

より固有値 2 に対応する固有空間は $\{(x, 0) \mid x \in \mathbb{R}\}$ となり 1 次元. したがって Y は対角化できない.

固有空間の代わりに広義固有空間を使ってみよう. 以下では $\mathbb{K} = \mathbb{C}$ の場合を説明する（$\mathbb{K} = \mathbb{R}$ のときはどこをどう修正したらよいか考えてみるとよい）.

f を有限次元複素線型空間 $\mathbb{V}$ 上の線型変換とする. f の相異なる固有値を $\{\lambda_1, \lambda_2, \ldots, \lambda_r\}$, 各 λ_j の重複度を m_j とすると定理 4.1 より広義固有空間分解

$$\mathbb{V} = \mathbb{W}_f(\lambda_1) \oplus \mathbb{W}_f(\lambda_2) \oplus \cdots \oplus \mathbb{W}_f(\lambda_r), \quad \dim \mathbb{W}_f(\lambda_j) = m_j$$

を得る. ここで $f - \lambda_j \mathrm{Id}$ を $\mathbb{W}_f(\lambda_r)$ に制限したものを f_{N_j} と書こう.

$$f_{N_j} = (f - \lambda_j \mathrm{Id})|_{\mathbb{W}_f(\lambda_r)} : \mathbb{W}_f(\lambda_r) \to \mathbb{W}_f(\lambda_r).$$

$\vec{v} \in \mathbb{W}_f(\lambda_j)$ ならばある番号 $\ell > 0$ に対し

$$(f_{N_j})^\ell(\vec{v}) = (f - \lambda_j \mathrm{Id})^\ell(\vec{v}) = \vec{0}.$$

すなわち f_{N_j} は冪零である（したがって $\ell = m_j$ ととれる）.

次に f の $\mathbb{W}_f(\lambda_j)$ への制限を f_j とし $f_{S_j} = f_j - f_{N_j}$ とおく. すなわち

$$f_{S_j}(\boldsymbol{v}) = f(\vec{v}) - (f(\vec{v}) - \lambda_j \vec{v}) = \lambda_j \vec{v}, \quad \vec{v} \in \mathbb{W}_f(\lambda_j).$$

広義固有空間分解に沿って $\vec{x} \in \mathbb{V}$ を

$$\vec{x} = x_1 + x_2 + \cdots + x_r, \quad \vec{x}_j \in \mathbb{W}_f(\lambda_j)$$

と分解すると

$$\begin{aligned} f(\vec{x}) &= f(x_1 + x_2 + \cdots + x_r) = f(x_1) + f(x_2) + \cdots + f(x_r) \\ &= f_1(x_1) + f_2(x_2) + \cdots + f_r(x_r) \end{aligned}$$

と計算できるが, ここで

$$f_j(x_j) = f_{S_j}(\vec{x}_j) + f_{N_j}(x_j)$$

と表せることに注意しよう.

そこで

$$f_S(\vec{x}) = \sum_{i=1}^{r} f_{S_i}(x_i), \quad f_N(\vec{x}) = \sum_{i=1}^{r} f_{N_i}(x_i)$$

で $\mathbb{V}$ 上の線型変換 f_S と f_N を定義しよう. f_S は半単純で f_N は冪零であることに注意してほしい. さらに f_S と f_N が可換であることを確かめてほしい.

ここまでの観察から次の定理が得られる（より詳しくは [13, 定理 9-10]，[21, pp. 199-200]，[22, pp. 166-167]，[37, 8.12 節] を参照）.

4.2 冪零行列

定理 4.2 有限次元複素線型空間 $\mathbb{V}$ 上の線型変換 f に対し次の性質をもつ線型変換の組 $\{f_S, f_N\}$ がただひとつ存在する.

(1) $f = f_S + f_N$ かつ $f_S \circ f_N = f_N \circ f_S$,
(2) f_S は対角化可能で f_N は冪零.

分解 $f = f_S + f_N$ を f の**ジョルダン分解**とよぶ. f_S を f **半単純部分** (semi-simple part), f_N を f の**冪零部分** (nilpotent part) とよぶ.

系 4.1 $A \in \mathfrak{gl}_n\mathbb{C}$ に対し, 次の性質をもつ正方行列の組 $\{S, N\}$ がただひとつ存在する.

(1) $A = S + N$ かつ $SN = NS$,
(2) S は半単純で N は冪零.

分解 $A = S + N$ を A の**ジョルダン分解**とよぶ. N を A の**冪零部分**, S を A の**半単純部分**とよぶ.

対角化できない正方行列 A であっても, ジョルダン分解が求められていれば A の累乗 A^ℓ を計算しやすい. 実際, n 次正方行列 A が $A = S + N$ と分解されていると $SN = NS$ であるから二項定理が使えて

$$A^\ell = (S + N)^\ell = \sum_{k=0}^{\ell} {}_\ell\mathrm{C}_k S^{\ell-k} N^k$$

と計算できる. N は冪零だから

$$A^\ell = \sum_{k=0}^{n-1} {}_\ell\mathrm{C}_k S^{\ell-k} N^k$$

となる.

練習として次の問題を解いてみよう.

問題 4.2 行列 A, E, O を $A = \begin{pmatrix} 4 & -1 \\ 1 & 2 \end{pmatrix}$, $E = \begin{pmatrix} 1 & 0 \\ 0 & 1 \end{pmatrix}$, $O = \begin{pmatrix} 0 & 0 \\ 0 & 0 \end{pmatrix}$ とする.

(1) $A = nE + N$ かつ $N^2 = O$ となるとき, n の値および N を求めよ.

(2) A^{40} を求めよ.

〔近畿大・理工〕

問題 4.3 $A = \begin{pmatrix} a & 1 \\ 0 & a \end{pmatrix}$ のとき A^n を求めよ. 〔栃木県教員採用試験〕

註 4.2 (冪零軌道) 冪零行列の概念をもとにして, 単純リー環に対し**冪零元**というもの が定義される. 冪零元の軌道 (**冪零軌道**) は表現論で重要な研究対象のひとつである[*2]. Kostant-Sekiguchi 対応とよばれる基本的な結果が知られており半単純リー群の無限 次元表現の研究に登場している[*3].

今後活躍する大事な定理を述べよう.

命題 4.5 (同時対角化) $A_1, A_2, \ldots A_r \in \mathfrak{gl}_n\mathbb{C}$ は対角化可能で, 互いに可 換であるとする. このとき $P \in \mathrm{GL}_n\mathbb{C}$ で $\Lambda_i = P^{-1}A_iP$ がすべて対角 行列になるようなものがとれる. このとき $\{\Lambda_1, \Lambda_2, \ldots, \Lambda_r\}$ を P による $\{A_1, A_2, \ldots, A_r\}$ の**同時対角化**という.

広義固有空間について詳しく学びたい人には [13, 30, 37] を薦めておく.

▌ 4.3 行列の対角化とは

線型代数で学ぶ行列の対角化定理をここで復習する. 正規行列の定義から始 めよう ([21, p. 141]).

定義 4.5 $A \in \mathrm{M}_n\mathbb{C}$ が $[A, A^*] = 0$ をみたすとき**正規行列** (normal matrix) という.

[*2] D. H. Collingwood, W. M. McGovern, Nilpotent Orbits in Semisimple Lie Alge- bras, Van Nostrand, 1993 を参照.

[*3] B. Kostant, The principal three-dimensional subgroup and the Betti numbers of a complex simple Lie group, Amer. J. Math. **81** (1959), 973–1032. J. Sekiguchi (関口次郎), Remarks on real nilpotent orbits of a symmetric pair, J. Math. Soc. Japan 39 (1987), no. 1, 127–138.

エルミート行列 $(A^* = A)$, 反エルミート行列 $(A^* = -A)$, ユニタリ行列 $(AA^* = E)$ は正規行列である. 正規行列の基本的な性質を紹介しよう ([21, 定理 2.4]).

定理 4.3 $A \in \mathrm{M}_n\mathbb{C}$ がユニタリ行列で対角化できるための必要十分条件は A が正規行列であること.

複素ユークリッド空間 $\mathbb{C}^n$ の標準エルミート内積 (1.9) を使って固有値の性質を導こう. 標準エルミート内積は

$$\langle Av|w \rangle = \langle v|A^*w \rangle, \quad A \in \mathrm{M}_n\mathbb{C}, \quad v, w \in \mathbb{C}^n$$

をみたすことを活用する.

$A \in \mathrm{M}_n\mathbb{C}$ の固有値 λ に対応する固有ベクトル v に対し

$$\langle Av|v \rangle = \langle \lambda v|v \rangle = \lambda \|v\|^2$$

を得る. A がエルミート行列であれば

$$\langle Av|v \rangle = \langle v|A^*v \rangle = \langle v|Av \rangle = \langle v|\lambda v \rangle = \bar{\lambda}\langle v|v \rangle = \bar{\lambda}\|v\|^2$$

であるから $\lambda = \bar{\lambda}$. すなわち λ は実数である[*4]. 同様にして A が反エルミート行列なら固有値 λ は $\bar{\lambda} = -\lambda$ をみたす. すなわち $\lambda \in \mathbb{R}\mathrm{i} = \mathfrak{u}(1)$.

命題 4.6 エルミート行列の固有値は実数, 反エルミート行列の固有値は 0 または純虚数.

以上のことから次の 2 つの対角化定理を得る.

定理 4.4 (エルミート行列の対角化定理) エルミート行列はユニタリ行列で対角化される. すなわち $X \in \mathrm{Her}_n\mathbb{C}$ に対し

$$Q^{-1}XQ = \mathrm{diag}(\lambda_1, \lambda_2, \ldots, \lambda_n), \quad \lambda_1, \lambda, \ldots, \lambda_n \in \mathbb{R}$$

となる $Q \in \mathrm{U}(n)$ が存在する.

[*4] この性質は量子力学で基本的な役割をする.

定理 4.5 (反エルミート行列の対角化定理) 反エルミート行列はユニタリ行列で対角化される．すなわち $X \in \mathfrak{u}(n)$ に対し

$$Q^{-1}XQ = \mathrm{diag}(\mathrm{i}\theta_1, \mathrm{i}\theta_2, \ldots, \mathrm{i}\theta_n), \quad \theta_1, \theta_2, \ldots, \theta_n \in \mathbb{R}$$

となる $Q \in \mathrm{U}(n)$ が存在する．

$X \in \mathfrak{su}(n)$ の場合，$\mathrm{tr}\, X = 0$ であるから次の系を得る ($Q \in \mathrm{SU}(n)$ と選べることに注意).

系 4.2 (固有和が 0 の反エルミート行列の対角化定理) $X \in \mathfrak{su}(n)$ に対し

$$Q^{-1}XQ = \mathrm{diag}(\mathrm{i}\theta_1, \mathrm{i}\theta_2, \ldots, \mathrm{i}\theta_n), \quad \theta_1 + \theta_2 + \cdots + \theta_n = 0$$

となる $Q \in \mathrm{SU}(n)$ が存在する．

この対角化定理に着目し

$$\mathfrak{t} = \{\mathrm{diag}(\mathrm{i}\theta_1, \mathrm{i}\theta_2, \ldots, \mathrm{i}\theta_n) \mid \theta_1 + \theta_2 + \cdots + \theta_n = 0\}$$

とおく．$\mathfrak{t}$ は $\mathfrak{su}(n)$ の部分リー環である．とくに**可換**であることに注意を払ってほしい．実は $\mathfrak{t}$ は $\mathfrak{su}(n)$ の内で極大であることがわかる．

定義 4.6 リー環 $\mathfrak{g}$ の可換な部分リー環 $\mathfrak{h}$ が**極大**であるとは

$$\text{すべての } H \in \mathfrak{h} \text{ に対し } [X, H] = 0 \Longrightarrow X \in \mathfrak{h}$$

であることをいう[*5]．

$\mathfrak{t}$ と $\mathfrak{su}(n)$ を複素化する．命題 2.8 より $\mathfrak{su}(n)^{\mathbb{C}} = \mathfrak{sl}_n\mathbb{C}$ であり $\mathfrak{h} = \mathfrak{t}^{\mathbb{C}}$ は

$$(4.5) \qquad \mathfrak{h} = \left\{ H = \sum_{i=1}^{n} h_{ii}E_{ii} \in \mathfrak{sl}_n\mathbb{C} \right\}$$

で与えられる．$\mathfrak{h}$ は $\mathfrak{sl}_n\mathbb{C}$ の極大な可換部分リー環である．

[*5] このとき「$\mathfrak{h}$ は極大可換である」といい表す文献もある．

4.4 実正規行列の標準化 **101**

　固有和が 0 の反エルミート行列の対角化定理から極大な可換リー環 $\mathfrak{t}$ が見つかり複素化を施すことにより $\mathfrak{sl}_n\mathbb{C}$ の極大な可換部分リー環 $\mathfrak{h}$ が得られた．他の半単純リー環でも極大な可換部分リー環を上手に見つけることができるだろうか．次の節では直交リー環 $\mathfrak{so}(n;\mathbb{C})$ を考察する．

註 4.3 (⋆ リー群論的意味) この節で見つけた $\mathfrak{t}\subset\mathfrak{su}(n)$ をリー群の観点から見るとどういうことがわかるだろうか．『リー群』に続けてこの本を読まれている読者は次の節に進む前に附録 B を読むことを薦める．

　リー環に絞って学習されたい読者はこのまま次節に進もう．

▍ 4.4　実正規行列の標準化

　成分がすべて実数である正規行列を**実正規行列**とよぶ．実正規行列は正規行列の特殊なものであるから定理 4.3 に従って対角化することができるが，ここでは実行列を使った標準形を考える．

　まず実正規行列 $A\in\mathrm{M}_n\mathbb{R}$ の特性根を重複も込めて $\lambda_1,\lambda_2,\ldots,\lambda_n$ とする．λ_j の共軛複素数 $\overline{\lambda_j}$ も特性根であることに注意しよう．実際 $\boldsymbol{w}\in\mathbb{C}^n$ を λ_j に対応する $\mathbb{C}^n$ における固有ベクトルとすると[*6]

$$\overline{A\boldsymbol{w}}=\overline{\lambda_j\boldsymbol{w}}=\overline{\lambda_j}\,\overline{\boldsymbol{w}}.$$

$A\in\mathrm{M}_n\mathbb{R}$ だから左辺は $\overline{A\boldsymbol{w}}=A\overline{\boldsymbol{w}}$ より $A\overline{\boldsymbol{w}}=\overline{\lambda_j}\,\overline{\boldsymbol{w}}$ が成り立つ．したがって実数でない特性根は偶数個である．そこで番号をつけかえて $\lambda_1,\lambda_2,\ldots,\lambda_{2m}$ は実数でない特性根，$\lambda_{2m+1},\ldots,\lambda_n$ が実数であるとしよう．また $k=n-2m$ とおく．さらに $\lambda_{2j}=\overline{\lambda_{2j-1}}\ (j=1,2,\ldots,m)$ となるように並び替える．

$$\lambda_1,\ \lambda_2=\overline{\lambda_1},\ \lambda_3,\ \lambda_4=\overline{\lambda_3},\ \ldots,\ \lambda_{2m-1},\ \lambda_{2m}=\overline{\lambda_{2m-1}}.$$

$\mathbb{C}^n$ における A の各 λ_{2j-1} に対応する単位固有ベクトルを $\boldsymbol{p}_{2j-1}$ とする．また $\boldsymbol{p}_{2j}=\overline{\boldsymbol{p}_{2j-1}}$ とおくと

$$A\boldsymbol{p}_{2j-1}=\lambda_{2j-1}\boldsymbol{p}_{2j-1},\quad A\boldsymbol{p}_{2j}=\lambda_{2j}\boldsymbol{p}_{2j},\quad j=1,2,\ldots,m$$

[*6] $\mathbb{R}^n$ の複素化は $\mathbb{C}^n$．

102　　　　　第 4 章　ルートとウェイト

が成立する．$2m + 1 \leq j \leq n = 2m + k$ である j については $A\boldsymbol{p}_j = \lambda_j \boldsymbol{p}_j$ かつ $\boldsymbol{p}_j \in \mathbb{R}^n$ と採れることに注意しよう．$\{\boldsymbol{p}_1, \boldsymbol{p}_2, \ldots, \boldsymbol{p}_n\}$ を並べて得られるユニタリ行列を P とすれば $P^{-1}AP = \mathrm{diag}(\lambda_1, \lambda_2, \ldots, \lambda_n)$ である．ここで

$$\boldsymbol{q}_{2j-1} = \frac{1}{\sqrt{2}}(\boldsymbol{p}_{2j-1} + \overline{\boldsymbol{p}_{2j-1}}), \quad (1 \leq j \leq m),$$

$$\boldsymbol{q}_{2j} = \frac{1}{\sqrt{2}\,\mathrm{i}}(\boldsymbol{p}_{2j-1} - \overline{\boldsymbol{p}_{2j-1}}), \quad (1 \leq j \leq m),$$

$$\boldsymbol{q}_{2m+j} = \boldsymbol{p}_{2m+j}, \quad (1 \leq j \leq k)$$

とおく．$\lambda_j = a_j - b_j\mathrm{i}$ と表示すると

$$\begin{aligned} A\boldsymbol{q}_{2j-1} &= a_j\,\boldsymbol{q}_{2j-1} + b_j\boldsymbol{q}_{2j}, \, (1 \leq j \leq m), \\ A\boldsymbol{q}_{2j} &= -b_j\,\boldsymbol{q}_{2j-1} + a_j\boldsymbol{q}_{2j}, \, (1 \leq j \leq m), \\ A\boldsymbol{q}_{2m+j} &= \lambda_{2m+j}\boldsymbol{q}_{2m+j}, \, (1 \leq j \leq k) \end{aligned}$$

である．$Q = (\boldsymbol{q}_1\,\boldsymbol{q}_2\,\cdots\,\boldsymbol{q}_n)$ は直交行列であり

$$Q^{-1}AQ = \begin{pmatrix} a_1 & -b_1 & & & & & & \\ b_1 & a_1 & & & & & & \\ & & a_2 & -b_2 & & & & \\ & & b_2 & a_2 & & & & \\ & & & & \ddots & & & \\ & & & & & a_m & -b_m & \\ & & & & & b_m & a_m & \\ & & & & & & & D \end{pmatrix}$$

を得る．ここで D は実対角行列

$$D = \mathrm{diag}(\lambda_{2m+1}, \ldots, \lambda_n) \in \mathrm{M}_k\mathbb{R}$$

である．Q は直交行列なので $|Q| = \pm 1$．もし $|Q| = -1$ のときは $\boldsymbol{q}_n$ を $-\boldsymbol{q}_n$ に取り替えれば $|Q| = 1$ にできるので $|Q| = 1$ と必ず選べることがわかる．

　A が交代行列である場合を考えよう．Q は直交行列だから $Q^{-1} = {}^tQ$ なので

$${}^t(Q^{-1}AQ) = {}^t({}^tQAQ) = {}^tQ\,{}^tAQ = -Q^{-1}AQ$$

4.4 実正規行列の標準化

より $Q^{-1}AQ$ も交代行列である．交代行列は反エルミート行列の特別なものだから特性根は 0 か純虚数である．したがって $a_1 = a_2 = \cdots = a_m = 0$ かつ $\lambda_{2m+1} = \lambda_{2m+2} = \cdots = \lambda_n = 0$．$J = E_{21} - E_{12}$ を使うと「対角化定理」に代わる「標準化定理」を次のように述べられる（n が偶数のときと奇数のときに分けて述べることに注意）．

定理 4.6 $X \in \mathfrak{so}(2m)$ に対し

$$
Q^{-1}XQ = \begin{pmatrix} \theta_1 J & & & \\ & \theta_2 J & & \\ & & \ddots & \\ & & & \theta_m J \end{pmatrix}, \quad \theta_1, \theta_2, \ldots, \theta_m \in \mathbb{R}
$$

となる $Q \in \mathrm{SO}(2m)$ が存在する．

定理 4.7 $X \in \mathfrak{so}(2m+1)$ に対し

$$
Q^{-1}XQ = \begin{pmatrix} \theta_1 J & & & & \\ & \theta_2 J & & & \\ & & \ddots & & \\ & & & \theta_m J & \\ & & & & 0 \end{pmatrix}, \quad \theta_1, \theta_2, \ldots, \theta_m \in \mathbb{R}
$$

となる $Q \in \mathrm{SO}(2m+1)$ が存在する．

$\mathfrak{su}(n)$ のときより面倒ではあるが次のことが確かめられる．

命題 4.7

$$
\mathfrak{t} = \left\{ \begin{pmatrix} \theta_1 J & & & \\ & \theta_2 J & & \\ & & \ddots & \\ & & & \theta_m J \end{pmatrix} \;\middle|\; \theta_1, \theta_2, \ldots, \theta_m \in \mathbb{R} \right\}
$$

は $\mathfrak{so}(2m)$ の（極大な）可換部分リー環である．

命題 4.8

$$
\mathfrak{t} = \left\{
\begin{pmatrix}
\theta_1 J & & & & \\
 & \theta_2 J & & & \\
 & & \ddots & & \\
 & & & \theta_m J & \\
 & & & & 0
\end{pmatrix}
\,\middle|\,
\theta_1, \theta_2, \ldots, \theta_m \in \mathbb{R}
\right\}
$$

は $\mathfrak{so}(2m+1)$ の（極大な）可換部分リー環である．

註 4.4 (⋆ リー群論的意味) これらの極大可換な部分リー環を対応するリー群 $SO(2m)$, $SO(2m+1)$ の観点から見た解説が附録 B にある．

4.5 実験

2 次の正方行列全体 $\mathrm{M}_2\mathbb{K} = \mathfrak{gl}_2\mathbb{K}$ は行列単位 $\{E_{11}, E_{12}, E_{21}, E_{22}\}$ を基底とする 4 次元の $\mathbb{K}$ 線型空間である．$\mathfrak{gl}_2\mathbb{K}$ の中心は $\mathbb{K}E_2 = \mathbb{K}(E_{11} + E_{22})$ である（問題 2.6）．$\mathfrak{gl}_2\mathbb{K}$ は中心 $\mathbb{K}E_2$ と $\mathfrak{sl}_2\mathbb{K}$ の直和に分解される．非可換具合は $\mathfrak{sl}_2\mathbb{K}$ に由来するのだから $\mathfrak{sl}_2\mathbb{K}$ の随伴表現を詳しくみていこう．

(2.17) で与えた基底 $\{\mathsf{E}, \mathsf{F}, \mathsf{H}\}$ をここでも使う．さらに $\mathfrak{h} = \mathbb{K}\mathsf{H}$, $\mathfrak{m}_1 = \mathbb{K}\mathsf{E}$, $\mathfrak{m}_{-1} = \mathbb{K}\mathsf{F}$ とおこう．

直和分解 $\mathfrak{sl}_2\mathbb{K} = \mathfrak{h} \oplus \mathfrak{m}_1 \oplus \mathfrak{m}_{-1}$ を ad を使って詳しく調べる．ad(H) に関し ad(H)$\mathsf{E} = 2\mathsf{E}$, ad(H)$\mathsf{F} = -2\mathsf{F}$ であるから, E と F は ad(H) の固有ベクトルになっている．いまは H を使ってみたが $\mathfrak{h}$ の一般の要素を使うとどうなるだろうか．

$\mathfrak{h}$ 上の函数 λ_1 と λ_2 を次で定める．$H = (h_{ij}) \in \mathfrak{h}$ に対し

$$
\lambda_1(H) = h_{11}, \quad \lambda_2(H) = h_{22}.
$$

λ_1, λ_2 は線型であるから $\mathfrak{h}$ 上の線型汎函数である．すなわち λ_1, λ_2 は $\mathfrak{h}$ の双対空間 $\mathfrak{h}^*$ の要素である．各 $H \in \mathfrak{h}$ は $H = \lambda_1(H)E_{11} + \lambda_2(H)E_{22}$ と表示できる．

4.5 実験　　　105

簡単な計算で次の公式が成立することを確かめられる.

(4.6) $\qquad \operatorname{ad}(H)E_{ij} = [H, E_{ij}] = (\lambda_i(H) - \lambda_j(H))E_{ij}$

この公式からわかることを挙げてみよう.

- $\mathsf{E} = E_{12}$ は $\operatorname{ad}(H)$ の固有値 $\lambda_1(H) - \lambda_2(H)$ に対応する固有ベクトルである. したがって $\mathfrak{m}_1$ は $\operatorname{ad}(H)$ の固有値 $\lambda_1(H) - \lambda_2(H)$ に対応する固有空間である.
- $\mathsf{F} = E_{21}$ は $\operatorname{ad}(H)$ の固有値 $-(\lambda_1(H) - \lambda_2(H))$ に対応する固有ベクトルである. したがって $\mathfrak{m}_{-1}$ は $\operatorname{ad}(H)$ の固有値 $-(\lambda_1(H) - \lambda_2(H))$ に対応する固有空間である.

おもしろいことに**どんな** $H \in \mathfrak{h}$ を選んできても $\mathfrak{m}_1$ は $\operatorname{ad}(H)$ の固有空間になる. しかも対応する固有値は必ず $\lambda_1(H) - \lambda_2(H)$ という表示ができている. $\mathfrak{m}_{-1}$ も同様の性質をもっている.

キリング形式に関し $B(\mathsf{H}, \mathsf{H}) = 8 > 0$ であるから $\mathfrak{h}$ はスカラー積空間 $(\mathfrak{sl}_2\mathbb{K}, B)$ の非退化部分空間である. したがって

$$\mathfrak{sl}_2\mathbb{K} = \mathfrak{h} \oplus \mathfrak{h}^\perp, \ \mathfrak{h}^\perp = \mathfrak{m}_{-1} \oplus \mathfrak{m}_1$$

と**直交直和分解**されることに注意しよう.

問題 4.4 整数 k に対して, 2 次の正方行列の集合 $\mathfrak{m}_k$ を

$$\mathfrak{m}_k = \left\{ \begin{pmatrix} a_{11} & a_{12} \\ a_{21} & a_{22} \end{pmatrix} \in \mathrm{M}_2\mathbb{R} \ \middle| \ i, j = 1, 2 \text{ に対し } i - j \neq k \text{ ならば } a_{ij} = 0 \right\}$$

とする. 次の問に答えよ.
 (1) $A, B \in \mathfrak{m}_0$ のとき, $[A, B] = O$ を示せ. ただし, O は零行列を表す.
 (2) $A, B \in \mathfrak{m}_k$ のとき, $[A, B] = O$ を示せ.
 (3) $A \in \mathfrak{m}_k$, $B \in \mathfrak{m}_m$ のとき, $[A, B] \in \mathfrak{m}_{k+m}$ となることを示せ.

〔旭川医大〕

いまは $\mathfrak{sl}_2\mathbb{K}$ を調べたが $n > 2$ でも同様のことが言える.

ここで前節で登場した可換な部分リー環 $\mathfrak{h} \subset \mathfrak{sl}_n\mathbb{C}$ を思い出そう．$\mathfrak{sl}_2\mathbb{R}$ と $\mathfrak{sl}_2\mathbb{C}$ を同時に扱うため，ここで改めて

$$\mathfrak{h} = \left\{ H = \sum_{i=1}^{n} h_{ii} E_{ii} \in \mathfrak{sl}_n\mathbb{K} \right\}$$

とおく．$\mathfrak{h}$ は $\mathfrak{sl}_n\mathbb{K}$ の $(n-1)$ 次元の線型部分空間であり，可換な部分リー環である．$\mathfrak{h}$ の線型汎函数 λ_j $(j = 1, 2, \ldots, n)$ を $n = 2$ のときと同様に $\lambda_j(H) = h_{jj}$ で定めると $n = 2$ のときと全く同様に (4.6) が成立することが確かめられる．

キリング形式は $\mathfrak{h}$ 上で非退化であることが確かめられる．したがってのときは $\mathfrak{sl}_n\mathbb{K} = \mathfrak{h} \oplus \mathfrak{h}^\perp$ と直交直和分解できる．$\mathbb{K} = \mathbb{C}$ のときも $\mathfrak{sl}_n\mathbb{R} = \mathfrak{h} \oplus \mathfrak{h}^\perp$ のような直和分解は可能だろうか．また $\mathfrak{sl}_2\mathbb{K}$ のとき $\mathfrak{h}^\perp$ は $\mathrm{ad}(H)$ によって固有空間分解できた．これは $n > 2$ でも同様に可能だろうか．また他の半単純リー環ではどうだろうか．次の節からこれらの疑問を解決していこう．

▌ 4.6　カルタン部分環

式 (4.5) で与えた可換な部分リー環 $\mathfrak{h} \subset \mathfrak{sl}_n\mathbb{C}$ の性質を抽象化して次の定義を与える．

定義 4.7 $\mathfrak{g}$ を複素半単純リー環とする．部分リー環 $\mathfrak{h} \subset \mathfrak{g}$ が次の条件をみたすとき $\mathfrak{g}$ の**カルタン部分環**（Cartan subalgebra）とよぶ．

(1)　$\mathfrak{h}$ は $\mathfrak{g}$ の極大な可換部分リー環であり，
(2)　どの $H \in \mathfrak{h}$ についても $\mathrm{ad}(H)$ は半単純線型変換である．

カルタン部分環の名称はエリー・カルタンに因む．複素半単純リー環は必ずカルタン部分環を持ち，しかもすべて同じ次元である（[38, 定理 5.5]）．この本ではこの事実を認めて先に進むことにしよう．

複素半単純リー環 $\mathfrak{g}$ に対しカルタン部分環の次元 $\dim\mathfrak{h}$ を $\mathfrak{g}$ の**階数**（rank）と呼び $\mathrm{rank}\,\mathfrak{g}$ と表記する．

4.6 カルタン部分環　　107

例 4.2 $\mathfrak{sl}_n\mathbb{C}$ は

$$(4.7) \qquad \mathfrak{h} = \left\{ H = \begin{pmatrix} h_1 & 0 & \cdots & 0 \\ 0 & h_2 & \cdots & 0 \\ \vdots & \vdots & \ddots & \vdots \\ 0 & 0 & \cdots & h_n \end{pmatrix} \in \mathfrak{sl}_n\mathbb{C} \right\}$$

をカルタン部分環にもつ.

　$\mathfrak{so}(n;\mathbb{C})$ および $\mathfrak{sp}(n;\mathbb{C})$ は半単純である（例 3.2）．これらのリー環のカルタン部分環を（ひとつ）与えておこう．鍵となるのは行列の**標準化**である．$\mathfrak{su}(n)$ においては対角化定理（系 4.2）から $\mathfrak{t} \subset \mathfrak{su}(n)$ が見つかり，複素化を施してカルタン部分環 $\mathfrak{h} \subset \mathfrak{sl}_n\mathbb{C}$ が得られた．$\mathfrak{so}(n)$ については対角化に代わる「標準化定理」を用いて $\mathfrak{so}(n;\mathbb{C})$ のカルタン部分環を与えることができる.

例 4.3 $\mathfrak{so}(n;\mathbb{C})$ は半単純である．カルタン部分環をひとつ与えよう．n が偶数の場合と奇数の場合に分けて考える．$n = 2\ell \geq 4$ としよう．命題 4.7 より

$$(4.8) \qquad \mathfrak{h} = \left\{ H = \begin{pmatrix} h_1 J & & & \\ & h_2 J & & \\ & & \ddots & \\ & & & h_\ell J \end{pmatrix} \;\middle|\; h_1, h_2, \ldots, h_\ell \in \mathbb{C} \right\}$$

とおくと $\mathfrak{h}$ は $\mathfrak{so}(2\ell;\mathbb{C})$ のカルタン部分環である.
　$n = 2\ell + 1 \geq 3$ の場合は命題 4.8 より

$$(4.9) \qquad \mathfrak{h} = \left\{ H = \begin{pmatrix} h_1 J & & & & \\ & h_2 J & & & \\ & & \ddots & & \\ & & & h_\ell J & \\ & & & & 0 \end{pmatrix} \;\middle|\; h_1, h_2, \ldots, h_\ell \in \mathbb{C} \right\}$$

とおけば $\mathfrak{so}(2\ell + 1;\mathbb{C})$ のカルタン部分環である.

$\mathfrak{sp}(n;\mathbb{C})$ のカルタン部分環はどのようなものだろうか．$\mathfrak{sp}(n)$ は $\mathfrak{sp}(n;\mathbb{C})$ の実形で $\mathfrak{sp}(n) = \mathfrak{sp}(n;\mathbb{C}) \cap \mathfrak{u}(2n)$ と与えられた．$\mathfrak{u}(2n)$ における対角化定理（定

理 4.5) を参照して

$$\{\mathrm{diag}(i\theta_1, i\theta_2, \ldots, i\theta_{2n}) \mid \theta_1, \theta_2, \ldots \theta_{2n} \in \mathbb{R}\} \subset \mathfrak{u}(2n)$$

の複素化

$$\{\mathrm{diag}(h_1, h_2, \ldots, h_{2n}) \mid h_1, h_2, \ldots h_{2n} \in \mathbb{C}\}$$

と $\mathfrak{sp}(n; \mathbb{C})$ の共通部分を $\mathfrak{h}$ とおいてみよう. このアイディアは適切であることがわかる.

例 4.4 $\mathfrak{sp}(n; \mathbb{C})$ の部分環

$$(4.10) \quad \left\{\mathrm{diag}(h_1, h_2, \ldots, h_n, -h_1, -h_2, \ldots, -h_n) \,\middle|\, h_1, h_2, \ldots, h_n \in \mathbb{C}\right\}$$

を $\mathfrak{h}$ とおけば $\mathfrak{h}$ は $\mathfrak{sp}(n; \mathbb{C})$ のカルタン部分環である.

このカルタン部分環は $\mathfrak{sl}_n\mathbb{C}$ や $\mathfrak{so}(n; \mathbb{C})$ のときと同様の方法で探し出すこともできる. $\mathfrak{sp}(n)$ は $\mathfrak{sp}(n; \mathbb{C})$ の実形であることより $\mathfrak{sp}(n)$ における対角化定理を用いて $\mathfrak{sp}(n)$ の極大可換な部分リー環を求めればよい. $\mathfrak{sp}(n)$ の対角化定理については附録 B で述べる.

このように対角化定理を含む「行列の標準化」はリー環論的な意味を持っている.

註 4.5 (カルタン部分環の定義) シュバレー (Claude Chevalley, 1909–1984) による元々のカルタン部分環の定義を紹介しておく.

$\mathbb{K}$ 上の (半単純とは限らない) 有限次元リー環 $\mathfrak{g}$ において

- $\mathfrak{h} \subset \mathfrak{g}$ は冪零な部分リー環であり
- $\mathfrak{n}_{\mathfrak{g}}(\mathfrak{h}) = \mathfrak{h}$

をみたす部分リー環 $\mathfrak{h}$ を $\mathfrak{g}$ のカルタン部分環という. この定義のもとで $\mathfrak{h}$ は極大な冪零部分リー環であることがわかる ([38, §5.2]). さらに $\mathfrak{g}$ が (複素) 半単純であれば $\mathfrak{h}$ は極大可換である ([38, 補題 6.6]).

したがって $\mathbb{K}$ が複素半単純リー環であればここで説明した定義に基づくカルタン部分環と定義 4.7 によるカルタン部分環の概念は一致する ([38, 定理 6.2]).

$X \in \mathfrak{g}$ に対し

$$\mathfrak{g}(X) = \{Y \in \mathfrak{g} \mid \mathrm{ad}(X)^m Y = 0 \text{ となる } m \in \mathbb{N} \text{ が存在する }\}$$

とおく．$\mathfrak{g}(X)$ が最小となる X を $\mathfrak{g}$ の正則元という．正則元 X_0 をとり $\mathfrak{h} = \mathfrak{g}(X_0)$ とおけば $\mathfrak{h}$ は $\mathfrak{g}$ のカルタン部分環である．

$\mathfrak{g}$ を $\mathbb{C}$ 上のリー環，$\mathbb{V}$ を $\mathbb{C}$ 上の線型空間とし，

$$\rho : \mathfrak{g} \to \mathfrak{gl}(\mathbb{V}) = \mathrm{End}(\mathbb{V})$$

を $\mathfrak{g}$ の $\mathbb{V}$ 上の**複素表現**とする．$X \in \mathfrak{g}$ をひとつとると $\rho(X)$ は $\mathbb{V}$ の線型変換であるから，これを使って $\mathbb{V}$ を広義固有空間分解してみよう．$\rho(X)$ の相異なる固有値を $\{\lambda_1(X), \lambda_2(X), \ldots, \lambda_{r_X}(X)\}$ とすると

$$\mathbb{V} = \mathbb{W}_{\rho(X)}(\lambda_1(X)) \oplus \mathbb{W}_{\rho(X)}(\lambda_2(X)) \oplus \cdots \oplus \mathbb{W}_{\rho(X)}(\lambda_{r_X}(X)).$$

この分解は（一般には）X を別の要素に取り替えたら変化してしまう．そもそも固有値 λ_j は X に依存している．X を取り替えても変わらない広義固有空間分解は得られないだろうか．できれば固有空間分解が得られればなお望ましい．そのような「共通の固有空間分解」が得られるためにはまず「同時対角化」が保証されないといけない（命題 4.5 を思い出す）．

ここで $\mathfrak{g}$ を半単純と仮定しカルタン部分環 $\mathfrak{h}$ をひとつ選んでおこう．ρ として随伴表現 ad を選ぶ．すると各 $H \in \mathfrak{h}$ に対し $\mathrm{ad}(H)$ は対角化可能であり $\mathfrak{h}$ は極大な可換部分リー環であるから $\mathrm{ad}(H)$ たちは互いに可換である．ということは**同時対角化ができる**ということである．

$\mathfrak{h}$ の基底 $\{H_1, H_2, \ldots, H_\ell\}$ を一組とる．$H_1, H_2, \ldots, H_\ell$ に共通な固有ベクトルを X としよう．

$$\mathrm{ad}(H)X = \mu_i X, \quad i = 1, 2, \ldots, \ell.$$

勝手に選んだ要素 $H \in \mathfrak{h}$ を $H = c_1 H_1 + c_2 H_2 + \cdots + c_\ell H_\ell$ と表すと

$$\mathrm{ad}(H)X = \mathrm{ad}\left(\sum_{i=1}^{\ell} c_i H_i\right) X = \sum_{i=1}^{\ell} c_i \mathrm{ad}(H_i)X = \sum_{i=1}^{\ell} c_i \mu_i X.$$

$\{H_1, H_2, \ldots, H_\ell\}$ の双対基底を $\{\alpha_1, \alpha_2, \ldots, \alpha_\ell\}$ とすると $c_i = \alpha_i(H)$ であるから

$$\mathrm{ad}(H)X = \sum_{i=1}^{\ell} \mu_i \alpha_i(X).$$

そこで $\alpha \in \mathfrak{h}^*$ を

$$\alpha = \sum_{i=1}^{\ell} \mu_i \alpha_i$$

とおこう．α は基底 $\{H_1, H_2, \ldots, H_\ell\}$ の選び方に依らずに定まっていること
を確認してほしい．この α を使うと

$$\mathrm{ad}(H)X = \alpha(H)X$$

がすべての H について成立する．そこで次の定義を与えよう．

定義 4.8 (ルート) $\mathfrak{g}$ を階数 ℓ の有限次元複素半単純リー環，$\mathfrak{h}$ を $\mathfrak{g}$ のカルタ
ン部分環とする．$\alpha \in \mathfrak{h}^*$ に対し

$$\mathfrak{g}_\alpha(\mathfrak{h}) = \{X \in \mathfrak{g} \mid \mathrm{ad}(H)X = \alpha(H)X \text{ がすべての } H \text{ について成り立つ}\}$$

とおく．$\alpha \in \mathfrak{h}^*$ $(\alpha \neq 0)$ が $\mathfrak{g}_\alpha(\mathfrak{h}) \neq \{0\}$ をみたすとき，α は $\mathfrak{g}$ の（$\mathfrak{h}$ に関す
る）**ルート**（root）であるという．α が $\mathfrak{g}$ のルートであるとき $\mathfrak{g}_\alpha(\mathfrak{h})$ を**ルート
空間**（root space）とよぶ．

ルート空間はカルタン部分環に依存して決まるので $\mathfrak{g}_\alpha(\mathfrak{h})$ と書いたがカルタ
ン部分環が明らかで明記しなくても差し支えないときは $\mathfrak{g}_\alpha$ と略記する．
ルート空間 $\mathfrak{g}_\alpha(\mathfrak{h})$ の要素を**ルートベクトル**（root vector）とか**ルート元**（root
element）とよぶ．

　随伴表現に対しルートを定義したが，一般の表現 $\rho : \mathfrak{g} \to \mathfrak{gl}(\mathbb{V})$ にルートの
概念を拡げてみよう．

　ルートのときと同様に，まず $H \in \mathfrak{h}$ をひとつとり固有ベクトルを探す．

$$\rho(H)\vec{v} = \lambda(H)\vec{v}.$$

$\rho(H)$ を使って $\mathbb{V}$ を分解したいが，固有空間分解が可能かどうかはわからない
ので広義固有空間 $\mathbb{W}_{\rho(H)}(\lambda(H))$ を考えることにしよう．

　いまは固定した $H \in \mathfrak{h}$ について固有ベクトル $\vec{v}$ をとり対応する固有値を
$\lambda(H)$ と表したが，$\vec{v}$ が**すべての** $H \in \mathfrak{h}$ **に対し共通に**固有ベクトルになること
を要請しよう：

$$\text{すべての } H \in \mathfrak{h} \text{ に対し } \rho(H)\vec{v} = \lambda(H)\vec{v}$$

H ごとに決まる固有値 $\lambda(H)$ は H の函数であるが,とくに線型汎函数である
ことを要請する(すなわち $\lambda \in \mathfrak{h}^*$).

共通の固有ベクトルを探すには(あれこれ考えず)**広義固有空間すべての共
通部分**

$$\mathbb{W}_\rho(\lambda; \mathfrak{h}) := \bigcap_{H \in \mathfrak{h}} \mathbb{W}_{\rho(H)}(\lambda)$$

をとってしまえばよい.ここで次の定義をしよう.

定義 4.9 (ウェイト) $\mathfrak{h} \subset \mathfrak{g}$ をカルタン部分環,$\mathfrak{h}^*$ をその双対空間,$\rho : \mathfrak{g} \to$
$\mathrm{End}(\mathbb{V})$ を $\mathfrak{g}$ の複素線型空間 $\mathbb{V}$ 上の複素表現とする.$\lambda \in \mathfrak{h}^*$ に対し

$$\mathbb{W}_\rho(\lambda; \mathfrak{h}) = \bigcap_{H \in \mathfrak{h}} \mathbb{W}_{\rho(H)}(\lambda(H))$$

と定める.$\mathbb{W}_\rho(\lambda; \mathfrak{h}) \neq \{\vec{0}\}$ であるとき,$\mathbb{W}_\rho(\lambda; \mathfrak{h})$ を $\mathfrak{h}$ に関する複素表現
$(\rho, \mathbb{V})$ の**ウェイト空間** (weight space) という.$\lambda \in \mathfrak{h}^*$ を $\mathfrak{h}$ に関する複素表現
$(\rho, \mathbb{V})$ の**ウェイト** (weight) とよぶ.ウェイト空間の次元 $m_\lambda := \dim \mathbb{W}_\rho(\lambda; \mathfrak{h})$
をウェイト λ の**重複度** (multiplicity) とよぶ.

ルート空間同様にウェイト空間はカルタン部分環に依存するので $\mathbb{W}_\rho(\lambda; \mathfrak{h})$
と表記するがカルタン部分環が明らかで明記しなくても差し支えないときは
$\mathbb{W}_\rho(\lambda)$ と略記する.一見するとややこしい定義であるが「**すべての $H \in \mathfrak{h}$ に
対し共通に(同時に)一般固有ベクトルであるベクトル**」をすべて集めてでき
る線型部分空間がウェイト空間である.

註 4.6 定義の必要上,広義固有空間を用いたが実は

$$\mathbb{W}_\rho(\lambda; \mathfrak{h}) = \{\vec{v} \in \mathbb{V} \mid \text{すべての } H \in \mathfrak{h} \text{ に対し} \rho(H)\vec{v} = \lambda(H)\vec{v}\}$$

と表される.この事実は命題 4.10 で示す.

定理 4.8 ウェイトは高々有限個である.$\{\lambda_1, \ldots, \lambda_m\}$ をウェイト全体とした
とき,$\mathbb{V}$ の線型空間としての直和分解

$$\mathbb{V} = \mathbb{W}_\rho(\lambda_1; \mathfrak{h}) \oplus \mathbb{W}_\rho(\lambda_2; \mathfrak{h}) \oplus \cdots \oplus \mathbb{W}_\rho(\lambda_m; \mathfrak{h})$$

が得られる．これを複素表現 $(\rho, \mathbb{V})$ に関する $\mathfrak{g}$ の**ウェイト空間分解**とよぶ．

定理 4.8 の証明については [38] を参照．

さて話を随伴表現に戻そう．随伴表現 $(\mathrm{ad}, \mathfrak{g})$ に対するウェイトがルートであることを確かめておこう．各 $H \in \mathfrak{h}$ に対し $\mathrm{ad}(H)$ は半単純（対角化可能）だから（命題 4.1）$\mathbb{W}_{\mathrm{ad}(H)}(\alpha) = \mathbb{V}_{\mathrm{ad}(H)}(\alpha)$ である．また $\mathrm{ad}(H)$ たちは同時対角化ができることから，$\mathbb{W}_{\mathrm{ad}}(\alpha; \mathfrak{h}) = \mathfrak{g}_\alpha(\mathfrak{h})$ である．すなわち随伴表現に対するウェイトはルートである．

各 $X \in \mathfrak{h}$ に対し恒等的に $0 \in \mathbb{R}$ を対応させることで定まるルートを**零ルート**（zero root）とよび 0 で表す．

零ルート以外のルートの集合

(4.11) $$\Delta = \Delta(\mathfrak{g}; \mathfrak{h}) := \{\alpha \in \mathfrak{h}^* \mid \alpha \neq 0,\ \mathfrak{g}_\alpha \neq \{0\}\}$$

を $\mathfrak{g}$ の $\mathfrak{h}$ に関する**ルート系**（root system）という．また $\mathfrak{g}$ の ad に関するウェイト空間分解を $\mathfrak{g}$ のカルタン部分環 $\mathfrak{h}$ に関する**ルート空間分解**（root space decomposition）といい

$$\mathfrak{g} = \mathfrak{h} \oplus \bigoplus_{\alpha \in \Delta} \mathfrak{g}_\alpha$$

または

$$\mathfrak{g} = \mathfrak{h} \oplus \sum_{\alpha \in \Delta} \mathfrak{g}_\alpha$$

と表す．ここで大事な注意を．カルタン部分環 $\mathfrak{h}$ は零ルートに対応するルート空間である．実際，$\mathfrak{h}$ と $\mathfrak{g}_0$ の定義から $\mathfrak{h} \subset \mathfrak{g}_0$ である．そこで $\mathfrak{h} \neq \mathfrak{g}_0$ と仮定しよう．すなわち $X \in \mathfrak{g}_0$ で $X \notin \mathfrak{h}$ であるものが存在する．$X \in \mathfrak{g}_0$ より，すべての $H \in \mathfrak{h}$ に対し $[H, X] = 0$ をみたす．$\mathfrak{h}$ の極大性から $X \in \mathfrak{h}$ となり矛盾．

有限次元複素半単純リー環 $\mathfrak{g}$ に対し随伴表現を考えることでルート空間分解にたどりついた．4.5 節の実験を再考してみよう．

例 4.5 ($\mathfrak{sl}_2\mathbb{C}$ のルート空間分解) $\mathfrak{sl}_2\mathbb{C}$ に対し $\mathfrak{h} = \mathbb{C}H$ （ただし $H = \mathrm{diag}(1,-1)$）はカルタン部分環である.

$\lambda_1,\ \lambda_2 \in \mathfrak{h}^*$ を

$$\lambda_1 \left(\begin{pmatrix} h_{11} & 0 \\ 0 & h_{22} \end{pmatrix} \right) = h_{11}, \quad \lambda_2 \left(\begin{pmatrix} h_{11} & 0 \\ 0 & h_{22} \end{pmatrix} \right) = h_{22}$$

と定める[*7]. 式 (4.6) より $\mathsf{E} = E_{12},\ \mathsf{F} = E_{21}$ に対し

$$\mathrm{ad}(H)\mathsf{E} = (\lambda_1(H) - \lambda_2(H))\mathsf{E} = (h_{11} - h_{22})\mathsf{E},$$
$$\mathrm{ad}(H)\mathsf{F} = (\lambda_2(H) - \lambda_1(H))\mathsf{E} = (h_{22} - h_{22})\mathsf{F}.$$

したがって $\alpha := \lambda_1 - \lambda_2$ は $\mathfrak{sl}_2\mathbb{C}$ の $\mathfrak{h} = \mathbb{C}H$ に関するルートである. $\mathfrak{g}_\alpha = \mathbb{C}\mathsf{E}$, $\mathfrak{g}_{-\alpha} = \mathbb{C}\mathsf{F}$ であり

$$\mathfrak{sl}_2\mathbb{C} = \mathfrak{h} \oplus \mathfrak{g}_\alpha \oplus \mathfrak{g}_{-\alpha}$$

は $\mathfrak{sl}_2\mathbb{C}$ の $\mathfrak{h} = \mathbb{C}H$ に関するルート空間分解である (4.5 節の実験と見比べると $\mathfrak{m}_1 = \mathfrak{g}_\alpha$, $\mathfrak{m}_{-1} = \mathfrak{g}_{-\alpha}$). $\mathfrak{sl}_2\mathbb{C}$ のキリング形式 B について

$$B(\mathsf{H},\mathsf{H}) = 8 > 0, \quad B(\mathsf{H},\mathsf{E}) = B(\mathsf{H},\mathsf{F}) = 0$$
$$B(\mathsf{E},\mathsf{E}) = B(\mathsf{F},\mathsf{F}) = 0, \quad B(\mathsf{E},\mathsf{F}) = 4$$

であり $\mathfrak{sl}_2\mathbb{C} = \mathfrak{h} \oplus \mathfrak{h}^\perp$, $\mathfrak{h}^\perp = \mathfrak{g}_\alpha \oplus \mathfrak{g}_{-\alpha}$ と分解できていることをもう一度注意しておこう.

4.7 ルート系の性質

複素半単純リー環 $\mathfrak{g}$ のキリング形式 B は非退化な対称双線型形式である. これは**複素線型空間 $\mathfrak{g}$ のエルミート内積ではない**から線型代数の教科書や授業

[*7] 厳密に書くとこのように括弧が重なって見苦しいので，以後は

$$\lambda_1 \begin{pmatrix} h_{11} & 0 \\ 0 & h_{22} \end{pmatrix} = h_{11}$$

のように略記する.

114　　　　第 4 章　ルートとウェイト

で学ぶ「計量線型空間の理論」には当てはまらない．だが第 1 章で説明したス
カラー積空間にはなっている．スカラー積 B に関する「直交性」や「直交直和
分解」を考えることにしよう．

命題 4.9 ルートは次の性質をもつ．

(1) $\alpha, \beta \in \Delta \cup \{0\}$ ならば $[\mathfrak{g}_\alpha, \mathfrak{g}_\beta] \subset \mathfrak{g}_{\alpha+\beta}$.

(2) $\alpha, \beta \in \Delta$ が $\alpha + \beta \neq 0$ をみたせば $\mathfrak{g}_\alpha$ と $\mathfrak{g}_\beta$ はキリング形式 B に関し
て直交する．すなわち

$$X \in \mathfrak{g}_\alpha, \ \ Y \in \mathfrak{g}_\beta \Longrightarrow B(X, Y) = 0.$$

(3) B の $\mathfrak{h}$ 上の制限 $B|_\mathfrak{h}$ は非退化．

【証明】　　(1) $X \in \mathfrak{g}_\alpha, Y \in \mathfrak{g}_\beta, H \in \mathfrak{h}$ に対しヤコビの恒等式より

$$
\begin{aligned}
\mathrm{ad}(H)[X, Y] = [H, [X, Y]] &= -[X, [Y, H]] - [Y, [H, X]] \\
&= [X, \mathrm{ad}(H)Y] + [\mathrm{ad}(H)X, Y] \\
&= \beta(H)[X, Y] + \alpha(H)[X, Y] = (\alpha + \beta)(H)[X, Y].
\end{aligned}
$$

(2) $\gamma \in \Delta \cup \{0\}$ かつ $\alpha + \beta \neq 0$ とすると (1) を繰り返し使って

$$(\mathrm{ad}(X)\mathrm{ad}(Y))^n \mathfrak{g}_\gamma \subset \mathfrak{g}_{\gamma + n(\alpha+\beta)}, \quad n = 0, 1, 2, \ldots$$

を得る．ルートは有限個だから

$$\gamma + n_\gamma(\alpha + \beta) \notin \Delta$$

となる番号 n_γ が存在する．そのような n_γ の最小値を m とおく．すなわち
$m = \min\limits_{\gamma \in \Delta} n_\gamma$. すると，どの $\gamma \in \Delta \cup \{0\}$ についても

$$(\mathrm{ad}(X)\mathrm{ad}(Y))^m \mathfrak{g}_\gamma = \{0\}.$$

つまり $\mathrm{ad}(X)\mathrm{ad}(Y)$ は各 $\mathfrak{g}_\gamma$ 上で冪零変換である．ルート空間分解を思い出す
と $\mathrm{ad}(X)\mathrm{ad}(Y)$ は $\mathfrak{g}$ 上の冪零変換である．冪零変換の固有和は 0 であるから

$$B(X, Y) = \mathrm{tr}\,(\mathrm{ad}(X)\mathrm{ad}(Y)) = 0.$$

4.7 ルート系の性質

(3) $B|_{\mathfrak{h}}$ が非退化であることを示す.

$$\text{すべての } H' \in \mathfrak{h} \text{ に対し } B(H, H') = 0$$

を仮定する. (2) を用いる. $H \in \mathfrak{g}_0$ よりすべての $\alpha \in \Delta$ に対し $H \perp \mathfrak{g}_\alpha$. ルート空間分解を思い出すと

$$\text{すべての } Y \in \mathfrak{g} \text{ に対し } B(H, Y) = 0$$

が得られる. B は $\mathfrak{g}$ 全体で非退化だから $H = 0$. したがって $B|_{\mathfrak{h}}$ は非退化である. ∎

この命題から $B|_{\mathfrak{h}}$ を $\mathfrak{h}$ 上のスカラー積として採用できる. スカラー積の計算を実行してみよう.

$$B(H, H) = \operatorname{tr}(\operatorname{ad}(H)\operatorname{ad}(H)) = \sum_{\alpha \in \Delta \cup \{0\}} \operatorname{tr}(\operatorname{ad}(H)^2|_{\mathfrak{g}_\alpha})$$
$$= \sum_{\alpha \in \Delta \cup \{0\}} (\dim \mathfrak{g}_\alpha)\, \alpha(H)^2$$

であるから $H, H' \in \mathfrak{h}$ に対し

$$B(H, H') = \frac{1}{2} \{B(H + H', H + H') - B(H, H) - B(H', H')\}$$
$$= \sum_{\alpha \in \Delta \cup \{0\}} (\dim \mathfrak{g}_\alpha)\, \alpha(H)\, \alpha(H')$$

と計算される.

$$(4.12) \qquad B(H, H') = \sum_{\alpha \in \Delta \cup \{0\}} (\dim \mathfrak{g}_\alpha)\, \alpha(H)\, \alpha(H'), \quad H, H' \in \mathfrak{h}.$$

ルート α の $B|_{\mathfrak{h}}$ に関する双対ベクトル $\#\alpha$ を H_α と記す (p. 23). もう一度定義を書いておくと

$$(4.13) \qquad \alpha(H) = B|_{\mathfrak{h}}(\#\alpha, H) = B(H_\alpha, H)$$

116　　　　　　第 4 章　ルートとウェイト

をすべての $H \in \mathfrak{h}$ についてみたすベクトル H_α のことである．また (1.16) で説明したやり方で $B|_\mathfrak{h}$ を $\mathfrak{h}^*$ に移植しよう（『リー群』註 5.11）．すなわち

$$B^*(\alpha, \beta) = B(H_\alpha, H_\beta) = \alpha(H_\beta) = \beta(H_\alpha)$$

で $\mathfrak{h}^*$ 上のスカラー積 B^* を定める．うるさいことをいうと $(B|_\mathfrak{h})^*$ と書くのが正確だが記号が煩雑なので B^* と略記する．

$\mathfrak{sl}_2\mathbb{C}$ において $\mathsf{E} \in \mathfrak{g}_\alpha$, $\mathsf{F} \in \mathfrak{g}_{-\alpha}$, $B(\mathsf{E}, \mathsf{F}) \neq 0$ であった．この性質はより一般的な状況で成り立っている．

定理 4.9　　(1) Δ は $\mathfrak{h}^*$ を張る．すなわち ℓ 個の線型独立なルートが存在する．

(2) $\alpha \in \Delta$ ならば $-\alpha \in \Delta$.

(3) $\alpha \in \Delta$ ならば $X \in \mathfrak{g}_\alpha$, $Y \in \mathfrak{g}_{-\alpha}$ で $B(X, Y) \neq 0$ をみたすものが存在する．

【証明】　　(1) 結論を否定する．Δ の張る複素線型空間を $\mathfrak{m}$ とする．$\mathfrak{m}$ は $\mathfrak{h}^*$ の線型部分空間で $\mathfrak{m} \neq \mathfrak{h}^*$. $\dim \mathfrak{m} = m$ とおく．$\mathfrak{h}^*$ の基底

$$\{\alpha_1, \alpha_2, \ldots, \alpha_m, \alpha_{m+1}, \ldots, \alpha_\ell\}$$

を最初の m 個が $\mathfrak{m}$ の基底となるように選ぶ．各 α_j に対応する双対ベクトルを H_j で表すと

$$\alpha_i(H_\ell) = 0, \quad i \in \{1, 2, \ldots, m\}$$

である．ということは，すべての $\alpha \in \Delta$ に対し $\alpha(H_\ell) = 0$. すると (4.12) より

$$B(H_\ell, H') = \sum_{\alpha \in \Delta \cup \{0\}} \dim \mathfrak{g}_\alpha \, \alpha(H_\ell) \, \alpha(H') = 0$$

がすべての $H' \in \mathfrak{h}$ について成り立つ．これは B の非退化性に矛盾する．したがって Δ は $\mathfrak{h}^*$ を張る．

(2) $\alpha \in \Delta$ かつ $-\alpha \notin \Delta$ と仮定する．すると，どの $\beta \in \Delta$ に対しても $\alpha + \beta \neq 0$ だから $\mathfrak{g}_\alpha \perp \mathfrak{g}_\beta$. ルート空間分解を思い出すと $\mathfrak{g}_\alpha$ は $\mathfrak{g}$ 全体と直交

することがわかる. キリング形式 B は $\mathfrak{g}$ 上で非退化だから $\mathfrak{g} = \{0\}$ となってしまい矛盾. したがって $-\alpha \in \Delta$.

(3) 結論を否定しよう. すなわち $X \in \mathfrak{g}_\alpha$ $(X \neq 0)$ がすべての $Y \in \mathfrak{g}_{-\alpha}$ に対し $B(X, Y) = 0$ をみたすと仮定すると X はすべてのルート空間と直交するから $X = 0$ となってしまい矛盾. ■

定理 4.10 $\alpha \in \Delta$ とする.

(1) $X \in \mathfrak{g}_\alpha$, $Y \in \mathfrak{g}_{-\alpha}$ ならば $[X, Y] = B(X, Y)H_\alpha$. したがって $[\mathfrak{g}_\alpha, \mathfrak{g}_{-\alpha}] = \mathbb{C}H_\alpha$.

(2) $B^*(\alpha, \alpha) = B(H_\alpha, H_\alpha) \neq 0$.

【証明】 (1) 命題 4.9 より $[X, Y] \in \mathfrak{h}$ であることがわかっている. B の ad 不変性を使うと, どの $H \in \mathfrak{h}$ についても

$$
\begin{aligned}
B(H, [X, Y]) &= B([H, X], Y) = B(\mathrm{ad}(H)X, Y) \\
&= \alpha(H)B(X, Y) = B(H, H_\alpha)B(X, Y) \\
&= B(H, B(X, Y)H_\alpha).
\end{aligned}
$$

B の非退化性より $[X, Y] = B(X, Y)H_\alpha$. この結果から $[\mathfrak{g}_\alpha, \mathfrak{g}_{-\alpha}] = \mathbb{C}H_\alpha$.

(2) $B(X, Y) = 1$ となるように $X \in \mathfrak{g}_\alpha$, $Y \in \mathfrak{g}_{-\alpha}$ を選ぶ.

$$
[X, Y] = H_\alpha, \quad [H_\alpha, X] = \alpha(H_\alpha)X = B(H_\alpha, H_\alpha)X
$$

に注意. $B(H_\alpha, H_\alpha) = 0$ と仮定すると $[H_\alpha, X] = 0$. ad は表現（リー環準同型）であるから

$$
[\mathrm{ad}(X), \mathrm{ad}(Y)] = \mathrm{ad}([X, Y]) = \mathrm{ad}(H_\alpha).
$$

一方, $\mathfrak{h}$ は極大可換なので $[H_\alpha, H] = 0$. したがって

$$
0 = \mathrm{ad}([H_\alpha, H]) = [\mathrm{ad}(H_\alpha), \mathrm{ad}(X)]
$$

を得るので $\mathrm{ad}(X)$ は $\mathrm{ad}(H_\alpha)$ と可換である. また $\mathrm{ad}(H_\alpha)$ は対角化可能であることを思い出そう.

$\mathrm{ad}(H_\alpha)$ が冪零であることを証明する.

$$A = \mathrm{ad}(X), \quad B = \mathrm{ad}(Y), \quad C = \mathrm{ad}(H_\alpha)$$

とおくと

$$C = \mathrm{ad}(H_\alpha) = \mathrm{ad}([X,Y]) = [A,B], \quad [C,A] = \mathrm{ad}[H_\alpha, X] = 0.$$

すると $n = 1, 2, \ldots$ に対し

$$
\begin{aligned}
C^n &= C^{n-1}\, C = C^{n-1}[A,B] = C^{n-1}(AB - BA) \\
&= C^{n-1}AB - BAC^{n-1} = (AC^{n-1})B - B(AC^{n-1}) = [AC^{n-1}, B].
\end{aligned}
$$

したがって $\mathrm{tr}\{\mathrm{ad}(H_\alpha)^n\} = \mathrm{tr}\,(C^n) = 0$. 命題 4.3 より $\mathrm{ad}(H_\alpha)$ は冪零である. $\mathrm{ad}(H_\alpha)$ は対角化可能なので $\mathrm{ad}(H_\alpha) = 0$. 随伴表現 $\mathrm{ad} : \mathfrak{g} \to \mathfrak{gl}(\mathfrak{g})$ の核は

$$\mathrm{Ker}\,\mathrm{ad} = \{Z \in \mathfrak{g} \mid \mathrm{ad}(Z) = 0\}$$

で与えられる. $H_\alpha \in \mathrm{Ker}\,\mathrm{ad}$ である. 問題 2.7 で見たように核 $\mathrm{Ker}\,\mathrm{ad}$ は $\mathfrak{g}$ のイデアル. 特に可換なイデアルである. $\mathfrak{g}$ は半単純だから可換なイデアルは $\{0\}$ のみ (p. 85 参照). したがって $H_\alpha = 0$, ということは対応する線型汎函数は $\alpha = \flat H_\alpha = 0$ となり $\alpha \neq 0$ に矛盾. したがって $B(H_\alpha, H_\alpha) \neq 0$. ∎

いままで何度か $\mathfrak{sl}_2\mathbb{R}$ や $\mathfrak{sl}_2\mathbb{C}$ で "実験" を行ってきた. もちろん $\mathfrak{sl}_2\mathbb{C}$ が最も低次元の複素半単純リー環であることが "実験対象" であった理由のひとつであるが, 理由はそれだけではないことを次の定理 (とその証明) を通じて説明しよう.

定理 4.11 $\alpha \in \Delta$ とすると

(1) $\dim \mathfrak{g}_\alpha = 1$.

(2) $\pm 2\alpha, \pm 3\alpha, \ldots \notin \Delta$. すなわち $m \in \mathbb{N}$ に対し $\pm m\alpha \in \Delta$ となるのは $m = 1$ のみ.

(3) $\mathfrak{a}_\alpha := \mathbb{C}H_\alpha \oplus \mathfrak{g}_\alpha \oplus \mathfrak{g}_{-\alpha}$ は $\mathfrak{sl}_2\mathbb{C}$ と複素リー環として同型.

【証明】　(1) および (2)：$E_\alpha \in \mathfrak{g}_\alpha$, $E_{-\alpha} \in \mathfrak{g}_{-\alpha}$ を $B(E_\alpha, E_{-\alpha}) = 1$ となる
よう選ぶと $[E_\alpha, E_{-\alpha}] = H_\alpha$.

ルートは有限個なので

$$m\alpha \in \Delta, \quad k \geq m+1 \Longrightarrow k\alpha \notin \Delta$$

となる $m \in \mathbb{N}$ が存在する.

$$\mathfrak{a} = \mathbb{C}E_{-\alpha} \oplus \mathbb{C}H_\alpha \oplus \sum_{k=1}^{m} \mathfrak{g}_{k\alpha}$$

とおくとこれは $\mathfrak{g}$ の線型部分空間であり $\mathrm{ad}(E_\alpha)$, $\mathrm{ad}(E_{-\alpha})$, $\mathrm{ad}(H_\alpha)$ で不変.
すなわち

$$\mathrm{ad}(E_\alpha)\mathfrak{a} \subset \mathfrak{a}, \quad \mathrm{ad}(E_{-\alpha})\mathfrak{a} \subset \mathfrak{a}, \quad \mathrm{ad}(H_\alpha)\mathfrak{a} \subset \mathfrak{a}.$$

$\mathfrak{a}$ の随伴表現を $\mathrm{ad}_\mathfrak{a}$ で表すと

$$\mathrm{ad}_\mathfrak{a}(H_\alpha) = [\mathrm{ad}_\mathfrak{a}(E_\alpha), \mathrm{ad}_\mathfrak{a}(E_{-\alpha})]$$

より $\mathrm{tr}(\mathrm{ad}_\mathfrak{a}(H_\alpha)) = 0$.

一方，$\mathfrak{a}$ の定義に即して $\mathrm{tr}(\mathrm{ad}_\mathfrak{a}(H_\alpha))$ を計算してみよう. $\mathfrak{g}_{k\alpha}$ の基底

$$\{X_{k\alpha,1}, X_{k\alpha,2}, \ldots, X_{k\alpha,d_k}\}, \quad d_k = \dim \mathfrak{g}_{k\alpha}$$

をとると

$$\mathrm{ad}_\mathfrak{a}(H_\alpha)X_{k\alpha,j} = (k\alpha)(H_\alpha)X_{k\alpha,j}$$

であるから $\mathfrak{g}_{k\alpha}$ 上での $\mathrm{ad}_\mathfrak{a}(H_\alpha)$ の固有和は

$$\mathrm{tr}(\mathrm{ad}_\mathfrak{a}(H_\alpha)|_{\mathfrak{g}_{k\alpha}}) = d_k\, k\alpha(H_\alpha)$$

と求められる.

$$\mathrm{ad}_\mathfrak{a}(H_\alpha)E_{-\alpha} = (-\alpha)(H_\alpha)E_{-\alpha} = -\alpha(H_\alpha)E_{-\alpha}, \quad \mathrm{ad}_\mathfrak{a}(H_\alpha)H_\alpha = 0$$

より結局

$$\operatorname{tr}(\operatorname{ad}_{\mathfrak{a}}(H_\alpha)) = -\alpha(H_\alpha) + \sum_{k=1}^{m} d_k\, k\alpha(H_\alpha) = B^*(\alpha,\alpha)\left(-1 + \sum_{k=1}^{m} k\, d_k\right)$$

であるから

$$1 = \sum_{k=1}^{m} k \dim \mathfrak{g}_{k\alpha} = 1 \cdot \dim \mathfrak{g}_\alpha + 2 \cdot \dim \mathfrak{g}_{2\alpha} + \cdots + m \cdot \dim \mathfrak{g}_{m\alpha}.$$

これが成り立つのは $m = 1$ しかなく，そのとき $\dim \mathfrak{g}_\alpha = 1$. ゆえに $\mathfrak{a} = \mathbb{C}E_\alpha \oplus \mathbb{C}E_{-\alpha} \oplus \mathbb{C}H_\alpha$.

次に $-m\alpha \in \Delta$ と仮定しよう $(m \geq 1)$. 定理 4.10-(2) より $-\alpha \in \Delta$ である．$-m\alpha = m(-\alpha) \in \Delta$ であるから，先ほど示した事実より $m = 1$.

(3) $\bar{E}_\alpha \in \mathfrak{g}_\alpha$, $\bar{E}_{-\alpha} \in \mathfrak{g}_{-\alpha}$ を $B(\bar{E}_\alpha, \bar{E}_{-\alpha}) = 2/B^*(\alpha,\alpha)$ となるよう選ぶ．また

$$(4.14) \qquad \bar{H}_\alpha = \frac{2}{B^*(\alpha,\alpha)}H_\alpha.$$

とおく．$\bar{H}_\alpha$ はルート α に対する**コルート** (coroot) とよばれ $\alpha^\vee$ とも表す．

$$[\bar{E}_\alpha, \bar{E}_{-\alpha}] = \bar{H}_\alpha, \quad [\bar{H}_\alpha, \bar{E}_\alpha] = 2\bar{E}_\alpha, \quad [\bar{H}_\alpha, \bar{E}_{-\alpha}] = 2\bar{E}_{-\alpha},$$

$[E_\alpha, E_{-\alpha}] = H_\alpha$ であるから $\mathfrak{sl}_2\mathbb{C}$ から $\mathfrak{a}_\alpha := \mathbb{C}H_\alpha \oplus \mathfrak{g}_\alpha \oplus \mathfrak{g}_{-\alpha}$ への写像 κ_α を

$$\kappa_\alpha(\mathsf{E}) = \bar{E}_\alpha, \quad \kappa_\alpha(\mathsf{F}) = \bar{E}_{-\alpha}, \quad \kappa_\alpha(\mathsf{H}) = \bar{H}_\alpha$$

と定めれば複素リー環としての同型写像である． ∎

$\{\bar{E}_\alpha, \bar{E}_{-\alpha}, \bar{H}_\alpha\}$ を $\mathfrak{a}_\alpha$ の**標準基底** (canonical basis) とか $\mathfrak{sl}_2\mathbb{C}$ **トリプル**とよぶ．この定理より $\mathfrak{g}$ は $\mathfrak{sl}_2\mathbb{C}$ を組み合わせてできていることがわかる．その**組み立て方がルート系 Δ で規定されている**のである．したがって Δ がどういう集合かわかれば $\mathfrak{g}$ がどのように作られるかがわかるのである．

各ルート空間 $\mathfrak{g}_\alpha$ $(\alpha \in \Delta)$ は 1 次元であるから次の系が得られる（命題 4.9 の証明を参照）．

4.7 ルート系の性質

系 4.3 カルタン部分環 $\mathfrak{h}$ 上でキリング形式は次のように計算される.

$$B_{\mathfrak{h}}(H, H') = \sum_{\alpha \in \Delta} \alpha(H)\alpha(H'), \quad H, H' \in \mathfrak{h}.$$

したがって

$$B^*(\lambda, \mu) = \sum_{\alpha \in \Delta} B^*(\lambda, \alpha) B^*(\mu, \alpha), \quad \lambda, \mu \in \mathfrak{h}^*$$

と計算される.

$\mathfrak{g}$ が $\mathfrak{sl}_2\mathbb{C}$ を部品として組上げてできていることから次の命題が得られる.

命題 4.10 有限次元複素半単純リー環 $\mathfrak{g}$ の有限次元表現 $\rho : \mathfrak{g} \to \mathfrak{gl}(\mathbb{V})$ とカルタン部分環の元 $H \in \mathfrak{h}$ に対し $\rho(H)$ は対角化可能である. したがって $\mathfrak{h}$ に関する ρ のウェイト λ に対しウェイト空間は

$$\mathbb{W}_{\rho}(\lambda; \mathfrak{h}) = \{\vec{v} \in \mathbb{V} \mid \text{すべての } H \in \mathfrak{h} \text{ に対し} \rho(H)\vec{v} = \lambda(H)\vec{v}\}$$

で与えられる.

【証明】 各 $H \in \mathfrak{h}$ に対し $\rho(H)$ が対角化可能であることを示そう. ルートからなる $\mathfrak{h}^*$ の基底 $\{\alpha_1, \alpha_2, \ldots, \alpha_\ell\}$ をとり定理 4.11 で見つけた部分リー環 $\mathfrak{a}_{\alpha_i} = \mathbb{C}H_{\alpha_i} \oplus \mathfrak{g}_{\alpha_i} \oplus \mathfrak{g}_{-\alpha_i}$ $(1 \le i \le \ell)$ を考える. 各 α_i に対し表現 ρ の $\mathfrak{a}_{\alpha_i}$ への制限を $\rho|_{\mathfrak{a}_i}$ で表す.

$$\rho^{(i)} := \rho|_{\mathfrak{a}_i} \circ \kappa_{\alpha_i} : \mathfrak{sl}_2\mathbb{C} \to \mathfrak{gl}(\mathbb{V})$$

とおくと $\rho^{(i)}$ は $\mathfrak{sl}_2\mathbb{C}$ の $\mathbb{V}$ 上の表現であるから定理 2.4 より $\rho^{(i)}(\mathsf{H})$ は対角化可能. ここで $\rho^{(i)}(\mathsf{H}) = \rho(\bar{H}_{\alpha_i})$ であるから $\rho(\bar{H}_{\alpha})$ も対角化可能である. $\mathfrak{h}$ が極大な可換部分リー環であったことを思い出そう. $\{\rho(H_{\alpha_1}), \rho(H_{\alpha_2}), \ldots, \rho(H_{\alpha_\ell})\}$ は互いに可換であり, $\{H_{\alpha_1}, H_{\alpha_2}, \ldots, H_{\alpha_\ell}\}$ が $\mathfrak{h}$ の基底であることより $\rho(H)$ は対角化可能である. したがって結論を得る. ∎

$\alpha, \beta \in \Delta$ に対し $\beta + m\alpha \in \Delta$ となる $m \in \mathbb{Z}$ の最小値を $-q$, 最大値を p とする.

$$\{\beta - q\alpha, \beta - (q-1)\alpha, \ldots, \beta, \beta + \alpha, \ldots, \beta + p\alpha\}$$

という列が得られるが, この列に含まれる線型汎函数のうちルートとなるものは両端 ($\beta - q\alpha$ と $\beta + p\alpha$) と β 以外にどれくらいあるのかを調べておこう.

補題 4.2 $\alpha \in \Delta$ とする. $\mathfrak{a}_\alpha$ の標準基底 $\{\bar{E}_\alpha, \bar{E}_{-\alpha}, \bar{H}_\alpha\}$ に対し線型部分空間 $\mathfrak{l} \subset \mathfrak{g}$ が $\mathrm{ad}(\bar{E}_\alpha)$ と $\mathrm{ad}(\bar{E}_{-\alpha})$ の双方で不変, すなわち $\mathrm{ad}(\bar{E}_\alpha)\mathfrak{l} \subset \mathfrak{l}$ かつ $\mathrm{ad}(\bar{E}_{-\alpha})\mathfrak{l} \subset \mathfrak{l}$ であれば $\mathrm{ad}(\bar{H}_\alpha)$ の $\mathfrak{l}$ 上への制限 $\mathrm{ad}(\bar{H}_\alpha)|_\mathfrak{l}$ は

$$\mathrm{tr}(\mathrm{ad}(\bar{H}_\alpha)|_\mathfrak{l}) = 0$$

をみたす.

【証明】 $\mathrm{ad}(\bar{H}_\alpha) = [\mathrm{ad}(\bar{E}_\alpha), \mathrm{ad}(\bar{E}_{-\alpha})]$ より $\mathrm{tr}(\mathrm{ad}(\bar{H}_\alpha)|_\mathfrak{l}) = 0$. ∎

ここまでの準備を使って次の定理を証明しよう.

定理 4.12 $\alpha, \beta \in \Delta$ に対し $\beta + m\alpha \in \Delta$ となる $m \in \mathbb{Z}$ の最小値を $-q$, 最大値を p とする.

(1) $2B^*(\beta, \alpha)/B^*(\alpha, \alpha) = q - p$.

(2) $-q \le k \le p$ であるどの整数 k についても $\beta + k\alpha$ はルートである.

(3) $\alpha + \beta \in \Delta$ ならばどの $X \in \mathfrak{g}_\alpha$ $(X \ne 0)$ についても $\mathrm{ad}(X)\mathfrak{g}_\beta \ne \{0\}$.

【証明】 (1) $\mathfrak{a}_\alpha$ の標準基底 $\{\bar{H}_\alpha, \bar{E}_\alpha, \bar{E}_{-\alpha}\}$ をとろう. $[\bar{E}_\alpha, \bar{E}_{-\alpha}] = \bar{H}_\alpha$ である.

$$\mathfrak{l} = \sum_{m=-q}^{p} \mathfrak{g}_{\beta+m\alpha}$$

とおくと, これは $\mathrm{ad}(\bar{E}_\alpha)$ 不変かつ $\mathrm{ad}(\bar{E}_{-\alpha})$ 不変な $\mathfrak{g}$ の線型部分空間である. $Z \in \mathfrak{g}_{\beta+m\alpha}$ $(-q \le m \le p)$ に対し

$$\mathrm{ad}(\bar{E}_\alpha)Z \in \mathfrak{g}_{\beta+m\alpha+\alpha} = \mathfrak{g}_{\beta+(m+1)\alpha} \subset \mathfrak{g}.$$

4.7 ルート系の性質

したがって $\mathrm{ad}(\bar{E}_\alpha)Z \in \mathfrak{l}$. ゆえに $\mathfrak{l}$ は $\mathrm{ad}(\bar{E}_\alpha)$ 不変. 同様に $\mathrm{ad}(\bar{E}_{-\alpha})$ 不変であることが確かめられる. すると補題 4.2 より $\mathrm{tr}(\mathrm{ad}(\bar{H}_\alpha)|_{\mathfrak{l}}) = 0$. ゆえに $\mathrm{tr}(\mathrm{ad}(H_\alpha)|_{\mathfrak{l}}) = 0$. この固有和を具体的に計算してみよう. 定理 4.11-(1) より各ルート空間は 1 次元なので

$$0 = \mathrm{tr}(\mathrm{ad}(H_\alpha)|_{\mathfrak{l}}) = \sum_{m=-q}^{p}(\beta + m\alpha)(H_\alpha) = \sum_{m=-q}^{p}(B^*(\beta,\alpha) + mB^*(\alpha,\alpha))$$
$$= (p+q+1)B^*(\beta,\alpha) + \frac{1}{2}(p-1)(p+q+1)B^*(\alpha,\alpha).$$

$\alpha \in \Delta$ より $B^*(\alpha,\alpha) \neq 0$ である (定理 4.10-(2)) から

$$\frac{2B^*(\beta,\alpha)}{B^*(\alpha,\alpha)} = q - p \in \mathbb{Z}.$$

(2) $-q < k < p$ であり, かつ $\beta + k\alpha$ がルートでない番号 k が存在すると仮定する.

$$\mathfrak{l}' = \sum_{m=-q}^{k-1}\mathfrak{g}_{\beta+m\alpha}$$

とおく. この線型部分空間も $\mathrm{ad}(\bar{E}_\alpha)$ 不変かつ $\mathrm{ad}(\bar{E}_{-\alpha})$ 不変であるから $\mathrm{tr}(\mathrm{ad}(H_\alpha)|_{\mathfrak{l}'}) = 0$. この固有和を計算すると

$$\mathrm{tr}(\mathrm{ad}(H_\alpha)|_{\mathfrak{l}'}) = (k+q)B^*(\beta,\alpha) + \frac{1}{2}(k-1-q)(k+q)B^*(\alpha,\alpha)$$

であるから

$$\frac{2B^*(\beta,\alpha)}{B^*(\alpha,\alpha)} = q - k - 1$$

を得る. (1) より左辺の値は $q - p$ であるから $k = p + 1 > p$ となり矛盾.

(3) まず $\beta + \alpha \in \Delta$ より $p \geq 1$ であることに注意しよう. 背理法で証明する. $X \in \mathfrak{g}_\alpha$ かつ $X \neq 0$ で, どの $Y \in \mathfrak{g}_\beta$ についても $[X,Y] = 0$ となるものが存在すると仮定すると

$$\mathfrak{l}'' = \sum_{m=-q}^{0}\mathfrak{g}_{\beta+m\alpha}$$

は $\mathrm{ad}(\bar{E}_\alpha)$ 不変かつ $\mathrm{ad}(\bar{E}_{-\alpha})$ 不変である．したがって $\mathrm{tr}(\mathrm{ad}(H_\alpha)|_{\mathfrak{v}''}) = 0$. この固有和を計算する．定理 4.11-(1) より

$$\mathrm{tr}(\mathrm{ad}(H_\alpha)|_1'') = \sum_{m=-q}^{0} (\beta + m\alpha)(H_\alpha) = (q+1)B^*(\beta,\alpha) - \frac{q}{2}(q+1)B^*(\alpha,\alpha)$$

であるから $2B^*(\beta,\alpha)/B^*(\alpha,\alpha) = q$ を得る．したがって $q = q - p$ となるから $p = 0$. これは $p \geq 1$ に反する．

とくに

$$\alpha, \beta, \alpha + \beta \in \Delta \Longrightarrow [\mathfrak{g}_\alpha, \mathfrak{g}_\beta] = \mathfrak{g}_{\alpha+\beta}$$

も得られた． ∎

集合 $\{\beta + k\alpha\}_{k=-q}^{p}$ をルート β の α **系列** (α-series, α-string) とよぶ．

命題 4.11 $\alpha \in \Delta$ とする．$c \in \mathbb{C}$ に対し $c\alpha \in \Delta$ ならば $c = \pm 1$.

【証明】 $\beta = c\alpha$ とおくと仮定より

$$2c = \frac{2B^*(\beta,\alpha)}{B^*(\alpha,\alpha)}, \quad \frac{2}{c} = \frac{2B^*(\alpha,\beta)}{B^*(\beta,\beta)} \in \mathbb{Z}.$$

ということは $c = \pm 1,\ \pm 2$ または $\pm 1/2$. $c = \pm 2$ だと $\pm 2\alpha \in \Delta$ となり矛盾．$c = \pm 1/2$ だと $\pm 2\beta \in \Delta$ となり矛盾． ∎

系 4.4 $\alpha,\ \beta \in \Delta$ ならば $B^*(\beta,\alpha)$ は有理数．とくに $B^*(\alpha,\alpha) > 0$.

【証明】 β を含むルートの α 系列を $\{\beta + m\alpha\}_{m=-q}^{p}$ で表す．q と p は α と β に依存するので $q = q(\beta,\alpha)$, $p = p(\beta,\alpha)$ と書こう．

$$B^*(\beta,\alpha) = \frac{1}{2}\left(q(\beta,\alpha) - p(\beta,\alpha)\right) B^*(\alpha,\alpha)$$

と書き直す．ここで (4.12) と定理 4.11-(1) より

$$B^*(\alpha,\alpha) = \sum_{\beta \in \Delta} B^*(\beta,\alpha)^2 = \frac{1}{4} \sum_{\beta \in \Delta} \left(q(\beta,\alpha) - p(\beta,\alpha)\right)^2 B^*(\alpha,\alpha)^2.$$

$B^*(\alpha, \alpha) \neq 0$ だから

$$B^*(\alpha, \alpha) = \frac{4}{\sum_{\beta \in \Delta} \left(q(\beta, \alpha) - p(\beta, \alpha)\right)^2} > 0.$$

したがって $B^*(\alpha, \alpha)$ は正の有理数. ゆえに $B^*(\beta, \alpha)$ は有理数. ■

$\Delta \subset \mathfrak{h}^*$ で張られる**実線型部分空間**を $\mathfrak{h}_{\mathbb{R}}^*$ で表す. Δ は ℓ 個の線型独立な
ルートを含むことから $\dim_{\mathbb{R}} \mathfrak{h}_{\mathbb{R}}^* = \ell$ である ($\ell = \mathrm{rank}\, \mathfrak{g}$). Δ から ℓ 個の線型
独立な要素 $\alpha_1, \alpha_2, \ldots, \alpha_\ell$ を採ろう. 各 $\lambda, \mu \in \mathfrak{h}_{\mathbb{R}}^*$ は

$$\lambda = \sum_{i=1}^{\ell} a_i \alpha_i, \quad \mu = \sum_{j=1}^{\ell} b_j \alpha_j$$

と表せる. したがって

$$B^*(\lambda, \mu) = \sum_{i,j=1}^{\ell} a_i b_j B^*(\alpha_i, \alpha_j).$$

系 4.4 より $B^*(\alpha_i, \alpha_j)$ は有理数だから $B^*(\lambda, \mu) \in \mathbb{R}$. とくに

$$B^*(\lambda, \lambda) = \sum_{\alpha \in \Delta} B^*(\lambda, \alpha)^2 \geq 0.$$

もし $B^*(\lambda, \lambda) = 0$ ならば

$$0 = B^*(\lambda, \alpha) = \lambda(H_\alpha).$$

ところで $\{H_\alpha\}_{\alpha \in \Delta}$ は $\mathbb{C}$ 上で $\mathfrak{h}$ を張ることを思い出そう. この事実から $\lambda = 0$
を得る. $\mathfrak{h}_{\mathbb{R}}^*$ は実 ℓ 次元線型空間であり B^* を $\mathfrak{h}_{\mathbb{R}}^*$ に制限すると E 上の内積を
与えることがわかった. B^* の $\mathfrak{h}_{\mathbb{R}}^*$ への制限を $(\cdot|\cdot)$ と略記しよう. $(\mathfrak{h}_{\mathbb{R}}^*, (\cdot|\cdot))$ は
ℓ 次元ユークリッド線型空間である. ここまでを整理しよう.

定理 4.13 $(\mathfrak{h}_{\mathbb{R}}^*, (\cdot|\cdot))$ は ℓ 次元ユークリッド線型空間であり次が成り立つ.

(1) Δ は $\mathfrak{h}_{\mathbb{R}}^*$ を生成する. $0 \notin \Delta$.
(2) $\alpha, \beta \in \Delta$ ならば $\beta - \dfrac{2(\beta|\alpha)}{(\alpha|\alpha)}\alpha \in \Delta$ が成り立つ.

(3) $\alpha, \beta \in \Delta$ ならば $\dfrac{2(\beta|\alpha)}{(\alpha|\alpha)} \in \mathbb{Z}$ である.

(4) $\alpha \in \Delta,\, c \in \mathbb{R}$ に対し $c\alpha \in \Delta \Longrightarrow c = \pm 1$.

この定理の (2) に着目しよう. 原点を通り $\alpha \in \Delta$ に垂直な超平面

$$\{\lambda \in \mathfrak{h}_{\mathbb{R}}^{*} \mid (\lambda|\alpha) = 0\}$$

に関する鏡映 S_α は (1.17) で与えられる. 再掲すると

$$S_\alpha(\beta) = \beta - \frac{2(\beta|\alpha)}{(\alpha|\alpha)}\alpha.$$

ということは, この定理の (2) は

$$\alpha, \beta \in \Delta \Longrightarrow S_\alpha(\beta) \in \Delta$$

と書き直せる.

　この事実に着目して抽象化を行う.

定義 4.10 有限次元ユークリッド線型空間 E 内の有限部分集合 Δ が定理 4.13 の (1) から (4) をみたすとき, E における**ルート系**という.

文献によっては (4) をルート系の定義に含めないことがある. たとえば調和解析や対称空間論の定番教科書で知られる [46] では (4) を定義に含めず (4) をみたすルート系を**被約ルート系**（reduced root system）とよんでいる.

　有限次元複素半単純リー環からルート系が定義され, ルート系と鏡映の関係が見いだされた. 半単純リー環から鏡映との関連を予想できただろうか. 次の章ではルート系をさらに詳しく調べる.

4.7 ルート系の性質

【コラム】 **(無限行列)** 無限個の複素数 $\{a_{ij} \mid i, j = 0, \pm 1, \pm 2, \cdots\}$ を並べて無限行無限列の複素行列 $A = (a_{ij})$ を作ったと考えよう．このような無限行列同士の和・差は各成分ごとに $(A \pm B)_{ij} = (a_{ij} \pm b_{ij})$ と定めればよい．積の場合は $(AB)_{ij} = \sum_{k=-\infty}^{\infty} a_{ik} b_{kj}$ と定めるとこの右辺がきちんと収束するかどうかが問題となる．そこで

$$M_{\infty}\mathbb{C} = \{A = (a_{ij}) \mid a_{ij} \in \mathbb{C},\ 0\ でない\ a_{ij}\ は有限個\}$$

とおく．計算しやすくするために問題 4.4 で使われた条件を少し改変したものを用いる．

$$\mathfrak{gl}_{\infty}\mathbb{C} = \left\{ A = (a_{ij}) \in M_{\infty}\mathbb{C} \ \middle| \ \begin{array}{l} 自然数\ N\ が存在して \\ |i - j| > N \Rightarrow a_{ij} = 0 \end{array} \right\}$$

と定める（N は各 A に依存して決まる自然数）．こうすると AB の各成分は有限の和しか生じず $[A, B]$ も問題なく定義できる．$\mathfrak{gl}_{\infty}\mathbb{C}$ は無限可積分系理論や表現論と呼ばれる分野で活用されている（正確には $\mathfrak{gl}_{\infty}\mathbb{C}$ に中心拡大という改変を施す）．詳しいことは [39] や [48] を参照．

5 抽象ルート系

　複素半単純リー環からルート系が定義された．ルート系と鏡映の関係も発見された．ルート系のもつ性質に着目してユークリッド線型空間のルート系という抽象化（抽象ルート系）にたどりついた．この章では抽象ルート系を調べてみよう．

> **記法について**　この章ではユークリッド線型空間 E に定義されたルート系というものを考察する．E の要素はベクトルだから，この本のいままでの記法に従えば，$\vec{x}$ とか $\vec{y}$ のようにアルファベット小文字に矢印をつけたもので表記することになる．だがルートはギリシア文字の小文字で表す習慣である．ちょっと変則的だが，この章では，ユークリッド線型空間 E の要素を α や β で表す．また E の零ベクトルは矢印をつけずに 0 で表す．

5.1　抽象ルート系の性質

　前章に与えた（抽象化された）ルート系の定義（定義 4.10）を再掲する．

定義 5.1 (抽象ルート系の公理) 内積 $(\cdot|\cdot)$ を備えた ℓ 次元ユークリッド線型空間 E 内の有限部分集合 Δ が次の (1) から (4) をみたすとき，E における**ルート系**であるという．

(1) Δ は E を生成する．$0 \notin \Delta$.

(2) $\alpha, \beta \in \Delta$ ならば $S_\alpha(\beta) \in \Delta$.

(3) $\alpha, \beta \in \Delta$ ならば $\dfrac{2(\beta|\alpha)}{(\alpha|\alpha)} \in \mathbb{Z}$ である．

(4) $\alpha \in \Delta, c \in \mathbb{R}$ に対し $c\alpha \in \Delta \implies c = \pm 1$.

$\ell = \dim E$ を Δ の**階数**(rank)という.

ルート系の「同型」を定めておく.

定義 5.2 (抽象ルート系の同型) ルート系を指定された 2 組のユークリッド線型空間 (E, Δ) と (E', Δ') において線型同型写像 $f : E \to E'$ で

(1) $f(\Delta) = \Delta'$, すなわち $\{f(\alpha) \mid \alpha \in \Delta\} = \Delta'$.

(2) $\alpha, \beta \in \Delta$ ならば
$$\frac{(f(\beta)|f(\alpha))}{(f(\alpha)|f(\alpha))} = \frac{(\beta|\alpha)}{(\alpha|\alpha)}.$$

をみたすものが存在するとき,(E, Δ) と (E', Δ') は同型であるという.また Δ と Δ' はルート系として同型であると言い表す.f はルート系の同型写像であるという.

註 5.1 ルート系の同型において f が線型等長写像であることは要求していない.また f がルート系の同型写像であるとき,
$$S_{f(\alpha)}(f(\beta)) = S_\alpha(\beta)$$
が成り立つ.

定義 5.1 における (2) と (3) からどのような事実が導かれるかに注目しよう.

註 5.2 定義 5.1 から (4) を除いた場合,
$$c\alpha \in \Delta \Longrightarrow c = \pm 1,\ \pm 2,\ \pm\frac{1}{2}$$
が成り立つ.

ふたつのルート $\alpha, \beta \in \Delta$ に対し
$$a(\beta, \alpha) := \frac{2(\beta|\alpha)}{(\alpha|\alpha)}$$

は整数である.$a(\beta, \alpha)$ を**カルタン整数**(Cartan integer)とよぶ.

ここで α と β のなす角を θ としよう（$0 \le \theta \le \pi$）．すなわち $(\alpha|\beta) = \|\alpha\| \|\beta\| \cos\theta$．すると

$$a(\beta, \alpha) = \frac{2\|\beta\| \|\alpha\| \cos\theta}{\|\alpha\|^2} = \frac{2\|\beta\|}{\|\alpha\|} \cos\theta.$$

同様に

$$a(\alpha, \beta) = \frac{2\|\alpha\|}{\|\beta\|} \cos\theta.$$

より

$$a(\beta, \alpha)a(\alpha, \beta) = 4\cos^2\theta$$

を得るが左辺は整数であることよりこの右辺は 0, 1, 2, 3, 4 のいずれかでなくてはならない．

$$a(\beta, \alpha)a(\alpha, \beta) = 0 \Longleftrightarrow a(\beta, \alpha) = a(\alpha, \beta) = 0$$

に注意しよう（このとき $\theta = \pi/2$）．

では $a(\beta, \alpha)a(\alpha, \beta) \ne 0$ の場合を調べよう．このとき

$$a(\alpha, \beta) > 0 \quad \text{かつ} \quad a(\beta, \alpha) > 0$$

または

$$a(\alpha, \beta) < 0 \quad \text{かつ} \quad a(\beta, \alpha) < 0$$

のいずれかであることに注意しよう．以下 $a(\beta, \alpha) > 0$ の場合を考察する．このとき θ は鋭角であることに注意．$a(\beta, \alpha) < 0$ のときは β を $-\beta$ で置き換えると $a(-\beta, \alpha) > 0$ となるから $a(\beta, \alpha) > 0$ の場合に帰着できる．

次に α と β の長さを考えておこう．$\|\alpha\| \ge \|\beta\|$ か $\|\alpha\| \le \|\beta\|$ のいずれかが成り立っている．$\|\alpha\| \le \|\beta\|$ の場合を考えておけば事足りることに注意しよう．実際，$\|\alpha\| \le \|\beta\|$ の場合を調べておけば $\|\alpha\| \ge \|\beta\|$ の場合は β と α の立場の入れ替えで対応できるからである．$a(\beta, \alpha) > 0$ とは $(\alpha|\beta) > 0$ ということだから

$$(\alpha|\beta) > 0 \text{ かつ } \|\alpha\| \le \|\beta\|$$

という条件のもとで

$$1 \geq \cos^2 \theta = \frac{a(\beta, \alpha)a(\alpha, \beta)}{4}$$

を考える．$\|\alpha\| \leq \|\beta\|$ より $a(\beta, \alpha) \geq a(\alpha, \beta)$ であることに注意する．

- $a(\beta, \alpha)a(\alpha, \beta) = 1$ のとき
  このとき $\cos^2 \theta = 1/4$. θ が鋭角なので $\cos \theta = 1/2$, すなわち $\theta = \pi/3$.
  すると
  $$a(\beta, \alpha) = \frac{\|\beta\|}{\|\alpha\|} > 0, \quad a(\alpha, \beta) = \frac{\|\alpha\|}{\|\beta\|} > 0$$
  より $a(\beta, \alpha) = a(\alpha, \beta) = 1$. したがって $|\alpha| = |\beta|$（図 5.1 左）．

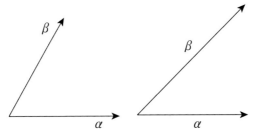

図 5.1　左：$|\alpha| = |\beta|$, $\theta = \pi/3$　右：$\|\alpha\| : \|\beta\| = 1 : \sqrt{2}$, $\theta = \pi/4$

- $a(\beta, \alpha)a(\alpha, \beta) = 2$ のとき
  このとき $\cos^2 \theta = 1/2$ なので $\theta = \pi/4$. すると
  $$a(\beta, \alpha) = \frac{\sqrt{2}\,\|\beta\|}{\|\alpha\|} > 0, \quad a(\alpha, \beta) = \frac{\sqrt{2}\,\|\alpha\|}{\|\beta\|} > 0$$
  がともに整数であることから（$\|\beta\| \geq \|\alpha\|$ より）
  $$a(\beta, \alpha) = \sqrt{2}, \quad a(\alpha, \beta) = 1, \quad \|\beta\|/\|\alpha\| = \sqrt{2}$$
  となるしかない（図 5.1 右）．

- $a(\beta,\alpha)a(\alpha,\beta) = 3$ のとき

  このとき $\cos^2\theta = 3/4$ なので $\theta = \pi/6$. すると
  $$a(\beta,\alpha) = \frac{\sqrt{3}\,\|\beta\|}{\|\alpha\|} > 0, \quad a(\alpha,\beta) = \frac{\sqrt{3}\,\|\alpha\|}{\|\beta\|} > 0$$
  がともに整数であることから ($\|\beta\| \geq \|\alpha\|$ より)
  $$a(\beta,\alpha) = 3, \quad a(\alpha,\beta) = 1, \quad \|\beta\|/\|\alpha\| = \sqrt{3}$$
  となるしかない (図 5.2).

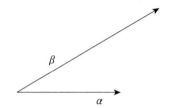

図 5.2　$\|\alpha\| : \|\beta\| = 1 : \sqrt{3},\ \theta = \pi/6$

- $a(\beta,\alpha)a(\alpha,\beta) = 4$ のとき

  $\cos^2\theta = 1$ より $\theta = 0$, したがって $\beta = c\alpha\ (c > 0)$ と表せる. ルート系の公理 (4) より $c = 1$. すなわち $\beta = \alpha$.

鈍角の場合も含めて以上の分類を表にしよう.

$a(\beta,\alpha)$	$a(\alpha,\beta)$	θ	$\|\beta\|/\|\alpha\|$
0	0	$\pi/2$	不定
1	1	$\pi/3$	1
-1	-1	$120°$	1
1	2	$45°$	$\sqrt{2}$
-1	-2	$135°$	$\sqrt{2}$
1	3	$30°$	$\sqrt{3}$
-1	-3	$150°$	$\sqrt{3}$
2	2	$0°$	1
-2	-2	$180°$	1

5.1 抽象ルート系の性質

分類表からわかる事実を挙げておこう.

命題 5.1 (1) $(\alpha|\beta) > 0$ かつ $\beta \neq \alpha$ ならば $\alpha - \beta \in \Delta$.
(2) $(\alpha|\beta) < 0$ かつ $\beta \neq -\alpha$ ならば $\alpha + \beta \in \Delta$.

【証明】 (1) のみ示せばよい. $(\alpha|\beta) > 0$ かつ $\beta \neq \alpha$ とする. また $\|\alpha\| \leq \|\beta\|$ と仮定して一般性を失わない.

$$a(\beta, \alpha) > 0, \quad a(\alpha, \beta) > 0$$

に注意して分類表を見ると $a(\beta, \alpha) = 1$ か $a(\alpha, \beta) = 1$ の少なくとも一方が成立していることが読み取れる. もし $a(\beta, \alpha) = 1$ ならば $S_\beta(\alpha) = \alpha - \beta \in \Delta$ を得る. また $a(\alpha, \beta) = 1$ のときは $S_\alpha(\beta) = \alpha - \beta \in \Delta$ を得るが $\alpha - \beta = -(\beta - \alpha)$ なので $\alpha - \beta \in \Delta$. ∎

複素半単純リー環のルート系のときにふたつのルート α と β に対し β の α 系列を考察した. 抽象ルート系についても同様のことを考えよう. $\alpha \neq \pm\beta$ とし

$$M = \{m \in \mathbb{Z} \mid \beta + m\alpha \in \Delta\}$$

とおく. Δ が有限集合だからもちろん M も有限集合である. さらに

$$p = \max\{m \in \mathbb{Z} \mid \beta + m\alpha \in \Delta\}, \quad -q = \min\{m \in \mathbb{Z} \mid \beta + m\alpha \in \Delta\}$$

とおく. 両端 $\beta - q\alpha$ と $\beta + p\alpha$ はルートである. 両端以外に M の要素が存在するかどうかが気になるが, 第4章の定理 4.12 の (1) と同様に次が成立する.

定理 5.1 (1) $-q \leq m \leq p$ である整数 m に対し $\beta + m\alpha$ はルートである. 列 $\{\beta + m\alpha\}_{m=-q}^{p}$ を β の α **系列** (α-series, α-string) とよぶ.
(2) 鏡映 S_α で β の α 系列 $\{\beta + m\alpha\}_{m=-q}^{p}$ は不変であり

$$S_\alpha(\beta + p\alpha) = \beta - q\alpha, \quad S_\alpha(\beta - q\alpha) = \beta + p\alpha.$$

134　　　　　　　　　第 5 章　　抽象ルート系

【証明】　p と q の定義から各 $m \in M$ は $-q \leq m \leq p$ をみたす. 証明したい事実を否定しよう. すなわち $-q \leq k \leq p$ かつ $k \notin M$ となる整数 k が存在すると仮定しよう.

$$M' = \{k \in \mathbb{Z} \mid -q \leq k \leq p,\ \beta + k\alpha \notin \Delta\}$$

とおく. もちろんこれも有限集合. M' の要素で最小のものを r, 最大のものを s とする. $-q < s \leq r < p$ であり

$$\beta + r\alpha \notin \Delta, \quad \beta + (r+1)\alpha \in \Delta,$$

$$\beta + s\alpha \notin \Delta, \quad \beta + (s-1)\alpha \in \Delta$$

が成り立っている. すると命題 5.1 から

$$(\alpha|\beta + (r+1)\alpha) \leq 0 \text{ かつ } (\alpha|\beta + (s-1)\alpha) \geq 0$$

を得る. 実際 $(\alpha|\beta+(r+1)\alpha) > 0$ を仮定すると命題 5.1 から $\beta+(r+1)\alpha-\alpha \in \Delta$, すなわち $\beta + r\alpha \in \Delta$ となり r の定義に矛盾するからである.

$$0 \leq (\alpha|\beta + (s-1)\alpha) - (\alpha|\beta + (r+1)\alpha) = -(r-s+2)(\alpha|\alpha)$$

を得るが, これは矛盾. なぜなら $(\alpha|\alpha) > 0$ かつ $r-s+2 \geq 0$ であるから. したがって $-q \leq m \leq p$ である $m \in \mathbb{Z}$ すべてについて $\beta + m\alpha$ はルート.

(2) $\alpha, \beta \in \Delta$ に対し $S_\alpha(\beta + m\alpha) \in \Delta$ である.

$$S_\alpha(\beta + m\alpha) = \beta - \frac{2(\beta + m\alpha|\alpha)}{(\alpha|\alpha)}\alpha = \beta - (m + a(\beta,\alpha))\alpha$$

であり $m + a(\beta,\alpha)$ は整数だから $\beta - (m + a(\beta,\alpha))\alpha$ は β の α 系列に含まれなければならない. したがって S_α で α 系列は不変である.

$$S_\alpha : \{\beta + m\alpha\}_{m=-q}^{p} \rightarrow \{\beta + m\alpha\}_{m=-q}^{p}$$

5.1 抽象ルート系の性質

はルートをルートにうつす写像であるが大事なのは番号（$\beta + m\alpha$ の m）なので S_α を有限集合[*1]

$$I_{-q,p} = \{-q, -q+1, \ldots, 0, \ldots p-1, p\}$$

からそれ自身 $I_{-q,p}$ への写像と考えてもよい．つまり

$$f : I_{-q,p} \to I_{-q,p}; \quad f(m) = -m - a(\beta, \alpha)$$

という函数と見なそう．f は m に関し単調減少である[*2]．したがって単射（1 対 1 写像）である．抽象ルート系の公理 (2) より

$$S_\alpha(\beta - q\alpha) \in \Delta \text{ かつ } S_\alpha(\beta + p\alpha) \in \Delta.$$

すなわち f は単調減少で両端 $f(-q)$ も $f(p)$ も $I_{-q,p}$ に含まれていることから f は全射（上への写像）である[*3]．

f の単調減少性から

$$f(-q) = p, \quad f(p) = -q$$

となる．すなわち

$$S_\alpha(\beta + p\alpha) = \beta - q\alpha, \quad S_\alpha(\beta - q\alpha) = \beta + p\alpha.$$

この式から

$$a(\beta, \alpha) = q - p$$

が得られることを注意しておこう．ということは結局

$$f(m) = -m - q + p.$$

[*1] 有限数列

$$-q < -q+1 < \cdots < p-1 < p$$

と考えてもよい．

[*2] f のグラフを描けば明らか．$f(m+1) - f(m) = -1 < 0$ からもわかる．

[*3] $S_\alpha)^2$ が恒等変換であることから S_α が $\{\beta + m\alpha\}_{m=-q}^{p}$ から自分自身への全単射であることを示せる（確かめよ）．

つまり f は数列

$$-q, -q+1, \ldots, 0, \ldots, p-1, p$$

を逆向きの数列

$$p, p-1, \ldots, 0, \ldots, -q+1, -q$$

に移すことがわかった. ∎

問題 5.1 β の α 系列を $\{\beta + m\alpha\}_{m=-q}^{p}$, α の β 系列を $\{\alpha + k\beta\}_{k=-q'}^{p'}$ とすると

$$\frac{p(q+1)}{\|\beta\|^2} = \frac{p'(q'+1)}{\|\alpha\|^2}$$

が成り立つことを確かめよ.

5.2 ルート系の例

階数が 2 以下のルート系の例を挙げよう. 数直線 $\mathbb{E}^1$, 数平面 $\mathbb{E}^2$ でルート系を具体的に書いてみる.

まず階数が 1 のとき. E として数直線 $\mathbb{E}^1$ を選ぶ.

例 5.1 (A_1 型ルート系) $\mathbb{E}^1$ において $\alpha = 1$ とし $\Delta = \{-\alpha, \alpha\}$ とおくと Δ は階数 1 のルート系. これを A_1 型ルート系とよぶ (図 5.3).

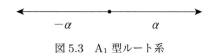

図 5.3 A_1 型ルート系

階数 1 のルート系は A_1 型ルート系しかない. 正確に言うと階数 1 のルート系は, A_1 型ルート系に同型である. 次に階数 2 のときを考える. E としてユークリッド平面 $\mathbb{E}^2$ を選ぶ.

例 5.2 ($A_1 \times A_1$ 型ルート系) $\mathbb{E}^2$ において $\alpha = (1,0)$, $\beta = (0,1)$ と選ぶと $\|\alpha\| = \|\beta\| = 1$ かつ $\theta = \pi/2$. $S_\alpha(\beta) = -\beta$, $S_\beta(\alpha) = -\alpha$ だから $\Delta = \{-\beta, -\alpha, \alpha, \beta\}$ は階数 2 のルート系. これを $A_1 \times A_1$ 型ルート系とよぶ (図 5.4).

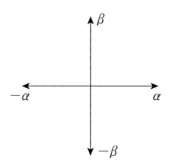

図 5.4 $A_1 \times A_1$ 型ルート系

$\alpha = (1,0)$, $\beta = (0,-1)$ と選ぶと $\theta = 3\pi/2$ であり, この場合も $\{-\beta, -\alpha, \alpha, \beta\}$ がルート系を与えるが, これは $\alpha = (1,0)$, $\beta = (0,1)$ のときのルート系 ($A_1 \times A_1$ 型ルート系) と一致する.

例 5.3 (B_2 型ルート系) $\mathbb{E}^2$ において $\alpha = (1,0)$, $\beta = (1,1)$ とおくと $\theta = \pi/4$, $\|\beta\| = \sqrt{2}\|\alpha\|$.

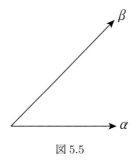

図 5.5

この図に $-\alpha, -\beta$ と $S_\alpha(\beta) = \beta - 2\alpha, S_\alpha(-\beta) = -\alpha + \beta$ を加えると階数 2 のルート系

$$\Delta = \{\pm\alpha, \pm\beta, \pm(\alpha+\beta), \pm(2\alpha+\beta)\}$$

が得られる．これを B_2 型ルート系とよぶ（図 5.6）．

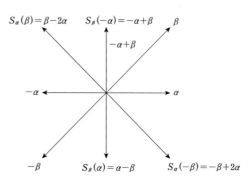

図 5.6 　 B_2 型ルート系：$\alpha = (1, 0), \beta = (1, 1)$

$\alpha = (1, 0), \beta = (-1, 1)$ と選ぶと同じルート系が得られることを確かめてほしい（図 5.7）．

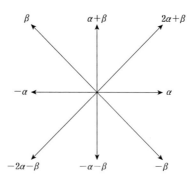

図 5.7 　 B_2 型ルート系：$\alpha = (1, 0), \beta = (-1, 1)$

5.2 ルート系の例

例 5.4 (A_2 型ルート系) $\mathbb{E}^2$ において $\alpha = (1,0)$, $\beta = (-1/2, \sqrt{3}/2)$ とおくと $\theta = 2\pi/3$.

$$\Delta = \{\pm\alpha, \pm\beta, \pm(\alpha+\beta)\}$$

は階数 2 のルート系．これを A_2 型ルート系とよぶ（図 5.8）．$\theta = 2\pi/3$ の場合を考えたが $\theta = \pi/3$ のときも同じルート系が得られる．$\alpha = (1,0)$, $\beta = (1/2, \sqrt{3}/2)$ と選んで作図し確かめてみよう．

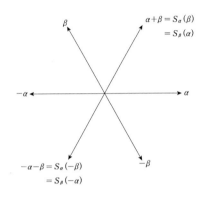

図 5.8 A_2 型ルート系

例 5.5 (G_2 型のルート系) $\mathbb{E}^2$ において

$$\alpha = (1,0), \quad \beta = -\frac{\sqrt{3}}{2}(\sqrt{3}, -1)$$

と選ぶと $\theta = 5\pi/6$ で $\|\alpha\| = 1$, $\|\beta\| = \sqrt{3}$.

$$\Delta = \{\pm\alpha, \pm\beta, \pm(\alpha+\beta), \pm(2\alpha+\beta), \pm(3\alpha+\beta), \pm(3\alpha+2\beta)\}$$

は階数 2 のルート系．これを G_2 型のルート系とよぶ（図 5.9）．$\theta = \pi/6$ のときも同じルート系が得られる．

階数 2 のルート系はこのように図を描いて様子を探ることができる．とくに図を描く際に利用した $\{\alpha, \beta\}$ は $\mathbb{E}^2$ の基底を与えている．階数が 3 以上の場

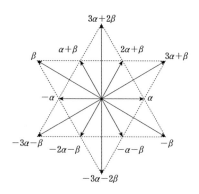

図 5.9 G_2 型ルート系

合にも E のルートからなる基底 $\{\alpha_1, \alpha_2, \ldots, \alpha_\ell\}$ を使ってルート系 Δ を調べたい．だが階数が 3 以上となると図を描いてどのように基底を選ぶのがよいかを探るというわけにもいかない．なにか標準的な基底を選ぶ方法がないだろうか．5.4 節で「標準的な基底」が存在することを紹介する．その前にワイル群について次節で簡単な説明をしておこう．

5.3 ワイル群

有限次元実線型空間 E の線型自己同型写像の全体 $\mathrm{GL}(E)$ は合成に関し群をなすことを思い出そう（命題 1.1，または『リー群』定義 8.1）．

ルート系 Δ の指定されたユークリッド線型空間 (E, Δ) において Δ を保つ線型自己同型写像の全体

$$\mathrm{Aut}(\Delta) = \{f \in \mathrm{GL}(E) \mid f(\Delta) \subset \Delta\}$$

は $\mathrm{GL}(E)$ の部分群である．これをルート系 Δ の**自己同型群**とか**カルタン群** (Cartan group) とよぶ．$\mathrm{Aut}(\Delta)$ は有限群，すなわち要素が有限個の群である ([23, §10.4])．

5.3 ワイル群 **141**

またの E の線型等長変換群 $\mathrm{O}(E)$ は鏡映で生成されたことを思い出そう[*4]（定理 1.1）．そこで $\{S_\alpha \mid \alpha \in \Delta\}$ で生成される $\mathrm{Aut}(\Delta)$ の部分群を $W(\Delta)$ で表し Δ の**ワイル群**（Weyl group）とよぶ．

ルート系の同型写像とワイル群に関する重要な定理を紹介する（証明は割愛する．[23, §10.4, 定理 1] 参照）．

定理 5.2 (E, Δ), (E', Δ') をルート系が指定されたユークリッド線型空間とする．$f : E \to E'$ は次の条件をみたすとする．

(1) f は線型写像．

(2) f は単射．

(3) f で Δ は Δ' に写る（f による Δ の像 $f(\Delta)$ は Δ' と一致する）．

このとき f は E から E' への線型同型写像であり

- 各 α, $\beta \in \Delta$ に対し
$$S_{f(\alpha)} = f \circ S_\alpha \circ f^{-1},$$

- $a(f(\beta), f(\alpha)) = a(\beta, \alpha)$

をみたす．したがって f はルート系の同型写像である．(E', Δ') のワイル群 $W' = W(\Delta')$ は

$$W' = fW(\Delta)f^{-1} = \{f \circ w \circ f^{-1} \mid w \in W(\Delta)\}$$

をみたす．もちろん W と W' は互いに同型な群である．

とくに $(E, \Delta) = (E', \Delta')$ と選ぶと

$$gW(\Delta)g^{-1} = \{g \circ w \circ g^{-1} \mid w \in W(\Delta)\} = W(\Delta)$$

がすべての $g \in \mathrm{Aut}(\Delta)$ に対し成り立つことが導ける．これは $W(\Delta)$ が $\mathrm{Aut}(\Delta)$ の正規部分群であることを意味する．

[*4] 『リー群』第 2 章ではユークリッド平面 $\mathbb{E}^2$ の合同変換群 $\mathrm{E}(2)$ が鏡映で生成されることを説明した．

142 　　　　　　第 5 章　　抽象ルート系

　具体的にワイル群を計算してみよう．A_2 型のときに実行してみせるので他の場合の検証は読者にまかせたい．まず記号の準備をしておこう．$\mathbb{E}^2$ において原点を中心とする回転角 θ の回転を表す行列

$$R(\theta) = \begin{pmatrix} \cos\theta & -\sin\theta \\ \sin\theta & \cos\theta \end{pmatrix}$$

を**回転行列**という．また原点を通る傾き $\tan(\theta/2)$ の直線を軸とする線対称移動を表す行列を

$$S(\theta) = \begin{pmatrix} \cos\theta & \sin\theta \\ \sin\theta & -\cos\theta \end{pmatrix}$$

で表す．このとき次の関係式が成り立つ（『リー群』の式 (2.2)）．

$$S(\theta)S(\phi) = R(\theta - \phi).$$

（$R(\theta)$ および $S(\theta)$ については『リー群』第 1 章を参照）．
　公式 (1.20)（『リー群』問題 5.11）を使って計算する．

$$S_\alpha = E_2 - 2\alpha\,{}^t\alpha = \begin{pmatrix} -1 & 0 \\ 0 & 1 \end{pmatrix} = S(\pi),$$

$$S_\beta = E_2 - 2\beta\,{}^t\beta = \begin{pmatrix} 1/2 & \sqrt{3}/2 \\ \sqrt{3}/2 & -1/2 \end{pmatrix} = S(\pi/3).$$

ここで公式 $S(\theta)S(\phi) = R(\theta - \phi)$ を使うと

$$S_\alpha S_\beta = R(2\pi/3), \quad S_\beta S_\alpha = R(-2\pi/3) = (S_\alpha S_\beta)^{-1}.$$

とくに $(S_\alpha S_\beta)^3 = E_2$. 次に

$$S_\alpha S_\beta S_\alpha = \begin{pmatrix} 1/2 & -\sqrt{3}/2 \\ -\sqrt{3}/2 & -1/2 \end{pmatrix} = S(-\pi/3) = (S_\beta)^{-1},$$

$$S_\beta S_\alpha S_\beta = S(-\pi/3) = S_\alpha S_\beta S_\alpha.$$

したがってこれ以上積をとっても新しいものはでてこない．ゆえに

$$W(A_2) = \{\mathrm{Id}, S_\alpha, S_\beta, S_\alpha S_\beta, S_\beta S_\alpha, S_\alpha S_\beta S_\alpha\}$$

を得る．行列で書き直すと

$$W(\mathrm{A}_2) = \{E_2, S(\pi), S(\pi/3), S(-\pi/3), S(2\pi/3), S(-2\pi/3)\}$$

である．ここでは詳しく述べないが $W(\mathrm{A}_2)$ は対称群（置換群）$\mathfrak{S}_3$ と同型である．

例 5.6 (B_2 型ルート系のワイル群)

$$W(\mathrm{B}_2) = \left\{\mathrm{Id}, S_\alpha, S_\beta, S_\alpha S_\beta, S_\beta S_\alpha, S_\alpha S_\beta S_\alpha, S_\beta S_\alpha S_\beta, (S_\alpha S_\beta)^2 = -\mathrm{Id}\right\}.$$

例 5.7 (G_2 型ルート系のワイル群)

$$W(\mathrm{G}_2) = \Bigl\{\mathrm{Id}, S_\alpha, S_\beta, S_\alpha S_\beta, S_\beta S_\alpha, S_\alpha S_\beta S_\alpha, S_\beta S_\alpha S_\beta, (S_\alpha S_\beta)^2, (S_\beta S_\alpha)^2,$$
$$S_\beta(S_\alpha S_\beta)^2, S_\alpha(S_\beta S_\alpha)^2, (S_\alpha S_\beta)^3 = -\mathrm{Id}\Bigr\}.$$

5.4 単純ルート

5.2 節の最後に述べたように，ルート系を考察する上で，なにか標準的な基底を選ぶ方法があるとよい．幸運なことに次の定理が成り立つ（附録 C，定理 C.2 参照）．

定理 5.3 ℓ 次元ユークリッド線型空間 E のルート系 Δ に対し（要素を並べる順序を考慮した）部分集合 $\Pi = \{\alpha_1, \alpha_2, \cdots, \alpha_\ell\} \subset \Delta$ で

- Π は線型独立，
- どの $\gamma \in \Delta$ も

$$\gamma = \sum_{i=1}^{\ell} c_i \alpha_i, \quad c_i \in \mathbb{Z},$$

と表示でき
- 係数 $\{c_i\}$ は「すべて非負」であるか「すべて非正」

をみたすものが存在する. Π を**ルートの基本系**, Π の要素を**単純ルート** (simple root) という.

ルートの基本系 $\Pi = \{\alpha_1, \alpha_2, \ldots, \alpha_\ell\}$ をひとつとり固定して話を進めよう.

$\gamma \in \Delta$ を

$$\gamma = \sum_{i=1}^{\ell} c_i \alpha_i$$

と表そう. 基本系の定義から $c_1, c_2, \ldots, c_\ell \geq 0$ または $c_1, c_2, \ldots, c_\ell \leq 0$ である. 係数 $\{c_1, c_2, \cdots, c_\ell\}$ がすべて非負のとき, λ を**正ルート** (positive root) という. 正ルートの全体を $\Delta_+(\Pi)$ と表記する. $\Pi \subset \Delta_+(\Pi)$ に注意. 同様に係数 $\{c_1, c_2, \cdots, c_\ell\}$ がすべて非正のとき, λ を**負ルート** (negative root) という. 負ルートの全体を $\Delta_-(\Pi)$ と表記する. 正負の概念は Π に依存しているので正ルートの全体, 負ルートの全体をそれぞれ $\Delta_+(\Pi)$, $\Delta_-(\Pi)$ と表記する. 前後の文脈から Π が明らかなときは $\Delta_\pm(\Pi)$ を $\Delta_\pm$ と略記する.

ルート

$$\gamma = \sum_{i=1}^{\ell} c_i \alpha_i \in \Delta$$

に対し

$$\mathrm{ht}(\gamma) = \sum_{i=1}^{\ell} |c_i|$$

とおき γ の (Π に関する) **高さ** (height) という.

命題 5.2 ルートの基本系 Π について次が成り立つ.

(1) $\alpha, \beta \in \Pi$ ならば $\alpha - \beta \notin \Delta$.

(2) $\alpha, \beta \in \Pi$ かつ $\beta \neq \alpha$ ならば $(\alpha|\beta) \leq 0$.

(3) $\alpha \in \Delta_+$, $\alpha \notin \Pi$ ならば $(\alpha|\beta) > 0$ かつ $\alpha - \beta \in \Delta_+$ となる $\beta \in \Pi$ が存在する.

【証明】 (1) $\alpha - \beta = \gamma \in \Delta$ とすると $\gamma = 1\,\alpha + (-1)\beta \in \Delta$ となり Π の定義に反する. したがって $\alpha - \beta \notin \Delta$.

（2）$\alpha \neq \beta$ なる組 $\{\alpha, \beta\}$ に対し $(\alpha|\beta) > 0$ を仮定する．命題 5.1 より $\alpha - \beta \in \Delta$ となるが，これは先ほど示した (1) に反する．

（3）これも背理法で示す．すべての $\beta \in \Pi$ に対し $(\alpha|\beta) \leq 0$ であると仮定する．$\alpha \in \Delta_+$ だから $\alpha = \sum_{\beta \in \Pi} m_\beta \beta$, $m_\beta \geq 0$ という形をしている．すると

$$0 \leq (\alpha|\alpha) = \sum_{\beta \in \Pi} m_\beta (\alpha|\beta) \leq 0$$

となるから $\alpha = 0$ となり矛盾．したがって $(\alpha|\beta) > 0$ となる $\beta \in \Pi$ が存在する．ふたたび命題 5.1 より $\alpha - \beta \in \Delta$．ここで $\gamma = \alpha - \beta$ とおき $\gamma \in \Delta_-$ と仮定すると $\beta = 1 \cdot \alpha + 1 \cdot (-\gamma)$ と表せる．これは $\beta \in \Pi$ が β 以外の Π の要素の線型結合であることを意味し，Π の定義に矛盾．. ■

命題 5.3 $\beta \in \Delta_+$ ならばルートの基本系 $\Pi = \{\alpha_1, \alpha_2, \ldots, \alpha_\ell\}$ の要素 $\alpha_{i_1}, \alpha_{i_2}, \ldots, \alpha_{i_k}$ をうまく選んで

- どの部分和 $\alpha_{i_1} + \alpha_{i_2} + \cdots + \alpha_{i_j}$ $(1 \leq j \leq k)$ もルートであり
- $\beta = \alpha_{i_1} + \alpha_{i_2} + \cdots + \alpha_{i_k}$

が成立するようにできる．

【証明】 （1）k を β の高さとする．k に関する数学的帰納法で証明する．$k = 1$ のときは明らか．$k - 1$ まで正しいとする．高さ k の正ルート β に対し命題 2 より $\beta - \alpha_{i_k} \in \Delta_+$ となる $\alpha_{i_k} \in \Pi$ が存在する．$\beta - \alpha_{i_k}$ は高さ $(k-1)$ だから数学的帰納法の仮定により $\beta - \alpha_{i_k}$ に対し主張をみたす $\{\alpha_{i_j}\}_{j=1}^k$ が存在し $\beta - \alpha_{i_k} = \alpha_{i_1} + \alpha_{i_2} + \cdots + \alpha_{i_{k-1}}$ と表せる．以上より $\beta = \alpha_{i_1} + \alpha_{i_2} + \cdots + \alpha_{i_k}$ と表せる． ■

ルートの基本系 $\Pi = \{\alpha_1, \alpha_2, \ldots, \alpha_\ell\}$ の相異なる 2 つの要素の互いになす角は直角または鈍角である．そこで次の定義をしよう（[10]）．

定義 5.3 ユークリッド線型空間 E の空でない部分集合 Φ が 0 を含まず条件

$$\alpha, \beta \in \Phi, \ \alpha \neq \beta \implies (\alpha|\beta) \leq 0$$

をみたすとき**鈍交ベクトル系**という（D 系と略称する）．

もちろんルートの基本系 Π は鈍交ベクトル系である．

　ここでは証明を与えないが次の重要な事実が知られている．

系 5.1 ワイル群は $\{S_\alpha \mid \alpha \in \Pi\}$ で生成される．

5.5 既約ルート系

　ルート系の分類を説明するためにいくつか用語を準備する．

定義 5.4 E のルート系 Δ が

$$\Delta = \Delta_1 \cup \Delta_2, \quad \Delta_1 \perp \Delta_2, \quad \Delta_1 \neq \varnothing, \ \Delta_2 \neq \varnothing$$

と分解できないとき Δ を**既約ルート系**とよぶ．

ここで $\Delta_1 \perp \Delta_2$ とは

$$\lambda \in \Delta_1, \ \mu \in \Delta_2 \text{ならば} \ (\lambda|\mu) = 0$$

が成り立つことを意味する．

　ルートの基本系に対しても既約性を定義する．基本系 Π が

$$\Pi = \Pi_1 \cup \Pi_2, \quad \Pi_1 \perp \Pi_2, \quad \Pi_1 \neq \varnothing, \ \Pi_2 \neq \varnothing$$

と分解できないとき，Π は**既約**であるという．既約でないとき**可約**であるという．

　可約なルート系 Δ が $\Delta = \Delta_1 \cup \Delta_2$ と分解されているとき $\Pi_1 = \Pi \cap \Delta_1$，$\Pi_2 = \Pi \cap \Delta_2$ とおく．Π_k の張る（生成する）E の線型部分空間を E_k とする（$k = 1, 2$）．$E_1 \perp E_2$ であり直交直和分解 $E = E_1 \oplus E_2$ を得る．Δ が $E = (E, \Delta)$ の基底を与えるから Π_k は (E_k, Δ_k) の基底を与える．ということは分解

$$\Pi = \Pi_1 \cup \Pi_2, \quad \Pi_1 \perp \Pi_2, \quad \Pi_1 \neq \varnothing, \ \Pi_2 \neq \varnothing$$

が成立する．したがって Π は可約である．この逆の主張（Π が可約なら Δ もそう）も成立する ([23, 12 章] 参照).

命題 5.4 ルート系 Δ が既約であることとある基本系 Π が既約であることは同値.

可約ルート系 Δ を $\Delta = \Delta_1 \cup \Delta_2$ と分解する．Δ_1, Δ_2 が張る（生成する）E の線型部分空間を E_1, E_2 とすると $E_1 \perp E_2$ だから直交直和分解 $E = E_1 \oplus E_2$ を得る．

ルート系付きのユークリッド線型空間 (E_1, Δ_1) と (E_2, Δ_2) において Δ_1 と Δ_2 がともに既約であればここで作業は終わりとする．Δ_1 と Δ_2 のうちで可約なものがある場合（それを Δ_k とする）．$\Delta_k = \Delta_{k1} \cup \Delta_{k2}$ と分解する．線型部分空間 E_{k1}, E_{k2} を同様に定義すれば $E_k = E_{k1} \oplus E_{k2}$ という直交直和分解を得る．Δ_{k1} と Δ_{k2} がともに既約であればここで作業は終わりとする．まだ可約なものがあれば更に分解を繰り返す．この作業を続けていき（番号も整理して付け直すと）

$$E = E_1 \oplus E_2 \oplus \cdots \oplus E_r,$$
$$\Delta = \Delta_1 \cup \Delta_2 \cup \cdots \cup \Delta_r, \quad \text{各} \Delta_i \text{は既約}$$

という分解を得る．これを (E, Δ) の**既約分解**，各 (E_i, Δ_i) を**既約成分**という.

註 5.3 (既約分解) より一般に鈍交ベクトル系の既約分解は次のように定められる.

ユークリッド線型空間 E の鈍交ベクトル系 Φ の 2 つの要素 $\alpha, \beta \in \Phi$ が**同値**であるとは $\{\gamma_1, \gamma_2, \ldots, \gamma_r\} \subset \Phi$ で以下の条件をみたすものが存在するときをいう.

- $\gamma_1 = \alpha, \beta = \gamma_r$,
- $1 \leq i \leq r - 1$ をみたすすべての番号 i に対し $(\gamma_i | \gamma_{i+1}) \neq 0$.

α と β が同値であることを $\alpha \sim \beta$ で表すと $\sim$ は Φ 上の同値関係である（『リー群』附録 A 参照）．Φ の $\sim$ による商集合 $\Phi/\!\!\sim\, = \{\varphi_\nu\}_{\nu \in \Lambda}$ と表示しよう．E_ν を φ_ν の張る E の線型部分空間とする．$\mu \neq \nu$ であれば $E_\mu \perp E_\nu$ であるから $\sum_{\nu \in \Lambda} E_\nu$ は直交直和である．したがって $\dim E \geq \sum_{\nu \in \Lambda} E_\nu$．ゆえに同値類は有限個ある．同値類の個数（すなわち Λ の要素の個数）$\#\Lambda$ が 1 のとき Φ は既約であるという．$\#\Lambda \geq 2$ のとき可約であるという．各同値類 φ_ν を Φ の既約成分という．とくに Φ がルート系 Δ の場合，既約性，可約性，既約成分はすでに与えた定義と一致する．また E は既約成分の直和に分解される．

148　　　　　　第 5 章　　抽象ルート系

定義 5.5 2 組の ℓ 次元ユークリッド線型空間 E, E' 間の線型写像 $f : E \to E'$ に対し正数 c が存在しすべての α, $\beta \in E$ に対し

$$(f(\alpha)|f(\beta)) = c(\alpha|\beta)$$

をみたすとき f を **線型相似写像** という．$E = E'$ のときは線型相似変換という．線型相似写像は線型同型写像である．

註 5.4 (線型相似変換群) E の線型相似変換全体は合成に関し群をなす．この群を E の線型相似変換群とよぶ．正規直交基底をとり線型相似変換とその表現行列を同一視すれば線型相似変換群は

$$\mathrm{CO}(\ell) = \{A \in \mathfrak{gl}_\ell\mathbb{R} \mid {}^t\!AA = cE,\ c \neq 0\}$$

と同一視される（『リー群』問題 11.3 も参照）．

　ルート系 Δ が指定されたユークリッド線型空間 (E, Δ) の 2 組のルートの基本系 $\Pi = \{\alpha_1, \alpha_2, \ldots, \alpha_\ell\}$ と Π' に対し線型相似変換 f で $f(\Pi) = \Pi'$, すなわち

$$\Pi' = \{f(\alpha_1), f(\alpha_2), \ldots, f(\alpha_\ell)\}$$

をみたすものが存在するとき Π と Π' は **同値** であるといい $\Pi \simeq \Pi'$ と表す．$\simeq$ は (E, Δ) のルートの基本系全体のなす集合上の同値関係である．

　ルートの基本系が互いに同値かどうかを判定する方法を次の節で説明しよう．

▌5.6　**カルタン行列**

定義 5.6 ルートの基本系 $\Pi = \{\alpha_1, \alpha_2, \cdots, \alpha_\ell\}$ に対し

$$a_{ij} = a(\alpha_i, \alpha_j) = \frac{2(\alpha_i|\alpha_j)}{(\alpha_j|\alpha_j)}$$

を (i, j) 成分にもつ行列 $A = (a_{ij})$ を Π の定める **カルタン行列** (Cartan matrix) とよぶ．

5.6 カルタン行列

註 5.5 $a_{ij} = a(\alpha_j, \alpha_i)$ と定める本もあるので他の本を読むときは注意すること ([23], [33], [48]). その流儀では E と E^* の間の双対積 (ペアリング) $\langle \cdot, \cdot \rangle$ を用いて

$$\langle \alpha_i^\vee, \alpha_j \rangle = a_{ij}$$

と表す (式 (1.7) 参照). $\alpha_i^\vee$ は α_i のコルートである.

命題 2 より $a_{ij} \leq 0$ であることに注意しよう. また A の対角成分は 2. また p. 132 で与えたカルタン整数の分類表から対角成分以外の A の成分は 0, -1, -2, -3 のどれかである.

命題 5.5 カルタン行列は以下の性質をもつ.

(1) $a_{ii} = 2$,

(2) $a_{ij} \in \mathbb{Z}$, $a_{ij} \leq 0$,

(3) $a_{ij} = 0 \Longrightarrow a_{ji} = 0$,

(4) カルタン行列は正則である.

カルタン行列のすべての主座小行列式は正の実数であることを注意しておこう.

註 5.6 (主座小行列式) 行列 $X = (x_{ij}) \in \mathrm{M}_n\mathbb{C}$ に対し左上の k 行 k 列からなる k 次正方行列を X の k 次主座小行列とよぶ. k 次主座小行列の行列式を $\tau_k(X)$ で表し X の k 次**主座小行列式** (principal k-minor) とよぶ.

ルートの基本系からカルタン行列が定まる. ルートの基本系における単純ルートの並べ方を変えるとカルタン行列は変わってしまうことに注意しよう.

5.2 節で考察した階数 2 以下のルート系についてカルタン行列を求めてみよう.

まず A_1 型のルート系 (例 5.1). $\alpha_1 = \alpha = 1$ がルートの基本系だから $A = 2$ である.

例 5.8 ($\mathrm{A}_1 \times \mathrm{A}_1$ 型) 例 5.2 において $\alpha_1 = \alpha = (1,0)$, $\alpha_2 = \beta = (0,1)$ と選べば $\Pi = \{\alpha_1, \alpha_2\}$ はルートの基本系.

$$(\alpha_1|\alpha_1) = (\alpha_2|\alpha_2) = 1, \quad (\alpha_1|\alpha_2) = 0$$

150 第 5 章 抽象ルート系

より $A = \begin{pmatrix} 2 & 0 \\ 0 & 2 \end{pmatrix}$. ここで

$$E_1 = \mathbb{R}\alpha_1 = \{(t,0) \mid t \in \mathbb{R}\}, \quad \Delta_1 = \{\alpha_1, -\alpha_2\},$$
$$E_2 = \mathbb{R}\alpha_2 = \{(0,t) \mid t \in \mathbb{R}\}, \quad \Delta_2 = \{\alpha_2, -\alpha_2\}$$

とおく. $\Delta = \Delta_1 \cup \Delta_2$ かつ $E = E_1 \oplus E_2$ は直交直和であるから (E, Δ) は既約分解される（したがってこのルート系は可約）. (E_1, Δ_1) と (E_2, Δ_2) は A_1 型ルート系と同型であることから, このルート系は $A_1 \times A_1$ 型とよばれる.

例 5.9 (B_2 型) 例 5.3 において $\alpha_1 = \alpha = (1,0)$, $\alpha_2 = \beta = (-1,1)$ と選ぶと $\{\alpha_1, \alpha_2\}$ はルートの基本系でカルタン行列は

$$A = \begin{pmatrix} 2 & -1 \\ -2 & 2 \end{pmatrix}.$$

$$(5.1) \qquad \alpha_1 = -\beta = (1,-1), \quad \alpha_2 = \alpha + \beta = (0,1)$$

と選びなおすと

$$(5.2) \qquad A = \begin{pmatrix} 2 & -2 \\ -1 & 2 \end{pmatrix}.$$

例 5.10 (A_2 型) 例 5.4 において $\alpha_1 = \alpha = (1,0)$, $\alpha_2 = \beta = (-1,\sqrt{3})/2$ と選ぶと $\{\alpha_1, \alpha_2\}$ はルートの基本系でカルタン行列は

$$A = \begin{pmatrix} 2 & -1 \\ -1 & 2 \end{pmatrix}.$$

例 5.11 (G_2 型) 例 5.5 において $\alpha_1 = \alpha$, $\alpha_2 = \beta$ と選ぶ. すなわち $\alpha_1 = (1,0)$, $\alpha_2 = -\sqrt{3}(\sqrt{3},-1)/2$. $\{\alpha_1, \alpha_2\}$ はルートの基本系でカルタン行列は

$$A = \begin{pmatrix} 2 & -1 \\ -3 & 2 \end{pmatrix}.$$

$$(5.3) \qquad \alpha_1 = -\alpha - \beta = (1,-\sqrt{3})/2, \quad \alpha_2 = 3\alpha + 2\beta = (0,\sqrt{3})$$

と選びなおすと

$$(5.4) \qquad A = \begin{pmatrix} 2 & -3 \\ -1 & 2 \end{pmatrix}.$$

さてここで線型相似変換 f でルートの基本系 $\Pi = \{\alpha_1, \alpha_2, \ldots, \alpha_\ell\}$ を写してみよう. $\alpha_i' = f(\alpha_i)$ とおき $\Pi' = f(\Pi) = \{\alpha_1', \alpha_2', \ldots, \alpha_\ell'\}$ の定めるカルタン行列 $A' = (a_{ij}')$ を計算してみよう.

$$a_{ij}' = \frac{2(\alpha_i'|\alpha_j')}{(\alpha_j'|\alpha_j')} = \frac{2c(\alpha_i|\alpha_j)}{c(\alpha_j|\alpha_j)} = a_{ij}$$

であるから $A = A'$ である.

命題 5.6 $\Pi \simeq \Pi'$ ならば両者のカルタン行列は一致する.

単純ルートの並べ方を変えるとカルタン行列は変わってしまうが,これは本質的な違いではない.単純ルートの並べ替えで生じる見かけ上のカルタン行列の違いは取り除ける ([38, 補題 10.1]).

定理 5.4 ルート系およびルートの基本系が与えられた 2 組の ℓ 次元ユークリッド線型空間 $E = (E, \Delta, \Pi)$, $E' = (E', \Delta', \Pi')$ を考える. $\Pi = \{\alpha_1, \alpha_2, \ldots, \alpha_\ell\}$, $\Pi' = \{\alpha_1', \alpha_2', \ldots, \alpha_\ell'\}$ と表す.またそれぞれの定めるカルタン行列を $A = (a_{ij})$, $A' = (a_{ij}')$ とする.このとき線型相似写像 $f : E \to E'$ で $f(\Delta) = \Delta'$ となるものが存在するための必要十分条件は Π' の要素の番号を(必要に応じて)付け替えることで $a_{ij} = a_{ij}'$ ($1 \le i, j \le \ell$) とできることである.

カルタン行列とルートの基本系が与えられれば,ルート系が再現できる.したがって,ルート系の分類とカルタン行列の分類は等価である.

カルタン行列からルート系がどう復元されるのかを説明しよう.一般的に説明するよりも実際にやってみるのがわかりやすい.B_2 型の場合に実行してみよう.A を (5.2) で与えられる行列としよう.まず階数 2 なのでルートの基本系を $\Pi = \{\alpha_1, \alpha_2\}$ と表す.以下,**命題 5.3 に注意しながら**高さをひとつづつ上げていく.高さ 1 の正ルートは α_1 と α_2.高さ 2 の正ルートを求めよう.

152   第 5 章　抽象ルート系

$$S_{\alpha_1}(\alpha_2) = \alpha_2 - a_{21}\alpha_1 = \alpha_2 + \alpha_1,$$
$$S_{\alpha_2}(\alpha_1) = \alpha_1 - a_{12}\alpha_2 = \alpha_1 + 2\alpha_2$$

より α_2 の α_1 系列, α_1 の α_2 系列はそれぞれ

$$\{\alpha_2, \alpha_2 + \alpha_1\}, \quad \{\alpha_1, \alpha_1 + \alpha_2, \alpha_1 + 2\alpha_2\}$$

で与えられる．このなかで高さ 2 のものは $\alpha_1 + \alpha_2$ のみ（$2\alpha_1, 2\alpha_2 \notin \Delta$ であることを思い出そう）．

高さ 3 の正ルートは上の 2 つの系列の内では $2\alpha_1 + \alpha_2$ のみ．

高さ 4 のものはあるだろうか．あり得るとしたら $2\alpha_1 + 2\alpha_2$ だが $2\alpha_1 + 2\alpha_2 = 2(\alpha_1 + \alpha_2) \notin \Delta$ なので結局，高さ 4 の正ルートはない．したがって高さ 5 以上の正ルートもない．以上より

$$\Delta_+ = \{\alpha_1, \alpha_2, \alpha_1 + \alpha_2, \alpha_1 + 2\alpha_2\}.$$

したがって (5.2) をカルタン行列にもつルート系は例 5.3 で与えた B_2 型のルート系である．

▌5.7　ディンキン図形

ルートの基本系 $\Pi = \{\alpha_1, \alpha_2, \dots, \alpha_\ell\}$ 内の相異なる 2 つの単純ルート α_i, α_j に対し $a_{ij}a_{ji}$ の値は 5.1 節の分類表（p. 132）から 0, 1, 2, 3 のいずれかである．α_i と α_j のなす角は直角または鈍角であることに注意して次のような図形（グラフ）を描いてみよう．

(1) $\alpha_1, \alpha_2 \dots, \alpha_\ell$ を頂点として並べる．

(2) 頂点 α_i と α_j を $a_{ij}a_{ji}$ 本の線分で結ぶ．すなわち α_i と α_j のなす角が

　　$\frac{\pi}{2}$ のとき　○　　　　○

　　$\frac{2\pi}{3}$ のとき　○―――○

　　$\frac{3\pi}{4}$ のとき　○＝＝＝○

　　$\frac{5\pi}{6}$ のとき　○≡≡≡○

のように結ぶ．

5.7 ディンキン図形

この図形（グラフ）を**コクセターグラフ**（Coxeter graph）とよぶ.

例 5.12 (階数 2 のとき) 階数 2 の場合に描いてみると

- $A_1 \times A_1$ 型　○　　　　○
- A_2 型　　　○ —————— ○
- B_2 型　　　○ ══════ ○
- G_2 型　　　○ ═══════ ○

コクセターグラフでは $\|\alpha_i\| : \|\alpha_j\|$ の情報が反映されていない. そこでコクセターグラフに加筆しよう. 加筆の仕方にはいくつかの流儀がある. たとえば次のやり方がある.

- 各頂点 α_j に $\|\alpha_i\|^2$ を（重みとして）記入する.
- $\|\alpha_i\| < \|\alpha_j\|$ のとき α_j から α_i へ向かう矢印をつける. $\|\alpha_i\| = \|\alpha_j\|$ のときは矢印をつけない.

これらの加筆をコクセターグラフに施したものを**ディンキン図形**（Dynkin diagram）という. ここでは両方の加筆をすることにしよう. 実際にはどちらか一方の加筆で充分なので両方を描いてみて自分にあう方を採用すればよい.

例 5.13 (階数 2 のディンキン図形) $A_1 \times A_1$ 型と A_2 型は加筆なし. B_2 型と G_2 型はそれぞれ

$$\underset{\alpha_1}{\overset{2}{\circ}} \Longrightarrow \underset{\alpha_2}{\overset{1}{\circ}} \qquad \underset{\alpha_1}{\overset{1}{\circ}} \Longleftarrow \underset{\alpha_2}{\overset{3}{\circ}}$$

となる.

ディンキン図形からカルタン行列を復元できることを説明しよう. これも実例を示すので要領をつかんでほしい.

G_2 型のディンキン図形 $\underset{\alpha_1}{\overset{1}{\circ}} \Longleftarrow \underset{\alpha_2}{\overset{3}{\circ}}$ から $(\alpha_1|\alpha_1) = 1$, $(\alpha_2|\alpha_2) = 3$, α_1 と α_2 のなす角が $5\pi/6$ であることがわかる. したがって $(\alpha_1|\alpha_2) = -3/2$. 以上からカルタン行列は G_2 型のカルタン行列 (5.2) である.

154   第 5 章   抽象ルート系

$A_1 \times A_1$ 型ルート系のディンキン図形は途切れた 2 点だった．他の既約な
例（A_2, B_2, G_2 型）は途切れていなかった．より一般に次が言える．

命題 5.7 ルート系が既約であるための必要十分条件はそのディンキン図形が
連結なグラフであること，すなわち，ある頂点から別の頂点へ辺（つながれた
線分）を伝ってたどりつけることである．

　既約ルート系の分類を行えと言われてもどのように行えばよいか見当がつか
なかったと思う．既約ルート系からカルタン行列を経由して連結ディンキン図
形にたどりついた．**連結ディンキン図形は分類が可能**なのである．その結果を
述べよう．ここでは証明を与えることはできないが，ぜひ分類を実行してほし
い（分類作業は読者の研究課題とする）．

【研究課題】　　次の定理の証明を与えよ（[46, §10.3]，[47, §11.4]，[38, §10.2]，
[23, 12 章] を参照[*5]）.

定理 5.5 既約ルート系の定める連結ディンキン図形は図 5.10–図 5.11 の 9 種
類に限る．またこれらの図形（連結グラフ）をディンキン図形にもつ既約ルー
ト系が存在する．

[*5] 竹内外史，リー代数と素粒子論，裳華房，1983（復刊 2010）も参考になる．

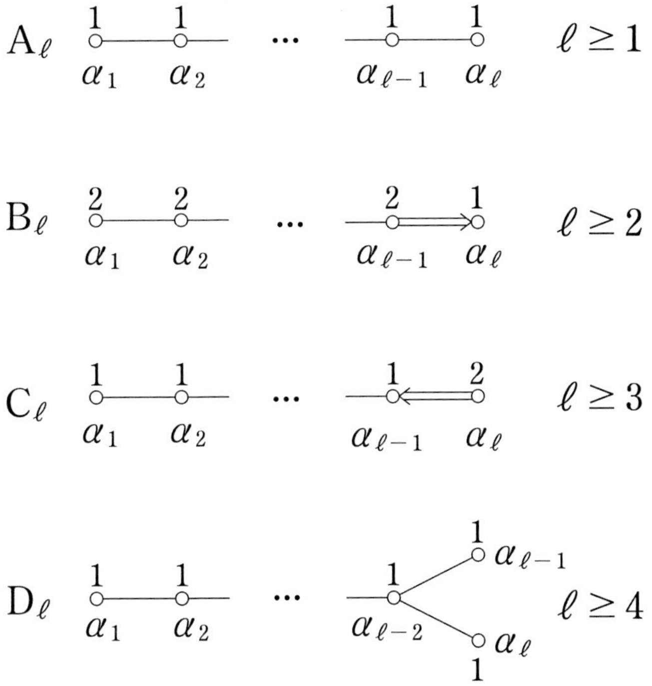

5.7 ディンキン図形

図 5.10 ディンキン図形（古典型）

第 5 章 抽象ルート系

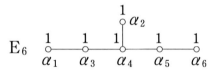

図 5.11 ディンキン図形（例外型）

5.7 ディンキン図形

それぞれのカルタン行列は次で与えられる.

$(A_\ell型) \qquad A = \begin{pmatrix} 2 & -1 & 0 & \cdots & 0 \\ -1 & 2 & -1 & \cdots & 0 \\ 0 & -1 & \ddots & \ddots & \vdots \\ \vdots & \vdots & \ddots & 2 & -1 \\ 0 & 0 & \cdots & -1 & 2 \end{pmatrix}, \quad \ell \geq 1$

$(B_\ell型) \qquad A = \begin{pmatrix} 2 & -1 & 0 & 0 & \cdots & 0 & 0 \\ -1 & 2 & -1 & 0 & \cdots & 0 & 0 \\ 0 & -1 & 2 & -1 & \cdots & 0 & 0 \\ 0 & 0 & -1 & 2 & \cdots & 0 & 0 \\ \vdots & \vdots & \vdots & \vdots & \ddots & \vdots & \vdots \\ 0 & 0 & 0 & 0 & \cdots & 2 & -2 \\ 0 & 0 & 0 & 0 & \cdots & -1 & 2 \end{pmatrix}, \quad \ell \geq 2$

$(C_\ell型) \qquad A = \begin{pmatrix} 2 & -1 & 0 & 0 & \cdots & 0 & 0 \\ -1 & 2 & -1 & 0 & \cdots & 0 & 0 \\ 0 & -1 & 2 & -1 & \cdots & 0 & 0 \\ 0 & 0 & -1 & 2 & \cdots & 0 & 0 \\ \vdots & \vdots & \ddots & \ddots & \ddots & \vdots & \vdots \\ 0 & 0 & 0 & \cdots & \cdots & 2 & -1 \\ 0 & 0 & 0 & \cdots & \cdots & -2 & 2 \end{pmatrix}, \quad \ell \geq 3$

$(D_\ell型) \qquad A = \begin{pmatrix} 2 & -1 & 0 & \cdots & 0 & 0 & 0 & 0 \\ -1 & 2 & -1 & \cdots & 0 & 0 & 0 & 0 \\ 0 & -1 & 2 & \ddots & 0 & 0 & 0 & 0 \\ \vdots & \vdots & \vdots & \ddots & \ddots & \vdots & \vdots & \vdots \\ 0 & 0 & 0 & \cdots & 2 & -1 & 0 & 0 \\ 0 & 0 & 0 & \cdots & -1 & 2 & -1 & -1 \\ 0 & 0 & 0 & \cdots & 0 & -1 & 2 & 0 \\ 0 & 0 & 0 & \cdots & 0 & -1 & 0 & 2 \end{pmatrix}, \quad \ell \geq 4$

158　　　第 5 章　　抽象ルート系

$$(\text{E}_6\text{型}) \qquad A = \begin{pmatrix} 2 & 0 & -1 & 0 & 0 & 0 \\ 0 & 2 & 0 & -1 & 0 & 0 \\ -1 & 0 & 2 & -1 & 0 & 0 \\ 0 & -1 & -1 & 2 & 1 & 0 \\ 0 & 0 & 0 & -1 & 2 & -1 \\ 0 & 0 & 0 & 0 & -1 & 2 \end{pmatrix}$$

$$(\text{E}_7\text{型}) \qquad A = \begin{pmatrix} 2 & 0 & -1 & 0 & 0 & 0 & 0 \\ 0 & 2 & 0 & -1 & 0 & 0 & 0 \\ -1 & 0 & 2 & -1 & 0 & 0 & 0 \\ 0 & -1 & -1 & 2 & -1 & 0 & 0 \\ 0 & 0 & 0 & -1 & 2 & -1 & 0 \\ 0 & 0 & 0 & 0 & -1 & 2 & -1 \\ 0 & 0 & 0 & 0 & 0 & -1 & 2 \end{pmatrix}$$

$$(\text{E}_8\text{型}) \qquad A = \begin{pmatrix} 2 & 0 & -1 & 0 & 0 & 0 & 0 & 0 \\ 0 & 2 & 0 & -1 & 0 & 0 & 0 & 0 \\ -1 & 0 & 2 & -1 & 0 & 0 & 0 & 0 \\ 0 & -1 & -1 & 2 & -1 & 0 & 0 & 0 \\ 0 & 0 & 0 & -1 & 2 & -1 & 0 & 0 \\ 0 & 0 & 0 & 0 & -1 & 2 & -1 & 0 \\ 0 & 0 & 0 & 0 & 0 & -1 & 2 & -1 \\ 0 & 0 & 0 & 0 & 0 & 0 & -1 & 2 \end{pmatrix}$$

$$(\text{F}_4\text{型}) \qquad A = \begin{pmatrix} 2 & -1 & 0 & 0 \\ -1 & 2 & -2 & 0 \\ 0 & -1 & 2 & -1 \\ 0 & 0 & -1 & 2 \end{pmatrix}$$

$$(\text{G}_2\text{型}) \qquad A = \begin{pmatrix} 2 & -1 \\ -3 & 2 \end{pmatrix}$$

A_ℓ 型, B_ℓ 型, C_ℓ 型, D_ℓ 型を**古典型** (classical type), E_6 型, E_7 型, E_8 型, F_4 型, G_2 型を**例外型** (exceptional type) という.

　カルタン行列とディンキン図形の対応を実例で確かめよう.

5.7 ディンキン図形　　159

例 5.14 (B₃ 型) カルタン行列

$$A = \begin{pmatrix} 2 & -1 & 0 \\ -1 & 2 & -2 \\ 0 & -1 & 2 \end{pmatrix}$$

からディンキン図形を描こう.

- α_1 と α_2 を $a_{12}a_{21}(=1)$ 本の線分で結ぶ. $\|\alpha_1\| = \|\alpha_2\|$.
- α_1 と α_3 は結ばない.
- α_2 と α_3 を $a_{23}a_{32}(=2)$ 本の線分で結ぶ. $\|\alpha_2\| : \|\alpha_3\|$ は $1 : \sqrt{2}$ か $\sqrt{2} : 1$ である. どちらだろうか.

$$-2 = a_{23} = \frac{2(\alpha_2|\alpha_3)}{(\alpha_3|\alpha_3)}, \quad -1 = a_{32} = \frac{2(\alpha_3|\alpha_2)}{(\alpha_2|\alpha_2)}$$

から $(\alpha_2|\alpha_3)$ を消去して $\|\alpha_2\| : \|\alpha_3\| = \sqrt{2} : 1$ がわかる. したがって $\|\alpha_1\|^2$, $\|\alpha_2\|^2$, $\|\alpha_3\|^2$ の比は $\|\alpha_1\|^2 : \|\alpha_2\|^2 : \|\alpha_3\|^2 = 2 : 2 : 1$. 以上よりディンキン図形は

逆にディンキン図形からカルタン行列を復元しよう.

からデータを読み取る.

- α_1 と α_2 は 1 本の線分で結ばれているからなす角は $2\pi/3$（120°）. $\|\alpha_1\| = \|\alpha_2\|$.
- α_1 と α_3 は結ばれていないから $\alpha_1 \perp \alpha_3$. 長さの比は不定.
- α_2 と α_3 は 2 本の線分で結ばれているからなす角は $3\pi/4$. 長さの比は α_3 から α_2 に矢印が向かっているから $\|\alpha_2\| : \|\alpha_3\| = \sqrt{2} : 1$.

以上より $\|\alpha_3\| = 1$ としよう. すると $\|\alpha_2\| = 1$, α_1 と α_2 のなす角が $2\pi/3$ だから $(\alpha_1|\alpha_2) = -1/2$. α_2 と α_3 のなす角は $3\pi/4$ だから $(\alpha_2|\alpha_3) = -1$. した

がって

$$a_{12} = \frac{2(\alpha_1|\alpha_2)}{(\alpha_2|\alpha_2)} = -1, \ a_{21} = \frac{2(\alpha_2|\alpha_1)}{(\alpha_1|\alpha_1)} = -1,$$

$$a_{23} = \frac{2(\alpha_2|\alpha_3)}{(\alpha_3|\alpha_3)} = -2, \ a_{32} = \frac{2(\alpha_2|\alpha_3)}{(\alpha_2|\alpha_2)} = -1.$$

以上より

$$A = \begin{pmatrix} 2 & -1 & 0 \\ -1 & 2 & -2 \\ 0 & -1 & 2 \end{pmatrix}$$

を得る.

例 5.15 (C_3 型) カルタン行列

$$A = \begin{pmatrix} 2 & -1 & 0 \\ -1 & 2 & -1 \\ 0 & -2 & 2 \end{pmatrix}$$

からディンキン図形を描こう.

- α_1 と α_2 を $a_{12}a_{21}(= 1)$ 本の線分で結ぶ. $\|\alpha_1\| = \|\alpha_2\|$.
- α_1 と α_3 は結ばない.
- α_2 と α_3 を $a_{23}a_{32}(= 2)$ 本の線分で結ぶ.

比 $\|\alpha_1\| : \|\alpha_2\| : \|\alpha_3\|$ を考慮しないでコクセターグラフを描くと

$$\underset{\alpha_1}{\circ}\!\!-\!\!\!-\!\!\!-\!\!\!-\!\!\underset{\alpha_2}{\circ}\!\!=\!\!=\!\!\underset{\alpha_3}{\circ}$$

である. これは B_3 型のコクセターグラフと同じである. つまり B_3 型と C_3 型はコクセターグラフでは区別できない.

$a_{23} = -1, a_{32} = -2$ より $\|\alpha_3\| = \sqrt{2}\,\|\alpha_2\|$ がわかる. したがってディンキン図形は

$$\overset{1}{\underset{\alpha_1}{\circ}}\!\!-\!\!\!-\!\!\!-\!\!\!-\!\!\overset{1}{\underset{\alpha_2}{\circ}}\!\!\Longleftarrow\!\!\overset{2}{\underset{\alpha_3}{\circ}}$$

となる. この図形からカルタン行列を復元してみてほしい.

5.8 具体的な表示

A 型から G_2 型までの 9 種類のルート系が実際に存在することを示そう. $\ell = 1$, $\ell = 2$ の場合は既に与えてある例 (例 5.8 から例 5.11 まで) が含まれることを確認してほしい.

$\mathbb{E}^n$ の標準基底 $\{e_1, e_2, \ldots, e_n\}$ を用いてルート系を与えよう.

例 5.16 (A$_\ell$ **型のルート系**) $\ell \geq 1$ とする. $\mathbb{E}^{\ell+1}$ 内の ℓ 次元線型部分空間

$$E = \left\{ \sum_{i=1}^{\ell+1} x_i e_i \ \middle|\ \sum_{i=1}^{\ell+1} x_i = 0 \right\}$$

の基底 Π を $\Pi = \{e_1 - e_2, e_2 - e_3, \ldots, e_\ell - e_{\ell+1}\}$ で選ぶと Π はルートの基本系を定める. Π の定めるルート系は A$_\ell$ 型 $(\ell \geq 1)$ である.

例 5.17 (B$_\ell$ **型のルート系**) $\ell \geq 2$ とする. $E = \mathbb{E}^\ell$ において基底 Π を $\Pi = \{e_1 - e_2, e_2 - e_3, \ldots, e_{\ell-1} - e_\ell, e_\ell\}$ で定めると B$_\ell$ 型のルート系である.

例 5.18 (C$_\ell$ **型のルート系**) $\ell \geq 3$ とする. $E = \mathbb{E}^\ell$ において基底 Π を $\Pi = \{e_1 - e_2, e_2 - e_3, \ldots, e_{\ell-1} - e_\ell, 2e_\ell\}$ で定めると C$_\ell$ 型のルート系である.

C$_2$ 型のルート系も考えることができる. $\mathbb{E}^2$ において $\Pi = \{\alpha_1 = e_1 - e_2, \alpha_2 = 2e_2\}$ と選ぶとルート系を定めることがわかる.

$$(\alpha_1|\alpha_1) = 2, \quad (\alpha_1|\alpha_2) = -2, \quad (\alpha_2|\alpha_2) = 4$$

よりカルタン行列は

$$A = \begin{pmatrix} 2 & -2 \\ -1 & 2 \end{pmatrix}.$$

これと B$_2$ 型のルート系 (例 5.9) を見比べてほしい. $\mathbb{E}_2$ において $\tilde{\Pi} = \{\tilde{\alpha}_1 = \alpha_2, \tilde{\alpha}_2 = \alpha_1\}$ とおけば $\tilde{\Pi}$ もルート系を定めるが, これは B$_2$ 型ルート系である. 実際 $\tilde{\Pi}$ のカルタン行列は p. 150 で与えた (5.2) である. C$_2$ 型ルート系を B$_2$ 型と同型になるように定めたことは妥当だろうか. この点については 6.3 節, 6.4 節および附録 B.3.2 節で解説する.

162　　　　　　　第 5 章　　抽象ルート系

例 5.19 (D_ℓ 型のルート系) $\ell \geq 4$ とする．$E = \mathbb{E}^\ell$ において基底 Π を $\Pi = \{e_1 - e_2, e_2 - e_3, \ldots, e_{\ell-1} - e_\ell, e_{\ell-1} + e_\ell\}$ で定めると D_ℓ 型のルート系である．$\ell = 2$, $\ell = 3$ についても D 型のルート系を定義できることを注意しておく．

まず $\ell = 2$ のときは $\mathbb{E}^2$ において $\Pi = \{\alpha_1 = e_1 - e_2, \alpha_2 = e_1 + e_2\}$ と定める．

$$(\alpha_1|\alpha_1) = (\alpha_2|\alpha_2) = 2, \quad (\alpha_1|\alpha_2) = 0$$

よりカルタン行列は $A = \mathrm{diag}(2, 2)$. これは $\mathrm{A}_1 \times \mathrm{A}_1$ 型のルート系である．D_2 型ルート系は $\mathrm{A}_1 \times \mathrm{A}_1$ 型のことと理解しよう．

D_3 型は $\mathbb{E}^3$ において $\Pi = \{\alpha_1 = e_1 - e_2, \alpha_2 = e_2 - e_3, \alpha_3 = e_2 + e_3\}$ で定まるルート系である．

$$(\alpha_1|\alpha_1) = 2, \ (\alpha_1|\alpha_2) = -1, \ (\alpha_1|\alpha_3) = -1,$$
$$(\alpha_2|\alpha_2) = 2, \ (\alpha_2|\alpha_3) = \ \ 0, \ (\alpha_3|\alpha_3) = \ \ 2,$$

よりカルタン行列は

$$A = \begin{pmatrix} 2 & -1 & -1 \\ -1 & 2 & 0 \\ -1 & 0 & 2 \end{pmatrix}.$$

これは A_3 型のルート系のカルタン行列である．D_3 型ルート系を上で定めたように定義することの妥当性は 6.5 節で解説する．

例 5.20 (E_8 型のルート系) $E = \mathbb{E}^8$ において

$$\alpha_1 = \frac{1}{2}(e_1 + e_8) - \frac{1}{2}(e_2 + e_3 + e_4 + e_5 + e_6 + e_7),$$
$$\alpha_2 = e_1 + e_2, \ \alpha_3 = e_2 - e_1, \ \alpha_4 = e_3 - e_2,$$
$$\alpha_5 = e_4 - e_3, \ \alpha_6 = e_5 - e_4, \ \alpha_7 = e_6 - e_5$$
$$\alpha_8 = e_7 - e_8$$

とおくと基底 $\Pi = \{\alpha_1, \alpha_2, \ldots, \alpha_8\}$ は E_8 型のルート系を定める．

5.8 具体的な表示

例 5.21 (E$_6$ **型・**E$_7$ **型のルート系**) $\mathbb{E}^8$ に前の例で考えた基底 Π を指定する. $\Pi_{\mathrm{E}_6} = \{\alpha_1, \alpha_2, \ldots, \alpha_6\}$ で張られる 6 次元線型部分空間において Π_{E_6} は E$_6$ 型ルート系を定める. また $\Pi_{\mathrm{E}_7} = \{\alpha_1, \alpha_2, \ldots, \alpha_7\}$ で張られる 7 次元線型部分空間において Π_{E_7} は E$_7$ 型ルート系を定める.

例 5.22 (F$_4$ **型のルート系**) $\mathbb{E}^4$ の基底

$$\Pi = \{e_2 - e_3, e_3 - e_4, e_4, (e_1 - e_2 - e_3 - e_4)/2\}$$

は F$_4$ 型のルート系を定める.

例 5.23 (G$_2$ **型のルート系**) $\mathbb{E}^3$ 内の 2 次元線型部分空間

$$E = \left\{ \sum_{i=1}^{3} x_i e_i \;\middle|\; x_1 + x_2 + x_3 = 0 \right\}$$

の基底 $\Pi = \{e_1 - e_2, -2e_1 + e_2 + e_3\}$ は G$_2$ 型のルート系を定める.

問題 5.2 上の例で与えたルート系についてカルタン行列を計算せよ.

6 複素単純リー環の分類

　抽象ルート系がディンキン図形によって分類された．この章では複素単純リー環に戻り具体的にルート系を記述してみる．古典型とよばれる 4 種類のルート系はそれぞれ $\mathfrak{sl}_n\mathbb{C}$, $\mathfrak{so}(2n;\mathbb{C})$, $\mathfrak{sp}(n;\mathbb{C})$, $\mathfrak{so}(2n+1;\mathbb{C})$ で実現できることを確かめる．

6.1 複素単純リー環とルート系

　この章では複素単純リー環の分類を行う．基本となるのは次の 2 つの定理である．

定理 6.1 $\mathfrak{g}_1$, $\mathfrak{g}_2$ を複素半単純リー環，$\mathfrak{h}_1 \subset \mathfrak{g}_1$, $\mathfrak{h}_2 \subset \mathfrak{g}_2$, をカルタン部分環とする．これらのカルタン部分環に関するルート系をそれぞれ Δ_1, Δ_2 とする．このとき $\mathfrak{g}_1$ と $\mathfrak{g}_2$ が複素リー環として同型であるための必要十分条件は Δ_1 と Δ_2 がルート系として同型であることである．

【証明】 参考文献 [23, §10.3, 定理 3] を参照． ■

定理 6.2 $\mathfrak{g}$ を複素半単純リー環，$\mathfrak{h}$ をカルタン部分環とする．$\mathfrak{h}$ に関するルート系を Δ とする．$\mathfrak{g}$ が単純であるための必要十分条件は Δ が既約であることである．

【証明の方針】 ここでは方針を説明するに止める．詳細は [23, §13.1, 定理 1] を参照されたい．

　$\mathfrak{g}$ が $\mathfrak{g} = \mathfrak{g}_1 \oplus \mathfrak{g}_2$ とイデアルの直和であるとする．

$$\mathfrak{h}_i = \mathfrak{h} \cap \mathfrak{g}_i, \ \Delta_i = \Delta \cap \mathfrak{h}_i^*, \ \ i = 1, 2$$

とおくと $\Delta = \Delta_1 \cup \Delta_2$ であり Δ は可約であることがわかる．

逆に Δ が可約であるとする. $\Delta = \Delta_1 \cup \Delta_2$ に対し Δ_i で $\mathbb{C}$ 上で張られる $\mathfrak{h}^*$ の線型部分空間をとり, その双対空間を $\mathfrak{h}_i$ とおく.

$$\mathfrak{g}_i = \mathfrak{h}_i \oplus \sum_{\alpha \in \Delta_i} \mathfrak{g}_\alpha, \quad i = 1, 2$$

が $\mathfrak{g}$ のイデアルである. ∎

命題 5.4 より次を得る.

定理 6.3 $\mathfrak{g}$ を複素半単純リー環とする. 次の 2 つは同値である.

- $\mathfrak{g}$ は単純.
- あるカルタン部分環 $\mathfrak{h}$ に関するルート系の基本系 Π が既約.

したがって $\mathfrak{g}$ が単純であればどのカルタン部分環 $\mathfrak{h}$ に関するルート系の基本系 Π は既約である.

この定理により複素単純リー環の分類は既約である「ルートの基本系」の分類に帰着することがわかる. 前の章で紹介したルート系のうち古典型とよばれる A_ℓ 型, B_ℓ 型, C_ℓ 型, D_ℓ 型のルート系は既に知っているリー環のものであることを説明しよう.

6.2 A 型単純リー環

$\mathfrak{sl}_{\ell+1}\mathbb{C} \ (\ell \geq 1)$ について調べよう. キリング形式は $B(X, Y) = 2(\ell + 1)\operatorname{tr}(XY)$ で与えられる. 行列単位 $\{E_{ij}\}$ は

$$(6.1) \qquad\qquad E_{ij}E_{kl} = \delta_{jk}E_{il}$$

をみたすことを利用すると $i \neq j$ に対し $E_{ij} \in \mathfrak{sl}_{\ell+1}\mathbb{C}$ であり

$$B(E_{ij}, E_{ji}) = 2(\ell + 1)$$

である.

166 第 6 章 複素単純リー環の分類

$\mathfrak{sl}_{\ell+1}\mathbb{C}$ のカルタン部分環として p. 107 で採り上げた (4.2) を用いる。すなわち

$$\mathfrak{h} = \left\{ H = \begin{pmatrix} h_1 & & & \\ & h_2 & & \\ & & \ddots & \\ & & & h_{\ell+1} \end{pmatrix} \;\middle|\; h_1 + h_2 + \cdots + h_{\ell+1} = 0 \right\}.$$

$\lambda_i : \mathfrak{h} \to \mathbb{C} \; (1 \le i \le \ell + 1)$ を

$$\lambda_i \begin{pmatrix} h_1 & & & \\ & h_2 & & \\ & & \ddots & \\ & & & h_{\ell+1} \end{pmatrix} = h_i$$

で定めよう。すると $i \ne j$ のとき

$$\mathrm{ad}(H)E_{ij} = (h_i - h_j)E_{ij} = (\lambda_i(H) - \lambda_j(H))E_{ij}$$

であるから $\mathfrak{h}$ に関するルート系は

$$\Delta = \{\pm(\lambda_i - \lambda_j) \mid 1 \le i < j \le \ell + 1\}$$

で与えられ，対応するルート空間は $\mathfrak{g}_{\lambda_i - \lambda_j} = \mathbb{C}E_{ij}$. 各 $H \in \mathfrak{h}$ は

$$H = \sum_{k=1}^{\ell+1} \lambda_k(H)E_{kk}$$

と表示できる。

各ルート $\alpha \in \Delta$ に対応する双対ベクトルを求めよう。$\alpha = \lambda_i - \lambda_j$ と $H = \sum_{k=1}^{\ell+1} h_k E_{kk}$ に対し

$$B(E_{ii} - E_{jj}, H) = 2(\ell + 1) \operatorname{tr}(E_{ii}H - E_{jj}H)$$

$$= 2(\ell + 1) \sum_{k=1}^{n} h_k \operatorname{tr}(E_{ii}E_{kk} - E_{jj}E_{kk})$$

$$= 2(\ell + 1) \sum_{k=1}^{\ell+1} \operatorname{tr}(h_k \delta_{ik} E_{ik} - h_k \delta_{jk} E_{jk})$$

$$= 2(\ell + 1) \sum_{k=1}^{n} h_k \operatorname{tr}(h_i E_{ii} - h_j E_{jj})$$

$$= 2(\ell + 1)(h_i - h_j) = 2(\ell + 1)(\lambda_i(H) - \lambda_j(H))$$

$$= 2(\ell + 1)\alpha(H).$$

したがって

$$H_{\lambda_i - \lambda_j} = \frac{1}{2(\ell + 1)}(E_{ii} - E_{jj})$$

を得る.

ルートの基本系 $\Pi = \{\alpha_1, \alpha_2, \dots, \alpha_\ell\}$ として

$$\alpha_i = \lambda_i - \lambda_{i+1}, \ 1 \leq i \leq \ell$$

を選ぶことができる. $i < j$ に対し

$$\lambda_i - \lambda_j = \alpha_i + \alpha_{i+1} + \cdots + \alpha_j$$

より

$$\Delta_+ = \{\lambda_i - \lambda_j \mid 1 \leq i < j \leq \ell\}$$

である. 単純ルート α_i に対応する双対ベクトルは

$$H_{\alpha_i} = \frac{1}{2(\ell + 1)}(E_{ii} - E_{i+1\,i+1})$$

である. $\mathfrak{h}_{\mathbb{R}}^*$ における内積 $(\cdot|\cdot)$ を計算しよう (p. 125 参照).

$$(\alpha_i | \alpha_j) = B^*(\alpha_i, \alpha_j) = \alpha_i(H_{\alpha_j})$$

168 第 6 章 複素単純リー環の分類

より

$$(\alpha_i|\alpha_j) = \begin{cases} 0 & (|i-j| \leq 2 \text{ のとき}), \\ -\frac{1}{2(\ell+1)} & (|i-j| = 1 \text{ のとき}), \\ \frac{1}{\ell+1} & (i = j \text{ のとき}) \end{cases}$$

これを用いてカルタン行列 $A = (a_{ij})$ を計算しよう.

$$a_{ij} = \frac{2(\alpha_i|\alpha_j)}{(\alpha_j|\alpha_j)}$$

より

$$(6.2) \qquad A = \begin{pmatrix} 2 & -1 & 0 & \cdots & 0 \\ -1 & 2 & -1 & \cdots & 0 \\ 0 & -1 & \ddots & \ddots & \vdots \\ \vdots & \vdots & \ddots & 2 & -1 \\ 0 & 0 & \cdots & -1 & 2 \end{pmatrix}.$$

したがって $\mathfrak{sl}_{\ell+1}\mathbb{C}$ のルート系は A_ℓ 型 ($\ell \geq 1$) であることがわかる.

6.3 C 型単純リー環

例 2.8 で見たように $\mathfrak{sp}(n;\mathbb{C})$ は

$$\mathfrak{sp}(n;\mathbb{C}) = \left\{ \begin{pmatrix} A & B \\ C & -{}^tA \end{pmatrix} \,\middle|\, {}^tB = B, \; {}^tC = C \right\}$$

と表示できる. キリング形式は $B(X,Y) = (2n+2)\mathrm{tr}(XY)$ で与えられる (問題 3.3). カルタン部分環として例 4.4 で紹介した $\mathfrak{h}$ を選ぼう. すなわち $\mathfrak{h}$ は

$$\left\{ \left(\begin{array}{cccc|cccc} h_1 & & & & & & & \\ & h_2 & & & & & & \\ & & \ddots & & & & & \\ & & & h_n & & & & \\ \hline & & & & -h_1 & & & \\ & & & & & -h_2 & & \\ & & & & & & \ddots & \\ & & & & & & & -h_n \end{array} \right) \,\middle|\, h_1, h_2, \ldots, h_n \in \mathbb{C} \right\}$$

である（式 (4.10) 参照）．$\dim \mathfrak{h} = n$ より $\mathfrak{sp}(n;\mathbb{C})$ の階数は $\ell = n$ である．そこで以下 n を ℓ に書き換える．

$\mathfrak{h}$ の要素を

$$H = \begin{pmatrix} \mathrm{diag}(h_1, h_2, \ldots, h_\ell) & O \\ O & -\mathrm{diag}(h_1, h_2, \ldots, h_\ell) \end{pmatrix}$$

と表し $\lambda_i \in \mathfrak{h}^* \ (1 \le i \le \ell)$ を $\lambda_i(H) = h_i$ と定める．

行列のサイズが一般のままだと計算がちょっと面倒なので $\mathfrak{sp}(2;\mathbb{C})$ のルート系を調べてみよう．

$$H = \left(\begin{array}{cc|cc} h_1 & 0 & 0 & 0 \\ 0 & h_2 & 0 & 0 \\ \hline 0 & 0 & -h_1 & 0 \\ 0 & 0 & 0 & -h_2 \end{array} \right) \in \mathfrak{h},$$

$$X = \left(\begin{array}{cc|cc} a_{11} & a_{12} & c_{11} & c_{21} \\ a_{21} & a_{22} & c_{21} & c_{22} \\ \hline b_{11} & b_{21} & -a_{11} & -a_{21} \\ b_{21} & b_{22} & -a_{12} & -a_{22} \end{array} \right) \in \mathfrak{sp}(n;\mathbb{C})$$

に対し $\mathrm{ad}(H)X$ は

$$\left(\begin{array}{cc|cc} 0 & (h_1 - h_2)a_{12} & 2h_1 c_{11} & (h_1 + h_2)c_{21} \\ -(h_1 - h_2)a_{21} & 0 & (h_1 + h_2)c_{21} & 2h_2 c_{22} \\ \hline -2h_1 b_{11} & -(h_1 + h_2)b_{21} & 0 & (h_1 - h_2)a_{21} \\ -(h_1 + h_2)b_{21} & -2h_2 b_{22} & -(h_1 - h_2)a_{12} & 0 \end{array} \right)$$

と計算される．したがって非零ルートは

$$\Delta = \{\pm(\lambda_1 - \lambda_2),\ \pm(\lambda_1 + \lambda_2),\ \pm 2\lambda_1,\ \pm 2\lambda_2\}$$

である．各ルート空間は

$$\mathfrak{g}_{\lambda_1 - \lambda_2} = \mathbb{C}(E_{12} + E_{43}), \quad \mathfrak{g}_{-\lambda_1 + \lambda_2} = \mathbb{C}(E_{21} + E_{34}),$$
$$\mathfrak{g}_{\lambda_1 + \lambda_2} = \mathbb{C}(E_{14} + E_{23}), \quad \mathfrak{g}_{-\lambda_1 - \lambda_2} = \mathbb{C}(E_{32} + E_{41}),$$
$$\mathfrak{g}_{2\lambda_1} = \mathbb{C}E_{13}, \quad \mathfrak{g}_{-2\lambda_1} = \mathbb{C}E_{31},$$
$$\mathfrak{g}_{2\lambda_2} = \mathbb{C}E_{24}, \quad \mathfrak{g}_{-2\lambda_2} = \mathbb{C}E_{42}.$$

170　　　第 6 章　複素単純リー環の分類

ルートの基本系 $\Pi = \{\alpha_1, \alpha_2\}$ として

$$\alpha_1 = \lambda_1 - \lambda_2, \quad \alpha_2 = 2\lambda_2$$

が選べる．正ルートは $\Delta_+ = \{\alpha_1, \alpha_2, \alpha_1 + \alpha_2, 2\alpha_1 + \alpha_2\}$ で与えられる．実際

$$\lambda_1 - \lambda_2 = \alpha_1, \quad \lambda_1 + \lambda_2 = \alpha_1 + \alpha_2, \quad 2\lambda_1 = 2\alpha_1 + \alpha_2, \quad 2\lambda_2 = \alpha_2.$$

Δ は例 5.3，例 5.9 の B_2 型ルート系と一致していることを確認してほしい．すると $\ell \geq 2$ についても $\mathfrak{sp}(\ell; \mathbb{C})$ は B_ℓ 型なのかなと思う読者もいるかもしれないが，そうではない．ここで例 5.18 で注意したことを思い出してほしい．B_2 型ルート系は C_2 型ルート系と同型なのである．さらに $\mathfrak{sp}(\ell; \mathbb{C})$ は C_ℓ 型 $(\ell \geq 2)$ なのである．

$\mathfrak{sp}(2; \mathbb{C})$ の考察に戻ろう．各ルートに対応する双対ベクトルを求めよう．$H \in \mathfrak{h}$ は

$$H = \lambda_1(H)(E_{11} - E_{33}) + \lambda_2(H)(E_{22} - E_{44})$$

と表せる．キリング形式は $B(X, Y) = 6\mathrm{tr}(XY)$ だから

$$\begin{aligned}
B(E_{11} - E_{33}, H) &= \ 6\lambda_1(H)\mathrm{tr}\left((E_{11} - E_{33})(E_{11} - E_{33})\right) \\
&\quad + 6\lambda_2(H)\mathrm{tr}\left((E_{11} - E_{33})(E_{22} - E_{44})\right) \\
&= \ 6\lambda_1(H)\mathrm{tr}\left(E_{11} + E_{33}\right) = 12\lambda_1(H).
\end{aligned}$$

同様に $B(E_{22} - E_{44}, H) = 12\lambda_2(H)$ であるから

$$H_{\alpha_1} = \frac{1}{12}\{(E_{11} - E_{33}) - (E_{22} - E_{44})\}, \quad H_{\alpha_2} = \frac{1}{6}(E_{22} - E_{44})$$

が得られた．したがって

$$\begin{aligned}
(\alpha_1 | \alpha_1) &= B(H_{\alpha_1}, H_{\alpha_1}) = \frac{1}{6}, \\
(\alpha_1 | \alpha_2) &= B(H_{\alpha_1}, H_{\alpha_2}) = -\frac{1}{6}, \\
(\alpha_2 | \alpha_2) &= B(H_{\alpha_2}, H_{\alpha_2}) = \frac{1}{3}.
\end{aligned}$$

以上よりカルタン行列は（p. 161 で見たように）

$$A = \begin{pmatrix} 2 & -1 \\ -2 & 2 \end{pmatrix}$$

である．次の節で B_2 型を改めて調べる．

$\ell > 2$ のとき $\mathfrak{sp}(\ell;\mathbb{C})$ は C_ℓ 型であることを確かめよう．

$\mathfrak{sp}(2;\mathbb{C})$ のときの計算を参考にすれば，一般の $\ell \geq 2$ に対し次のように計算できる．

- $1 \leq i \leq j \leq \ell$ に対し

$$\mathrm{ad}(H)(E_{i\ n+j} + E_{j\ n+i}) = (\lambda_i + \lambda_j)(H)(E_{i\ n+j} + E_{j\ n+i}).$$

- $1 \leq i \leq j \leq \ell$ に対し

$$\mathrm{ad}(H)(E_{n+i\ j} + E_{n+j\ i}) = -(\lambda_i + \lambda_j)(H)(E_{n+i\ j} + E_{n+j\ i}).$$

- $1 \leq i,j \leq \ell,\ i \neq j$ に対し

$$\mathrm{ad}(H)(E_{i\ j} - E_{n+j\ n+i}) = \quad (\lambda_i - \lambda_j)(H)(E_{i\ j} - E_{n+j\ n+i}).$$

以上より

$$\Delta = \{\pm(\lambda_i - \lambda_j),\ \pm(\lambda_i + \lambda_j)\}_{1 \leq i < j \leq \ell} \cup \{\pm 2\lambda_j\}_{1 \leq j \leq \ell}$$

である．ルートの基本系は

$$\alpha_i = \lambda_i - \lambda_{i+1}\ (1 \leq i \leq \ell - 1),\quad \alpha_\ell = 2\lambda_\ell$$

と求められる．5.8 節と比較すると Π は C_ℓ 型であることがわかる．カルタン行列を計算してみよう．まず単純ルートに対応する双対ベクトルは

$$H_{\alpha_i} = \frac{1}{4(\ell+1)}\{(E_{ii} - E_{i+1\ i+1}) - (E_{\ell+i\ \ell+i} - E_{\ell+i+1\ \ell+i+1})\}\ (i \neq \ell),$$

$$H_{\alpha_\ell} = \frac{1}{2(\ell+1)}(E_{\ell\ \ell} - E_{2\ell\ 2\ell})$$

であるから

$$(\alpha_i|\alpha_j) = 0 \quad (|i-j| \geq 2,\ 1 \leq i,j \leq \ell-1 \ \text{のとき})$$
$$(\alpha_{\ell-1}|\alpha_\ell) = -\frac{1}{2(\ell-1)} \quad (|i-j| = 1,\ 1 \leq i,j \leq \ell-1 \ \text{のとき})$$
$$(\alpha_i|\alpha_i) = \frac{1}{2(\ell+1)} \quad (i = 1,2,\ldots,\ell-1 \ \text{のとき}),$$
$$(\alpha_\ell|\alpha_\ell) = \frac{1}{\ell+1}.$$

と計算される（この検証は読者に委ねよう）．するとカルタン行列は C_ℓ 型であることが確かめられる．B_2 型と C_2 型のリー環は同型であるが $\ell \geq 3$ のとき B_ℓ 型のリー環と C_ℓ 型のリー環は同型ではない．

6.4　B 型単純リー環

$\mathfrak{so}(2\ell+1;\mathbb{C})$ のルート系を調べよう．(4.9) で与えたカルタン部分環 $\mathfrak{h}$ を用いる．すなわち

$$\mathfrak{h} = \left\{ \begin{pmatrix} h_1 J & & & & \\ & h_2 J & & & \\ & & \ddots & & \\ & & & h_\ell J & \\ & & & & 0 \end{pmatrix} \ \middle|\ h_1, h_2, \ldots, h_\ell \in \mathbb{C} \right\}.$$

様子をつかむために $\ell = 1$, $\ell = 2$ の場合を具体的に書いてみよう．$\ell = 1$ のとき

$$\mathfrak{h} = \left\{ \begin{pmatrix} 0 & -h & 0 \\ h & 0 & 0 \\ 0 & 0 & 0 \end{pmatrix} \ \middle|\ h \in \mathbb{C} \right\} \subset \mathfrak{so}(3;\mathbb{C}).$$

ここで

$$H_1 = \begin{pmatrix} 0 & -1 & 0 \\ 1 & 0 & 0 \\ 0 & 0 & 0 \end{pmatrix} \in \mathfrak{h}$$

とおく. $\mathfrak{h} = \mathbb{C}H_1$ である.

$$Z = \begin{pmatrix} 0 & 0 & z_1 \\ 0 & 0 & z_2 \\ -z_1 & z_2 & 0 \end{pmatrix} \in \mathfrak{so}(3;\mathbb{C})$$

に対し $\mathrm{ad}(H_1)Z$ を計算しよう. $\boldsymbol{z} = (z_1, z_2) \in \mathbb{C}^2$ とおくと

$$\mathrm{ad}(H_1)Z = \left(\begin{array}{c|c} O_2 & J\boldsymbol{z} \\ \hline -{}^t(J\boldsymbol{z}) & 0 \end{array} \right)$$

である. $\mathrm{ad}(H)Z = \lambda_1(H)Z$ となるように線型汎函数 λ_1 を定めよう. 行列 J の固有値は $\pm\mathrm{i}$ で i に対応する固有ベクトルとして $\boldsymbol{z} = (1, \mathrm{i})$ が採れる. そこで $\lambda_1(H_1) = \mathrm{i}$,

$$Z = \begin{pmatrix} 0 & 0 & 1 \\ 0 & 0 & -\mathrm{i} \\ -1 & \mathrm{i} & 0 \end{pmatrix}$$

と選べば $\mathrm{ad}(H)Z = \lambda_1(H)Z$ がすべての $H \in \mathfrak{h}$ に対し成立する. ルート系は $\Delta = \{\pm\lambda_1\}$ で与えられる. ルート空間は

$$\mathfrak{g}_{\lambda_1} = \mathbb{C} \begin{pmatrix} 0 & 0 & 1 \\ 0 & 0 & -\mathrm{i} \\ -1 & \mathrm{i} & 0 \end{pmatrix}, \quad \mathfrak{g}_{-\lambda_1} = \mathbb{C} \begin{pmatrix} 0 & 0 & 1 \\ 0 & 0 & \mathrm{i} \\ -1 & -\mathrm{i} & 0 \end{pmatrix}.$$

ルートの基本系として $\Pi = \{\alpha_1\}$, $\alpha_1 = \lambda_1$ が選べる. α_1 に対応する双対ベクトル H_{α_1} を求める. $\mathfrak{so}(3;\mathbb{C})$ のキリング形式は $B(X, Y) = \mathrm{tr}(XY)$ で与えられるから

$$B(H_1, H_1) = \mathrm{tr} \begin{pmatrix} -1 & 0 & 0 \\ 0 & -1 & 0 \\ 0 & 0 & 0 \end{pmatrix} = -2.$$

$H_{\alpha_1} = hH_1$ とおくと

$$\alpha_1(H_{\alpha_1}) = B(H_{\alpha_1}, H_{\alpha_1}) = h^2 B(H_1, H_1) = -2h^2.$$

一方

$$\alpha_1(H_{\alpha_1}) = h\alpha_1(H_1) = h\lambda_1(H_1) = h\mathrm{i}$$

174 第 6 章 複素単純リー環の分類

であるから $h = -\mathrm{i}/2$. すなわち $H_{\alpha_1} = -\mathrm{i}H_1/2$. $\Delta = \{\pm\alpha_1\}$ であるからこのルート系は A_1 型であることがわかる. ということは $\mathfrak{so}(3;\mathbb{C})$ は複素リー環として $\mathfrak{sl}_2\mathbb{C}$ と同型であることを意味する. この同型は具体的にわかっている. 実際, 例 2.13 で説明した実リー環の同型 $\mathfrak{su}(2) \cong \mathfrak{so}(3)$ を複素化すればよい.

続けて $\mathfrak{so}(5;\mathbb{C})$ を調べよう. カルタン部分環は

$$
\mathfrak{h} = \left\{ \left(\begin{array}{c|c|c} h_1 J & & \\ \hline & h_2 J & \\ \hline & & 0 \end{array} \right) \;\middle|\; h_1, h_2 \in \mathbb{C} \right\}
$$

である. $\mathfrak{h}$ の基底として

$$
H_1 = \left(\begin{array}{c|c|c} J & & \\ \hline & O_2 & \\ \hline & & 0 \end{array} \right), \quad H_2 = \left(\begin{array}{c|c|c} O_2 & & \\ \hline & J & \\ \hline & & 0 \end{array} \right)
$$

を選ぶ. $\mathfrak{so}(3;\mathbb{C})$ のときをまねて $\lambda_1, \lambda_2 \in \mathfrak{h}^*$ を $\lambda_i(H_j) = \delta_{ij}\,\mathrm{i}$ で定める. $\mathfrak{so}(3;\mathbb{C})$ のときの計算をまねて

$$
D_1^+ = \left(\begin{array}{c|c|c} O_2 & & \begin{matrix} 1 \\ \mathrm{i} \end{matrix} \\ \hline & O_2 & \\ \hline -1 \; -\mathrm{i} & & 0 \end{array} \right), \quad D_1^- = \left(\begin{array}{c|c|c} O_2 & & \begin{matrix} 1 \\ -\mathrm{i} \end{matrix} \\ \hline & O_2 & \\ \hline -1 \; \mathrm{i} & & 0 \end{array} \right),
$$

$$
D_2^+ = \left(\begin{array}{c|c|c} O_2 & & \\ \hline & O_2 & \begin{matrix} 1 \\ \mathrm{i} \end{matrix} \\ \hline & -1 \; -\mathrm{i} & 0 \end{array} \right), \quad D_2^- = \left(\begin{array}{c|c|c} O_2 & & \\ \hline & O_2 & \begin{matrix} 1 \\ -\mathrm{i} \end{matrix} \\ \hline & -1 \; \mathrm{i} & 0 \end{array} \right)
$$

とおくとすべての $H \in \mathfrak{h}$ に対し

$$
\mathrm{ad}(H)D_j^\pm = \mp\lambda_j(H)D_j^\pm, \quad j = 1, 2
$$

が成り立つ. したがって $\pm\lambda_1, \pm\lambda_2$ はルートである. 対応するルート空間は $\mathfrak{g}_{\pm\lambda_j} = \mathbb{C}D_j^\mp$ である. さらに

$$
G_{12}^{+} = \begin{pmatrix} 0 & 0 & 1 & \mathrm{i} & 0 \\ 0 & 0 & -\mathrm{i} & 1 & 0 \\ \hline -1 & \mathrm{i} & 0 & 0 & 0 \\ -\mathrm{i} & -1 & 0 & 0 & 0 \\ \hline 0 & 0 & 0 & 0 & 0 \end{pmatrix}, \quad
G_{12}^{-} = \begin{pmatrix} 0 & 0 & 1 & \mathrm{i} & 0 \\ 0 & 0 & \mathrm{i} & -1 & 0 \\ \hline -1 & -\mathrm{i} & 0 & 0 & 0 \\ -\mathrm{i} & 1 & 0 & 0 & 0 \\ \hline 0 & 0 & 0 & 0 & 0 \end{pmatrix},
$$

$$
G_{21}^{+} = \begin{pmatrix} 0 & 0 & -1 & \mathrm{i} & 0 \\ 0 & 0 & -\mathrm{i} & -1 & 0 \\ \hline 1 & \mathrm{i} & 0 & 0 & 0 \\ -\mathrm{i} & 1 & 0 & 0 & 0 \\ \hline 0 & 0 & 0 & 0 & 0 \end{pmatrix}, \quad
G_{21}^{-} = \begin{pmatrix} 0 & 0 & -1 & \mathrm{i} & 0 \\ 0 & 0 & \mathrm{i} & 1 & 0 \\ \hline 1 & -\mathrm{i} & 0 & 0 & 0 \\ -\mathrm{i} & -1 & 0 & 0 & 0 \\ \hline 0 & 0 & 0 & 0 & 0 \end{pmatrix}
$$

とおくと

$$
\mathrm{ad}(H)G_{12}^{+} = (\lambda_1(H) - \lambda_2(H))G_{12}^{+}, \ \mathrm{ad}(H)G_{21}^{+} = (\lambda_2(H) - \lambda_1(H))G_{21}^{+},
$$

$$
\mathrm{ad}(H)G_{12}^{-} = -(\lambda_1(H) + \lambda_2(H))G_{12}^{-}, \ \mathrm{ad}(H)G_{21}^{-} = (\lambda_2(H) + \lambda_1(H))G_{21}^{-}
$$

がすべての $H \in \mathfrak{h}$ に対し成立する. 以上のことから

$$
\Delta = \{\pm\lambda_1, \pm\lambda_2, \pm(\lambda_1 - \lambda_2), \pm(\lambda_1 + \lambda_2)\}
$$

が得られる. ルートの基本系 $\Pi = \{\alpha_1, \alpha_2\}$ として

$$
\alpha_1 = \lambda_1 - \lambda_2, \quad \alpha_2 = \lambda_2
$$

が選べる. 実際 Δ は

$$
\Delta = \{\pm\alpha_1, \pm\alpha_2, \pm(\alpha_1 + \alpha_2), \pm(\alpha_1 + 2\alpha_2)\}
$$

と書き直せる. 例 5.9 と比較して B_2 型であることがわかる. カルタン行列を計算してみよう.

$\mathfrak{so}(5; \mathbb{C})$ のキリング形式は $B(X, Y) = 3\,\mathrm{tr}(XY)$.

$$
B(H_1, H_1) = B(H_2, H_2) = 3 \cdot (-2) = -6
$$

より λ_i に対応するベクトル $\#\lambda_i$ は $\#\lambda_i = -\mathrm{i}H_i/20$ である. したがって

$$
H_{\alpha_1} = -\frac{\mathrm{i}}{6}(H_1 - H_2), \quad H_{\alpha_2} = -\frac{\mathrm{i}}{6}H_2.
$$

176 第 6 章 複素単純リー環の分類

すると

$$(\alpha_1|\alpha_1) = B(H_{\alpha_1}, H_{\alpha_1}) = \left(-\frac{\mathrm{i}}{6}\right)^2 B(H_1 - H_2, H_1 - H_2) = \frac{1}{3},$$

$$(\alpha_1|\alpha_2) = B(H_{\alpha_1}, H_{\alpha_1}) = \left(-\frac{\mathrm{i}}{6}\right)^2 B(H_1 - H_2, H_2) = -\frac{1}{6},$$

$$(\alpha_2|\alpha_2) = B(H_{\alpha_1}, H_{\alpha_1}) = \left(-\frac{\mathrm{i}}{6}\right)^2 B(H_2, H_2) = \frac{1}{6}$$

よりカルタン行列は

$$A = \begin{pmatrix} 2 & -2 \\ -1 & 2 \end{pmatrix}$$

となり B_2 型であることがわかる（p. 150 の (5.2) 参照）．この事実から複素リー環としての同型 $\mathfrak{sp}(2;\mathbb{C}) \cong \mathfrak{so}(5;\mathbb{C})$ が成立することがわかる．この同型については（四元数を用いて）附録 B.3.2 節で解説する．

一般の $\ell \geq 2$ については以下のように記述される．

- $1 \leq i \leq \ell$ に対し

$$H_i = E_{2i\ 2i-1} - E_{2i-1\ 2i},$$

- $1 \leq j, k \leq \ell, j \neq k$ に対し

$$\begin{aligned} G_{jk}^+ = {} & (E_{2j-1\ 2k-1} - E_{2k-1\ 2j-1}) + (E_{2j\ 2k} - E_{2k\ 2j}) \\ & + \mathrm{i}(E_{2j-1\ 2k} - E_{2k\ 2j-1}) - \mathrm{i}(E_{2j\ 2k-1} - E_{2k-1\ 2j}), \end{aligned}$$

- $1 \leq j < k \leq \ell$ に対し

$$\begin{aligned} G_{jk}^- = {} & (E_{2j-1\ 2k-1} - E_{2k-1\ 2j-1}) - (E_{2j\ 2k} - E_{2k\ 2j}) \\ & + \mathrm{i}(E_{2j-1\ 2k} - E_{2k\ 2j-1}) + \mathrm{i}(E_{2j\ 2k-1} - E_{2k-1\ 2j}), \end{aligned}$$

- $1 \leq j < k \leq \ell$ に対し

$$G_{kj}^- = \overline{G_{jk}^-},$$

- $1 \leq j \leq \ell$ に対し

$$D_j^\pm = E_{2j-1\ 2\ell+1} - E_{2\ell+1\ 2j-1} \pm \mathrm{i}(E_{2j\ 2\ell+1} - E_{2\ell+1\ 2j})$$

とおく．さらに $\lambda_i \in \mathfrak{h}^*$ を

$$\lambda_i \begin{pmatrix} h_1 J & & & & \\ & h_2 J & & & \\ & & \ddots & & \\ & & & h_\ell J & \\ & & & & 0 \end{pmatrix} = \mathrm{i} h_i, \quad 1 \le i \le \ell$$

と定めると

$$\begin{aligned}
\mathrm{ad}(H)G_{jk}^+ &= \quad (\lambda_j(H) - \lambda_k(H))G_{jk}^+, \quad 1 \le j, k \le \ell,\ j \ne k, \\
\mathrm{ad}(H)G_{jk}^- &= -(\lambda_j(H) + \lambda_k(H))G_{jk}^-, \quad 1 \le j < k \le \ell, \\
\mathrm{ad}(H)G_{jk}^- &= \quad (\lambda_j(H) + \lambda_k(H))G_{jk}^-, \quad 1 \le k < j \le \ell, \\
\mathrm{ad}(H)D_j^\pm &= \mp \lambda_j(H)D_j^\pm, \quad 1 \le j \le \ell
\end{aligned}$$

が確かめられる．したがって

$$\Delta = \{\pm\lambda_j\}_{1 \le j \le \ell} \cup \{\lambda_i - \lambda_j\}_{1 \le i, j \le \ell} \cup \{\pm(\lambda_i + \lambda_j)\}_{1 \le i < j \le \ell}.$$

ルートの基本系として

$$\alpha_j = \lambda_j - \lambda_{j+1}\,(1 \le j \le \ell - 1), \quad \alpha_\ell = \lambda_\ell$$

が選べる．キリング形式は $B(X,Y) = (2\ell - 1)\mathrm{tr}(XY)$ であるから $B(H_i, H_i) = -2(2\ell - 1)$. λ_i に対応するベクトルは

$$\#\lambda_i = -\frac{\mathrm{i}}{2(2\ell - 1)}H_i, \quad 1 \le i \le \ell.$$

したがって

$$B^*(\lambda_i, \lambda_i) = \frac{1}{2(2\ell - 1)}, \quad B^*(\lambda_i, \lambda_j) = 0\ (i \ne j)$$

を得る．以上の結果を使うと

$$(\alpha_i | \alpha_j) = 0 \quad (|i-j| \geq 2 \text{ のとき}),$$

$$(\alpha_i | \alpha_j) = -\frac{1}{2(2\ell-1)} \quad (|i-j| = 1 \text{ のとき}),$$

$$(\alpha_i | \alpha_i) = \frac{1}{2\ell-1} \quad (1 \leq i \leq \ell-1 \text{ のとき}),$$

$$(\alpha_\ell | \alpha_\ell) = \frac{1}{2(2\ell-1)}$$

これからカルタン行列 A を計算すると A は B_ℓ 型 $(\ell \geq 2)$ である (確かめよ).

6.5 D 型単純リー環

続けて $\mathfrak{so}(2\ell; \mathbb{C})$ のルート系を調べよう. (4.8) で与えたカルタン部分環 $\mathfrak{h}$ を用いる. すなわち

$$\mathfrak{h} = \left\{ \begin{pmatrix} h_1 J & & & \\ & h_2 J & & \\ & & \ddots & \\ & & & h_\ell J \end{pmatrix} \ \middle| \ h_1, h_2, \ldots, h_\ell \in \mathbb{C} \right\}.$$

まず $\ell = 2$ のときを調べよう. $\mathfrak{h}$ の基底として

$$H_1 = \left(\begin{array}{c|c} J & \\ \hline & O_2 \end{array} \right), \ \ H_2 = \left(\begin{array}{c|c} O_2 & \\ \hline & J \end{array} \right)$$

を採る. $\mathfrak{so}(5; \mathbb{C})$ のときを参考に

$$G_{12}^+ = \left(\begin{array}{cc|cc} 0 & 0 & 1 & \mathrm{i} \\ 0 & 0 & -\mathrm{i} & 1 \\ \hline -1 & \mathrm{i} & 0 & 0 \\ -\mathrm{i} & -1 & 0 & 0 \end{array} \right), \ \ G_{12}^- = \left(\begin{array}{cc|cc} 0 & 0 & 1 & \mathrm{i} \\ 0 & 0 & \mathrm{i} & -1 \\ \hline -1 & -\mathrm{i} & 0 & 0 \\ -\mathrm{i} & 1 & 0 & 0 \end{array} \right),$$

$$G_{21}^+ = \left(\begin{array}{cc|cc} 0 & 0 & -1 & \mathrm{i} \\ 0 & 0 & -\mathrm{i} & -1 \\ \hline 1 & \mathrm{i} & 0 & 0 \\ -\mathrm{i} & 1 & 0 & 0 \end{array} \right), \ \ G_{21}^- = \left(\begin{array}{cc|cc} 0 & 0 & -1 & \mathrm{i} \\ 0 & 0 & \mathrm{i} & 1 \\ \hline 1 & -\mathrm{i} & 0 & 0 \\ -\mathrm{i} & -1 & 0 & 0 \end{array} \right)$$

とおくと

$$\mathrm{ad}(H)G_{12}^+ = (\lambda_1(H) - \lambda_2(H))G_{12}^+, \ \mathrm{ad}(H)G_{21}^+ = (\lambda_2(H) - \lambda_1(H))G_{21}^+,$$

$$\mathrm{ad}(H)G_{12}^- = -(\lambda_1(H) + \lambda_2(H))G_{12}^-,\ \mathrm{ad}(H)G_{21}^- = (\lambda_2(H) + \lambda_1(H))G_{21}^-$$

がすべての $H \in \mathfrak{h}$ に対し成立する．以上のことから

$$\Delta = \{\pm(\lambda_1 - \lambda_2), \pm(\lambda_1 + \lambda_2)\}$$

である．ルートの基本系として

$$\alpha_1 = \lambda_1 - \lambda_2,\quad \alpha_2 = \lambda_1 + \lambda_2$$

を選ぼう．キリング形式は $B(X,Y) = 2\mathrm{tr}(XY)$ であるから $B(H_1, H_1) = B(H_2, H_2) = -4$. λ_1, λ_2 に対応する双対ベクトルは $\#\lambda_i = -\mathrm{i}H_i/4$. α_1, α_2 に対応する双対ベクトル H_{α_1}, H_{α_2} は $B(H_{\alpha_1}, H_{\alpha_2}) = 0$ をみたすから $\mathfrak{so}(4; \mathbb{C})$ のルート系のカルタン行列は $\mathrm{A}_1 \times \mathrm{A}_1$ 型のカルタン行列と一致する．したがって $\mathfrak{so}(4; \mathbb{C})$ は $\mathfrak{sl}_2\mathbb{C} \oplus \mathfrak{sl}_2\mathbb{C}$ と同型である．

例 2.16 と例 2.13 で紹介したリー環同型を組み合わせて $\mathfrak{so}(4) \cong \mathfrak{so}(3) \oplus \mathfrak{so}(3) \cong \mathfrak{su}(2) \oplus \mathfrak{su}(2)$ を得る．複素化により $\mathfrak{so}(4; \mathbb{C}) \cong \mathfrak{sl}_2\mathbb{C} \oplus \mathfrak{sl}_2\mathbb{C}$ が実現される．

次に $\mathfrak{so}(6; \mathbb{C})$ を調べよう．$\mathfrak{h}$ の基底として

$$H_1 = \left(\begin{array}{c|c|c} J & & \\ \hline & O & \\ \hline & & O \end{array}\right),\ H_2 = \left(\begin{array}{c|c|c} O & & \\ \hline & J & \\ \hline & & O \end{array}\right),\ H_3 = \left(\begin{array}{c|c|c} O & & \\ \hline & O & \\ \hline & & J \end{array}\right)$$

を選ぶ．$\lambda_i \in \mathfrak{h}^*$ を $\lambda_i(H_j) = \mathrm{i}\delta_{ij}$ で定める．キリング形式は $B(X,Y) = 4\mathrm{tr}(XY)$ であるから λ_i の双対ベクトルは $\#\lambda_i = -\mathrm{i}H_i/8$ で与えられる．

$$\Delta = \{\pm(\lambda_1 - \lambda_2), \pm(\lambda_1 - \lambda_3), \pm(\lambda_2 - \lambda_3), \pm(\lambda_1 + \lambda_2), \pm(\lambda_1 + \lambda_3), \pm(\lambda_2 + \lambda_3)\}.$$

ルートの基本系として

$$\alpha_1 = \lambda_1 - \lambda_2,\ \alpha_2 = \lambda_2 - \lambda_3,\ \alpha_3 = \lambda_2 + \lambda_3$$

を選ぶ．

$$(\alpha_1|\alpha_1) = (\alpha_2|\alpha_2) = (\alpha_3|\alpha_3) = \frac{1}{4}, (\alpha_1|\alpha_2) = (\alpha_1|\alpha_3) = -\frac{1}{8}, (\alpha_2|\alpha_3) = 0$$

180　　第 6 章　複素単純リー環の分類

よりカルタン行列は

$$A = \begin{pmatrix} 2 & -1 & -1 \\ -1 & 2 & 0 \\ -1 & 0 & 2 \end{pmatrix}.$$

この行列は例 5.19 で定めた D_3 型ルート系のカルタン行列である．例 5.19 における D_3 型ルート系の定義が妥当だと納得できただろうか．このカルタン g 等列は A_3 型のカルタン行列と一致している．ということは $\mathfrak{so}(6; \mathbb{C}) \cong \mathfrak{sl}_4\mathbb{C}$ である．この同型については附録 B.3.2 節で説明する[*1]．

一般の $\ell \geq 4$ については $\mathfrak{h}$ の基底 $\{H_1, H_2, \ldots, H_\ell\}$ を

$$H_i = E_{2i\ 2i-1} - E_{2i-1\ 2i}, \quad 1 \leq i \leq \ell$$

で選ぶ．線型汎函数 λ_i を $\lambda_i(H_j) = \mathrm{i}\delta_{ij}$ で定める．G_{jk}^+ と G_{jk}^- を $\mathfrak{so}(2\ell + 1)$ のときと同じ式で定義すると

$$\mathrm{ad}(H)G_{jk}^+ = (\lambda_j(H) - \lambda_k(H))G_{jk}^+, \quad 1 \leq j, k \leq \ell,\ j \neq k,$$
$$\mathrm{ad}(H)G_{jk}^- = -(\lambda_j(H) + \lambda_k(H))G_{jk}^-, \quad 1 \leq j < k \leq \ell,$$
$$\mathrm{ad}(H)G_{jk}^- = (\lambda_j(H) + \lambda_k(H))G_{jk}^-, \quad 1 \leq k < j < \leq \ell$$

がすべての $H \in \mathfrak{h}$ に対し成立する．

λ_i の双対ベクトルは

$$\#\lambda_i = -\frac{\mathrm{i}}{4(\ell - 1)}H_i.$$

ルート系は

$$\Delta = \{\pm(\lambda_j - \lambda_k)\}_{1 \leq j < k \leq \ell} \cup \{\pm(\lambda_j + \lambda_k)\}_{1 \leq j < k \leq \ell}$$

と求められる．ルートの基本系として

$$\alpha_i = \lambda_i - \lambda_{i+1}\ (1 \leq i \leq \ell - 1),\ \alpha_\ell = \lambda_{\ell-1} + \lambda_\ell$$

を選ぶ．$\mathfrak{so}(2\ell + 1; \mathbb{C})$ のときと同様にして内積を計算すると

[*1]　★ この同型は実リー群の同型 SU(4)/$\mathbb{Z}_2 \cong$ SO(6) に由来する ([43] 参照).

$$(\alpha_i|\alpha_j) = 0 \quad (|i-j| \leq 2, \ 1 \leq i,j \leq \ell-1 \text{ のとき}),$$

$$(\alpha_{\ell-2}|\alpha_\ell) = -\frac{1}{4(\ell-1)},$$

$$(\alpha_i|\alpha_j) = -\frac{1}{4(\ell-1)} \quad (|i-j| = 1, \ 1 \leq i,j \leq \ell-1 \text{ のとき}),$$

$$(\alpha_i|\alpha_\ell) = 0 \quad (i = 1,3,\ldots,\ell-3,\ell-1 \text{ のとき}),$$

$$(\alpha_i|\alpha_i) = \frac{1}{2(\ell-1)} \quad (1 \leq i \leq \ell \text{ のとき}).$$

この結果を使ってカルタン行列が D_ℓ 型であることを確かめてほしい.

註 6.1 (B 型と D 型の別の表示) $\mathfrak{sl}_{\ell+1}\mathbb{C}$, $\mathfrak{sp}(\ell;\mathbb{C})$ の場合カルタン部分環として対角行列からなるものが選べたが $\mathfrak{so}(n;\mathbb{C})$ の場合にはそのように選べない. 計算を簡単にする工夫として「対角行列からなるカルタン部分環をもつ複素単純リー環」で $\mathfrak{so}(n;\mathbb{C})$ と同型なものに取り替えて計算を実行することが考えられる ([46, p. 190]). 具体的には命題 2.6 を活用する. まず $\mathfrak{so}(2\ell;\mathbb{C}) \cong \mathfrak{g}(K_{2\ell};\mathbb{C})$ の場合

$$\mathfrak{g}(K_{2\ell};\mathbb{C}) = \left\{ \begin{pmatrix} A & B \\ C & -{}^tA \end{pmatrix} \ \middle| \ A \in \mathrm{M}_\ell\mathbb{C}, \ B,C \in \mathfrak{so}(\ell;\mathbb{C}) \right\}$$

と表示できる. ここで $h_1, h_2, \ldots, h_\ell \in \mathbb{C}$ に対し

$$\mathcal{H}_{2\ell}(h_1, h_2, \ldots, h_\ell) = \begin{pmatrix} \mathrm{diag}(h_1, h_2, \ldots, h_\ell) & O_\ell \\ O_\ell & -\mathrm{diag}(h_1, h_2, \ldots, h_\ell) \end{pmatrix}$$

とおくと $\mathfrak{g}(K_{2\ell};\mathbb{C})$ のカルタン部分環として

$$\tilde{\mathfrak{h}} = \left\{ \mathcal{H}_{2\ell}(h_1, h_2, \ldots, h_\ell) \ \middle| \ h_1, h_2, \ldots, h_\ell \in \mathbb{C} \right\}$$

を選べる.

$$\tilde{\lambda}_i \left(\begin{array}{c|c} E_{jj} & \\ \hline & -E_{jj} \end{array} \right) = \delta_{ij}$$

と定めると $\mathfrak{g}(K_\ell;\mathbb{C})$ の $\tilde{\mathfrak{h}}$ に関するルート系は

$$\{\pm(\tilde{\lambda}_i - \tilde{\lambda}_j)\}_{1 \leq i < j \leq \ell} \ \cup \ \{\pm(\tilde{\lambda}_i + \tilde{\lambda}_j)\}_{1 \leq i \leq j \leq \ell}$$

で与えられる.

$\mathfrak{so}(2\ell+1;\mathbb{C}) \cong \mathfrak{g}(K_{2\ell+1};\mathbb{C})$ の場合

$$\mathfrak{g}(K_{2\ell+1};\mathbb{C}) = \left\{ \left(\begin{array}{c|c|c} 0 & -{}^t\boldsymbol{a} & -{}^t\boldsymbol{b} \\ \hline \boldsymbol{b} & A & B \\ \hline \boldsymbol{a} & C & -{}^tA \end{array} \right) \ \middle| \ \begin{array}{l} A \in \mathrm{M}_\ell\mathbb{C}, \\ B, C \in \mathfrak{so}(\ell;\mathbb{C}),\ \boldsymbol{a},\boldsymbol{b} \in \mathbb{C}^\ell \end{array} \right\}$$

と表示できる. 今度は $h_1, h_2, \ldots, h_\ell \in \mathbb{C}$ に対し

$$\mathcal{H}_{2\ell+1}(h_1, h_2, \ldots, h_\ell)$$
$$= \left(\begin{array}{c|c} 0 & \\ \hline & \mathcal{H}_{2\ell}(h_1, h_2, \ldots, h_\ell) \end{array} \right)$$
$$= \left(\begin{array}{c|c|c} 0 & & \\ \hline & \mathrm{diag}(h_1, h_2, \ldots, h_\ell) & \\ \hline & & -\mathrm{diag}(h_1, h_2, \ldots, h_\ell) \end{array} \right)$$

とおくと $\mathfrak{g}(K_{2\ell+1};\mathbb{C})$ のカルタン部分環として

$$\tilde{\mathfrak{h}} = \left\{ \mathcal{H}_{2\ell+1}(h_1, h_2, \ldots, h_\ell) \ \middle| \ h_1, h_2, \ldots, h_\ell \in \mathbb{C} \right\}$$

を選べる. $\mathfrak{g}(K_{2\ell+1};\mathbb{C})$ の $\tilde{\mathfrak{h}}$ に関するルート系は

$$\{\pm\lambda_i\}_{1 \leq i \leq \ell} \ \cup \ \{\pm(\tilde{\lambda}_i - \tilde{\lambda}_j)\}_{1 \leq i < j \leq \ell} \ \cup \ \{\pm(\tilde{\lambda}_i + \tilde{\lambda}_j)\}_{1 \leq i \leq j \leq \ell}$$

で与えられる.

問題 6.1⋆ 行列 K_n を用いて $\mathbb{K}^n$ にスカラー積 $\langle\cdot,\cdot\rangle_K$ を

$$\langle \boldsymbol{z}, \boldsymbol{w} \rangle_K = (\boldsymbol{z}|K_n\boldsymbol{w}) = {}^t\boldsymbol{z}K_n\boldsymbol{w}$$

で定める. 直交群をまねて線型リー群

$$G(K_n;\mathbb{K}) = \{ A \in \mathrm{M}_n\mathbb{K} \mid \langle A\boldsymbol{z}, A\boldsymbol{w} \rangle_K = \langle \boldsymbol{z}, \boldsymbol{w} \rangle_K \}$$

を定義する. このリー環は $\mathfrak{g}(K_n;\mathbb{K})$ であることを確かめよ.

註 6.2 (ワイル群) この本では証明を与えられないが古典型複素単純リー環のワイル群は次のように決定できる.

- A_ℓ 型のワイル群は対称群(置換群)$\mathfrak{S}_{\ell+1}$ と同型.
- B_ℓ 型のワイル群は $\mathfrak{S}_\ell \ltimes (\mathbb{Z}_2)^\ell$ と同型.
- C_ℓ 型のワイル群は $\mathfrak{S}_\ell \ltimes (\mathbb{Z}_2)^\ell$ と同型.
- D_ℓ 型のワイル群 $\mathfrak{S}_\ell \ltimes (\mathbb{Z}_2)^{\ell-1}$ と同型.

6.6 例外型単純リー環

この本では例外型リー環を詳しく解説する余裕はないが G_2 型と F_4 型について簡単に触れておこう。この2つの型のリー環を構成するためには八元数を必要とする。ここでは四元数を用いて八元数を構成する。『リー群』に続けてこの本を読んでいる読者は 6.6.1 項をとばして 6.6.2 項に進んでよい。

6.6.1 四元数

複素数の実現法を思い出そう。ここでは記号の混乱を避けるため虚数単位を $\sqrt{-1}$ で表す。$\mathbb{C}$ における乗法は

$$(a + \sqrt{-1}b)(x + \sqrt{-1}\,y) = (ax - by) + \sqrt{-1}(by + ax)$$

であるから $\mathbb{C}$ は $\mathbb{R} \times \mathbb{R}$ に

$$(a, b)(x, y) = (ax - by, by + ax)$$

で乗法を定めたものと考えられる[*2]。また (a, b) の複素共軛は

$$\overline{(a, b)} = (a, -b)$$

と対応する。

この方法をまねて $\mathbb{C} \times \mathbb{C}$ に乗法を

$$(\alpha, \beta)(z, w) := (\alpha z - \bar{\beta}w, \beta z + \bar{\alpha}w).$$

で定める。この乗法は可換でないことに注意が必要である。実際

$$\left(\sqrt{-1}, 0\right)(0, 1) = \left(0, -\sqrt{-1}\right), \quad (0, 1)\left(\sqrt{-1}, 0\right) = \left(0, \sqrt{-1}\right).$$

また (α, β) の共軛を

$$\overline{(\alpha, \beta)} := (\bar{\alpha}, -\beta)$$

[*2] この事実を手がかりに補題 2.1 で実線型空間の複素化を定義した。

184 第 6 章 複素単純リー環の分類

で定めよう. $\mathbb{C} \times \mathbb{C}$ にこの乗法と共軛操作を与えたものを $\mathbf{H}$ で表すことにしよう.

1 と $(1,0)$, $\sqrt{-1}$ と $(\sqrt{-1},0)$ を同一視して $\mathbb{C}$ を $\{(\alpha,0) \mid \alpha \in \mathbb{C}\}$ と見なそう. とくに 0 と $(0,0)$ を同一視することに注意してほしい.

$1 = (1,0)$ と $\mathrm{j} = (0,1)$ を用いて $(\alpha,\beta) \in \mathbb{C} \times \mathbb{C}$ を $(\alpha,\beta) = \alpha 1 + \mathrm{j}\beta$ と表せるが 1 を省略して $\alpha + \mathrm{j}\beta$ と書くことにし

$$\mathbf{H} = \mathbb{C} \oplus \mathrm{j}\mathbb{C} = \{\alpha + \mathrm{j}\beta \mid \alpha, \beta \in \mathbb{C}\}$$

と表す. $\beta \in \mathbb{C}$ に対し $\mathrm{j}\beta = \bar{\beta}\mathrm{j}$ であることに注意が必要である[*3]. $\mathbf{H}$ は四元数体とよばれている. また $\mathbf{H}$ の要素は**四元数** (quaternion) とよばれる. ここで $\mathrm{i} = (\sqrt{-1},0)$, $\mathrm{k} = \mathrm{ij} = (0,-\sqrt{-1})$ とおくと $\{1,\mathrm{i},\mathrm{j},\mathrm{k}\}$ は $\mathbb{R}$ 上で線型独立である. 実際

$$\xi_0 1 + \xi_1 \mathrm{i} + \xi_2 \mathrm{j} + \xi_3 \mathrm{k} = (\xi_0 + \sqrt{-1}\xi_1, \xi_2 - \sqrt{-1}\xi_3)$$

より

$$\xi_0 1 + \xi_1 \mathrm{i} + \xi_2 \mathrm{j} + \xi_3 \mathrm{k} = 0 \iff \xi_0 = \xi_1 = \xi_2 = \xi_3 = 0$$

であるから. $\mathbf{H}$ は $\{1,\mathrm{i},\mathrm{j},\mathrm{k}\}$ を基底にもつ 4 次元の実線型空間 $\mathbb{R}1 \oplus \mathbb{R}\mathrm{i} \oplus \mathbb{R}\mathrm{j} \oplus \mathbb{R}\mathrm{k}$ に

$$\mathrm{i}^2 = \mathrm{j}^2 = \mathrm{k}^2 = -1,$$
$$\mathrm{ij} = -\mathrm{ji} = \mathrm{k}, \quad \mathrm{jk} = -\mathrm{kj} = \mathrm{i}, \quad \mathrm{jk} = -\mathrm{kj} = \mathrm{i},$$
$$1x = x1 \ (x \in \mathbb{R}),$$

という演算 (積) を定めたものと言い換えられる[*4].

四元数 $\xi = \xi_0 + \xi_1 \mathrm{i} + \xi_2 \mathrm{j} + \xi_3 \mathrm{k}$ において

$$\mathrm{Re}\,\xi = \xi_0, \quad \mathrm{Im}\,\xi = \xi_1 \mathrm{i} + \xi_2 \mathrm{j} + \xi_3 \mathrm{k}$$

[*3] 少し細かい説明をすると $\mathbf{H} = \mathbb{C} \oplus \mathrm{j}\mathbb{C}$ はスカラー乗法を右から**のみ**行うという約束をする. $\mathbf{H}$ は複素 2 次元の**右線型空間**であるという. 『リー群』8.3 節参照.

[*4] 『リー群』第 8 章ではこれを $\mathbf{H}$ の定義に採用している.

と定め ξ の実部，虚部という．虚部を $\mathbb{R}^3$ の要素

$$\xi_1 e_1 + \xi_2 e_2 + \xi_3 e_3 = \begin{pmatrix} \xi_1 \\ \xi_2 \\ \xi_3 \end{pmatrix} = \boldsymbol{x}$$

と考え ξ の**ベクトル部分**ともよぶ．そこで $\xi = \xi_0 + \boldsymbol{\xi}$ という表記も用いられる．また

$$\operatorname{Im} \mathbf{H} = \{\xi_1 \mathbf{i} + \xi_2 \mathbf{j} + \xi_3 \mathbf{k} \mid \xi_1, \xi_2, \xi_3 \in \mathbb{R}\}$$

とおく．いま $\operatorname{Im} \mathbf{H} = \mathbb{R}^3$ と考え標準的な内積 $(\cdot | \cdot)$ と外積 $\times$ を指定し $\operatorname{Im} \mathbf{H}$ を 3 次元ユークリッド空間 $\mathbb{E}^3$ と考える．

$\boldsymbol{\xi}, \boldsymbol{\eta} \in \mathbb{E}^3$ の $\mathbf{H}$ における積を計算すると

$$(6.3) \qquad \boldsymbol{\xi}\boldsymbol{\eta} = -(\boldsymbol{\xi}|\boldsymbol{\eta}) + \boldsymbol{\xi} \times \boldsymbol{\eta}$$

が成り立つ（$\mathbf{H}$ についてより詳しくは『リー群』8.1 節を参照）．

6.6.2　八元数

　四元数の構成法をまねて八元数を構成する．直積空間に積と共軛操作を定めるこのやり方は**ケーリー-ディクソン構成法**（Cayley-Dickson process）とよばれている[*5]．$\mathbf{H} \times \mathbf{H}$ に積を

$$(\xi, \eta)(\zeta, \omega) = (\xi\zeta - \bar{\eta}\omega, \eta\zeta + \bar{\xi}\omega)$$

で定める．さらに $(\xi, \eta) \in \mathbf{H} \times \mathbf{H}$ の共軛を

$$\overline{(\xi, \eta)} = (\bar{\xi}, -\eta)$$

で定める．この演算と共軛操作を $\mathbf{H} \times \mathbf{H}$ に与えたものを $\mathfrak{O}$ で表す．$\mathfrak{O}$ を**ケーリー代数**（Cayley algebra）とよぶ．ケーリー代数の要素を**八元数**（octanion, octonion, octonian）とよぶ．四元数体 $\mathbf{H}$ と同様に $\mathfrak{O}$ の積は非可換である．さらに $\mathfrak{O}$ においては結合法則が成り立たない．

[*5] Leonard Eugene Dickson（1874–1954）.

186　　　第 6 章　　複素単純リー環の分類

註 6.3 (代数とは？) 体 F 上の線型空間 $\mathcal{A}$ に積が定義されており，$a, b \in F$, $\vec{x}, \vec{y}$, $\vec{z} \in \mathcal{A}$ に対し

(和の分配法則)　　　　　　　　　　　　$(\vec{x} + \vec{y})\vec{z} = \vec{x}\vec{z} + \vec{y}\vec{z}$

(積の分配法則)　　　　　　　　　　　　$\vec{x}(\vec{y} + \vec{z}) = \vec{x}\vec{y} + \vec{x}\vec{z}$

(スカラー倍と積の分配法則)　　　　　　$(a\vec{x})\vec{y} = a(\vec{x}\vec{y}), \quad \vec{x}(b\vec{y}) = b(\vec{x}\vec{y})$

をみたすとき $\mathcal{A}$ は F 上の**多元環**または**代数** (algebra) をなすという．さらに結合法則

$$(\vec{x}\vec{y})\vec{z} = \vec{x}(\vec{y}\vec{z}), \quad \vec{x}, \vec{y}, \vec{z} \in \mathcal{A}$$

をみたすとき $\mathcal{A}$ は**結合的多元環**または**結合代数** (associative algebra) をなすという．結合法則以外の条件をみたすものを分配多元環といい結合的多元環を多元環という流儀もあるので他の文献を読むときは注意してほしい．

　実数体 $\mathbb{R}$，複素数体 $\mathbb{C}$，四元数体 $\mathbf{H}$ は $\mathbb{R}$ 上の結合的多元環である．ケーリー代数は**結合法則をみたさない多元環**である．

　$\mathfrak{O}$ を実線型空間と見る．

$$\mathrm{e}_0 = (1, 0), \ \mathrm{e}_1 = (\mathrm{i}, 0), \ \mathrm{e}_2 = (\mathrm{j}, 0), \ \mathrm{e}_3 = (\mathrm{k}, 0)$$

とおく．$\mathrm{e}_4 := (0, 1)$ と e_1, e_2, e_3 の積は

$$\mathrm{e}_m \mathrm{e}_4 = -\mathrm{e}_4 \mathrm{e}_i, \quad m = 1, 2, 3$$

で与えられる．そこで

$$\mathrm{e}_1 \mathrm{e}_4 = \mathrm{e}_5, \quad \mathrm{e}_2 \mathrm{e}_4 = -\mathrm{e}_6, \quad \mathrm{e}_3 \mathrm{e}_4 = \mathrm{e}_7$$

とおく．すると $\{\mathrm{e}_0, \mathrm{e}_1, \mathrm{e}_2, \mathrm{e}_3, \mathrm{e}_4, \mathrm{e}_5, \mathrm{e}_6, \mathrm{e}_7\}$ は $\mathbb{R}$ 上で線型独立である（確かめよ）．したがって $\mathfrak{O}$ は $\{\mathrm{e}_0, \mathrm{e}_1, \mathrm{e}_2, \mathrm{e}_3, \mathrm{e}_4, \mathrm{e}_5, \mathrm{e}_6, \mathrm{e}_7\}$ を基底とする 8 次元の実線型空間である．

　図 6.2 の読み方は以下の通りである．積 $\mathrm{e}_5 \mathrm{e}_7$ の値は e_5 から e_7 に向かう矢印を探し，その終点を追うと e_2 に行き着くので $\mathrm{e}_5 \mathrm{e}_7 = \mathrm{e}_2$ である．この要領で，たとえば

$$\mathrm{e}_1 \mathrm{e}_4 = \mathrm{e}_5, \quad \mathrm{e}_6 \mathrm{e}_4 = \mathrm{e}_2$$

とする．

6.6 例外型単純リー環

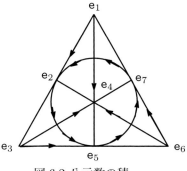

図 6.2 八元数の積

八元数は

$$x = x_0 e_0 + x_1 e_1 + x_2 e_2 + x_3 e_3 + x_4 e_4 + x_5 e_5 + x_6 e_6 + x_7 e_7$$

と表せるが複素数や四元数のときと同様に e_0 を省いて

$$x = x_0 + x_1 e_1 + x_2 e_2 + x_3 e_3 + x_4 e_4 + x_5 e_5 + x_6 e_6 + x_7 e_7$$

とも表記する．また

$$x = x_0 + \mathbf{x}, \quad \mathbf{x} = \sum_{k=1}^{7} x_k e_k \in \mathbb{R}^7$$

と考え $\mathfrak{O} = \mathbb{R} \oplus \mathbb{R}^7$ という解釈もよく使われる．

八元数 $x = x_0 + \mathbf{x}$ の共軛八元数 $\bar{x}$ は $\bar{x} = x_0 - \mathbf{x}$ と表せることに注意しよう．また $x\bar{x} = x_0 + x_1 + \cdots + x_7 \geq 0$. そこで八元数 x の長さ $|x|$ を $|x| = \sqrt{x\bar{x}}$ で定める．

四元数のときと同様に

$$\mathrm{Re}\, x = x_0, \quad \mathrm{Im}\, x = \sum_{k=1}^{7} x_k e_k$$

と定める．なお四元数 $\xi = \xi_0 + \xi_1 i + \xi_2 j + \xi_3 k$ は

$$\xi_0 e_0 + \xi_1 e_1 + \xi_2 e_2 + \xi_3 e_3$$

という八元数と考える.

$$\mathrm{Im}\,\mathfrak{O} = \left\{ \mathbf{x} = \sum_{k=1}^{7} \mathsf{x}_k \mathbf{e}_k \;\middle|\; \mathsf{x}_1, \mathsf{x}_2, \mathsf{x}_3, \mathsf{x}_4, \mathsf{x}_5, \mathsf{x}_6, \mathsf{x}_7 \in \mathbb{R} \right\}$$

において

$$\mathrm{Re}(\mathbf{xy}) = -\sum_{m=1}^{7} \mathsf{x}_m \mathsf{y}_m$$

である. そこで四元数のときの式 (6.3) をまねて

$$\mathbf{x} \times \mathbf{y} = \mathrm{Im}(\mathbf{xy})$$

とおく.

$\{e_1, e_2, \ldots, e_7\}$ を 7 次元ユークリッド空間 $\mathbb{E}^7$ の標準基底とし線型同型

$$e_i \longmapsto e_i \ (i = 1, 2, \ldots, 7)$$

を介して $\mathrm{Im}\,\mathfrak{O}$ を $\mathbb{E}^7$ と見なそう.

次の公式が確かめられる.

命題 6.1 $x, y \in \mathbb{E}^7 \cong \mathrm{Im}\,\mathfrak{O}$ に対し

(1) $x \times y = -y \times x$.

(2) $\|x \times y\| = \|x\|\|y\| \sin \angle(x, y)$. ここで $\angle(x, y)$ は x と y のなす角.

(3) $(x \times y | x) = (x \times y | y) = 0$.

$\times$ は $\mathbb{E}^3$ の外積と同じ性質をもっていることから $x \times y$ を x と y の**外積**と よぶ.

【研究課題】 $(\mathbb{E}^7, \times)$ はリー環になるかどうか調べよ.

6.6.3 G$_2$ 型リー環

$\mathfrak{O} = \mathbb{E}^8$ と考え $\mathfrak{gl}_8\mathbb{R}$ の要素 X による 1 次変換 $x \longmapsto Xx$ を考えよう. $\mathfrak{gl}_8\mathbb{R}$ の部分リー環 $\mathfrak{g}_2$ を

$$\mathfrak{g}_2 = \{X \in \mathfrak{gl}_8\mathbb{R} \mid X(xy) = (Xx)y + x(Xy)\}$$

で定める. $\dim \mathfrak{g}_2 = 14$ である. $\mathfrak{g}_2$ の複素化 $\mathfrak{g}_2^{\mathbb{C}}$ が G_2 型の複素単純リー環である.

註 6.4 (⋆ 対応するリー群) $\mathfrak{O} = \mathbb{R} \oplus \mathbb{R}^7 \cong \mathbb{R}^8$ において $GL(\mathfrak{O}) = GL_8\mathbb{R}$ の部分群 G_2 を

$$G_2 = \{A \in GL_8\mathbb{R} \mid A(\boldsymbol{xy}) = (A\boldsymbol{x})(A\boldsymbol{y})\}$$

で定める. $A \in G_2$ ならば $|A\boldsymbol{x}| = |\boldsymbol{x}|$ がつねにみたされる.

また $A \in G_2$ は $Ae_0 = e_0$ をみたす. ということは $A = (a_{ij})$ は

$$A = \left(\begin{array}{c|c} 1 & {}^t\boldsymbol{0} \\ \hline \boldsymbol{0} & A^\circ \end{array} \right), \quad A^\circ \in M_7\mathbb{R}$$

という形をしている. そこで A と A° の区別をしないで $G_2 \subset M_7\mathbb{R}$ と考えてしまう. すると $|A\boldsymbol{x}| = |\boldsymbol{x}|$ をみたすことから $A \in O(7)$ であることがわかる. さらに G_2 は $O(7)$ の閉部分群であることがわかり G_2 はコンパクト線型リー群であることもわかる. したがって $\mathfrak{g}_2$ は $\mathfrak{so}(7)$ の部分リー環である.

6.6.4 F_4 型リー環

八元数を成分にもつ正方行列 X に対し, その随伴行列 X^* を複素行列や四元数行列のときと同じやり方で定める. すなわち $X^* = \overline{{}^tX}$. 八元数を成分にもつ n 次行列の全体を $M_n\mathfrak{O}$ で表す. $X \in M_n\mathfrak{O}$ が $X^* = X$ をみたすとき**八元数エルミート行列**という. 3 次の八元数エルミート行列の全体を $\mathfrak{J}$ で表す ($\mathfrak{J}$ は J のドイツ文字), すなわち

$$\mathfrak{J} = \{X \in M_3\mathfrak{O} \mid X^* = X\}$$

とおく. $\mathfrak{J}$ は 27 次元の実線型空間である. $\mathfrak{J}$ に

$$X \circ Y := \frac{1}{2}(XY + YX)$$

で演算 $\circ$ を定める．この積を**ジョルダン積**とよぶ[*6]．$\mathfrak{J}$ にジョルダン積を与えて得られる多元環を**例外型ジョルダン代数**とよぶ．実リー環 $\mathfrak{f}_4$ を

$$\mathfrak{f}_4 = \{F \in \mathfrak{gl}(\mathfrak{J}) \mid F(\boldsymbol{x} \circ \boldsymbol{y}) = F(\boldsymbol{x}) \circ \boldsymbol{y} + \boldsymbol{x} \circ (F\boldsymbol{y})\}$$

で定義すると $\dim \mathfrak{f}_4 = 52$ である．$\mathfrak{f}_4$ の複素化 $\mathfrak{f}_4^{\mathbb{C}}$ が F_4 型の複素単純リー環である．

註 6.5 ($\star$ 対応するリー群) G_2 のときをまねて

$$F_4 = \{g \in GL(\mathfrak{J}) \mid g(\boldsymbol{x} \circ \boldsymbol{y}) = g(\boldsymbol{x}) \circ g(\boldsymbol{y})\} \subset GL_{27}\mathbb{R}$$

と定める．F_4 はコンパクト線型リー群である．そのリー環は $\mathfrak{f}_4$ である．

E_6, E_7, E_8 型のリー環の構成法については [44] を見てほしい．また例外型単純リー環のルート系についても [44] を見てほしい．

【研究課題】 p. 267，問題 3.1 の解答例につけた註 E.1 でリー環同型 $\mathfrak{sl}_2\mathbb{R} \cong \mathfrak{so}_1(3)$ を説明している．この同型の類似で $\mathfrak{sl}_2\mathbb{C} \cong \mathfrak{so}_1(4)$ が成り立つ（『リー群』註 E.1）．ただしこの同型は「実リー環としての同型」であることに注意．

$$\mathfrak{sl}_2\mathbf{H} = \left\{ \begin{pmatrix} \xi_{11} & \xi_{12} \\ \xi_{21} & \xi_{22} \end{pmatrix} \;\middle|\; \xi_{11}, \xi_{12}, \xi_{21}, \xi_{22} \in \mathbf{H},\ \mathrm{Re}(\xi_{11} + \xi_{22}) = 0 \right\}$$

は実リー環であり $\mathfrak{so}_1(6)$ と同型である[*7]．八元数を成分にもつ 2 次行列のなすリー環で $\mathfrak{so}_1(10)$ と同型であるものを構成せよ．言い換えると $\mathfrak{sl}_2\mathfrak{O}$ を適切に定義せよという課題である[*8]．

[*6] ジョルダン代数の名称はドイツの物理学者 Pascual Jordan (1902-1980) に因む．ジョルダン標準形はフランスの数学者 Marie Ennemond Camille Jordan (1833-1922) に由来する．Camille Jordan はジョルダンの曲線定理，ジョルダン測度などでも知られる．

[*7] 『リー群』8.2 節では線型リー群 $SL_2\mathbf{H}$ を定義している．$SL_2\mathbf{H}$ のリー環が $\mathfrak{sl}_2\mathbf{H}$ である（『リー群』問題 10.4）．

[*8] J. C. Baez, The octonions, Bull. Amer. Math. Soc. (New Series) 39 (2001), no. 2, 145–205.

6.7 複素単純リー環の分類

定理 5.5 と次の定理 ([38, 定理 10.1]) を組み合わせることで複素単純リー環が分類できる.

定理 6.4 $\mathfrak{g}$, $\mathfrak{g}'$ を複素半単純リー環とする. それぞれのルートの基本系 Π, Π' をとる. このとき $\mathfrak{g}$ と $\mathfrak{g}'$ が同型であることと $\Pi \simeq \Pi'$ であることは同値である.

キリングに始まりカルタンにより完成された複素単純リー環の分類定理を述べよう.

定理 6.5 有限次元複素単純リー環は次のどれかと同型である.

- A_ℓ 型リー環 $\mathfrak{sl}_{\ell+1}\mathbb{C}$ $(\ell \geq 1)$
- B_ℓ 型リー環 $\mathfrak{so}(2\ell + 1; \mathbb{C})$ $(\ell \geq 2)$
- C_ℓ 型リー環 $\mathfrak{sp}(2\ell; \mathbb{C})$ $(\ell \geq 2)$
- D_ℓ 型リー環 $\mathfrak{so}(2\ell; \mathbb{C})$ $(\ell \geq 2)$
- E_6 型リー環 $\mathfrak{e}_6^{\mathbb{C}}$
- E_7 型リー環 $\mathfrak{e}_7^{\mathbb{C}}$
- E_8 型リー環 $\mathfrak{e}_8^{\mathbb{C}}$
- F_4 型リー環 $\mathfrak{f}_4^{\mathbb{C}}$
- G_2 型リー環 $\mathfrak{g}_2^{\mathbb{C}}$

6.8 コンパクト実形

第 2 章で複素リー環の実形について説明した. たとえば $\mathfrak{sl}_n\mathbb{C}$ は $\mathfrak{sl}_n\mathbb{R}$ と $\mathfrak{su}(n)$ を実形にもっていた. また $\mathfrak{sp}(n; \mathbb{C})$ は $\mathfrak{sp}(n; \mathbb{R})$ と $\mathfrak{sp}(n)$ を実形にもっていた. 3.4 節で触れたように $\mathfrak{su}(n)$ と $\mathfrak{sp}(n)$ には共通する性質がある. 「キリング形式の (-1) 倍が内積を与える」という性質である. この性質に着目しよう. まず次の用語を定義する.

192　　　　　　第 6 章　　複素単純リー環の分類

定義 6.1 有限次元複素半単純リー環 $\mathfrak{g}$ のキリング形式を B とする．$\mathfrak{g}$ の実形 $\mathfrak{u}$ で $-B$ の $\mathfrak{u}$ への制限 $-B|_{\mathfrak{u}}$ が $\mathfrak{u}$ の内積となるとき $\mathfrak{u}$ を $\mathfrak{g}$ の**コンパクト実形**（compact real form）とよぶ．

註 6.6 (⋆ コンパクト実形) 実形 $\mathfrak{su}(n) \subset \mathfrak{sl}_n\mathbb{C}$ と $\mathfrak{sp}(n) \subset \mathfrak{sp}(n;\mathbb{C})$ に対応する線型リー群 $\mathrm{SU}(n) \subset \mathrm{SL}_n\mathbb{C}$, $\mathrm{Sp}(n) \subset \mathrm{Sp}(n;\mathbb{C})$ はコンパクトである．コンパクト実形はコンパクト線型リー群のリー環となるためこのように命名された．

　$\mathfrak{g}$ を複素半単純リー環としカルタン部分環 $\mathfrak{h}$ をひとつ選んでおく．またルートの基本系 Π を指定し $\Delta = \Delta_+ \cup \Delta_-$ と正負のルートに分割しておく．
　第 4 章の定理 4.11 の証明を読み返してほしい．各 $\alpha \in \Delta_+$ に対し $E_\alpha \in \mathfrak{g}_\alpha$ を

$$B(E_\alpha, E_{-\alpha}) = 1, \quad [E_\alpha, E_{-\alpha}] = H_\alpha$$

をみたすように選べることがわかる．
　$\alpha + \beta \in \Delta$ のとき $[E_\alpha, E_\beta] \in \mathfrak{g}_{\alpha+\beta}$ であるから $[E_\alpha, E_\beta] = N_{\alpha,\beta}E_{\alpha+\beta}$ と表せる（$N_{\alpha,\beta} \in \mathbb{C}$）．$\alpha + \beta \notin \Delta$ のときは $N_{\alpha,\beta} = 0$ と定めよう．$[E_\alpha, E_\beta] = -[E_\beta, E_\alpha]$ であるから $N_{\alpha,\beta} = -N_{\beta,\alpha}$ である．
　また

$$\alpha + \beta + \gamma = 0 \implies N_{\alpha,\beta} = N_{\beta,\gamma} = N_{\gamma,\alpha}$$

を得る．実際，ヤコビの恒等式

$$[[E_\alpha, E_\beta], E_\gamma] + [[E_\beta, E_\gamma], E_\alpha] + [[E_\gamma, E_\alpha], E_\beta] = 0$$

より

$$N_{\alpha,\beta}H_\gamma + N_{\beta,\gamma}H_\alpha + N_{\gamma,\alpha}H_\beta = 0.$$

$H_\gamma = H_{-(\alpha+\beta)} = -H_\alpha - H_\beta$ より $N_{\alpha,\beta} = N_{\beta,\gamma} = N_{\gamma,\alpha}$ を得る．
　さらに $\alpha + \beta \neq 0$ のとき β の α 系列 $\{\beta + m\alpha\}_{m=-q}^{p}$ に対し

$$(6.4) \qquad N_{\alpha,\beta}N_{-\alpha,-\beta} = -\frac{1}{2}p(q+1)B^*(\alpha, \alpha)$$

が示される（この証明は読者の演習としよう）．この式から次のことがわかる．

$$N_{-\alpha,-\beta} = -N_{\alpha,\beta}$$

であれば $(N_{\alpha,\beta})^2 \geq 0$ となるから $N_{\alpha,\beta}$ は実数である．実は $N_{-\alpha,-\beta} = -N_{\alpha,\beta}$ をみたすように $E_\alpha \in \mathfrak{g}_\alpha$ を採り直せる（証明は [46, III 章, 定理 5.5] を参照）．

定理 6.6 各ルート空間 $\mathfrak{g}_\alpha$ からルートベクトル E_α を次のように選ぶことができる．

(1) $[E_\alpha, E_{-\alpha}] = H_\alpha$, したがって $B(E_\alpha, E_{-\alpha}) = 1$.

(2) $\alpha + \beta \in \Delta$ のとき

$$[E_\alpha, E_\beta] = N_{\alpha,\beta} E_{\alpha+\beta}, \quad N_{\alpha,\beta} \in \mathbb{R}.$$

(3) $\alpha + \beta \notin \Delta$ のとき $[E_\alpha, E_\beta] = 0$.

(4) $N_{\alpha,\beta} = -N_{-\alpha,-\beta} \in \mathbb{R}$.

この定理にある $\{E_\alpha\}_{\alpha \in \Delta}$ を用いて $\mathfrak{g}$ の基底を

$$\{H_1, H_2, \ldots, H_\ell, E_\alpha \ (\alpha \in \Delta)\}$$

で与える．$\{H_1, H_2, \cdots, H_\ell\}$ は $\mathfrak{h}$ の一組の基底[*9]である．この基底は**ワイルの標準基底**（Weyl's canonical basis）とか**カルタン-ワイル基底**（Cartan-Weyl basis）とよばれている．

註 6.7 (シュヴァレー基底) より強く $N_{\alpha,\beta}$ が整数となるように E_α を選ぶこともできる $((N_{\alpha,\beta})^2 = (q+1)^2)$．そのとき $\{H_{\alpha_1}, H_{\alpha_2}, \ldots, H_{\alpha_\ell}, E_\alpha \ (\alpha \in \Delta)\}$ は**シュヴァレー基底**（Chevalley basis）と呼ばれる[*10]．シュヴァレー基底の存在については [23, 13 章], [47, §25.2] を見てほしい．

ルート系 Δ に対し双対ベクトルの全体 $\{H_\alpha\}_{\alpha \in \Delta}$ で張られる**実線型空間**を $\mathfrak{h}_\mathbb{R}$ または $\mathrm{Re}\,\mathfrak{h}$ で表しカルタン部分環 $\mathfrak{h}$ の**実部**とよぶ（註 1.3 参照）．

[*9] たとえばルートの基本系 $\Pi = \{\alpha_1, \alpha_2, \ldots, \alpha_\ell\}$ に対応する双対ベクトルからなる基底 $\{H_{\alpha_1}, H_{\alpha_2}, \cdots, H_{\alpha_\ell}\}$ をとる．

[*10] C. Chevalley, Sur certains groupes simples, Tôhoku Math. J. (2) **7** (1955), 14–66.

194 第 6 章 複素単純リー環の分類

命題 6.2

$$\mathfrak{h}_{\mathbb{R}} = \{H \in \mathfrak{h} \mid \text{すべての} \alpha \in \Delta \text{に対し} \alpha(H) \in \mathbb{R}\}$$

と表せる. キリング形式 B を $\mathfrak{h}_{\mathbb{R}}$ に制限したものは内積である.

【証明】 まず $\alpha \in \Delta$, $H \in \mathfrak{h}_{\mathbb{R}}$ に対し $\alpha(H) \in \mathbb{R}$ であることを示す. 双対空間 $\mathfrak{h}^*$ の基底としてルートの基本系 $\Pi = \{\alpha_1, \alpha_2, \ldots, \alpha_\ell\}$ をとる. 双対ベクトルを H_{α_i} で表すと各 $H \in \mathfrak{h}_{\mathbb{R}}$ は

$$H = \sum_{i=1}^{\ell} c_i H_{\alpha_i}, \quad c_1, c_2, \ldots, c_\ell \in \mathbb{R}$$

と表せる. このとき

$$\alpha(H) = \sum_{i=1}^{\ell} c_i B^*(\alpha, \alpha_i)$$

より $\alpha(H) \in \mathbb{R}$ である.

逆に $\alpha \in \Delta$, $H \in \mathfrak{h}_{\mathbb{R}}$ に対し $\alpha(H) \in \mathbb{R}$ をみたすと仮定しよう.

$$H = \sum_{i=1}^{\ell} z_i H_{\alpha_i}, \quad z_1, z_2, \ldots, z_\ell \in \mathbb{C}$$

に対し $\boldsymbol{z} = (z_1 \, z_2 \, \ldots \, z_\ell) \in \mathbb{R}^\ell$ を示そう.

$$\mathbb{R} \ni \alpha_j(H) = \sum_{i=1}^{\ell} z_i \alpha_j(H_{\alpha_i}) = \sum_{i=1}^{\ell} z_i B^*(\alpha_j, \alpha_i)$$

を行列とベクトルを使って

$$\begin{pmatrix} \alpha_1(H) \\ \alpha_2(H) \\ \vdots \\ \alpha_\ell(H) \end{pmatrix} = \begin{pmatrix} B^*(\alpha_1, \alpha_1) & B^*(\alpha_1, \alpha_2) & \ldots & B^*(\alpha_1, \alpha_\ell) \\ B^*(\alpha_2, \alpha_1) & B^*(\alpha_2, \alpha_2) & \ldots & B^*(\alpha_2, \alpha_\ell) \\ \vdots & \vdots & \ddots & \vdots \\ B^*(\alpha_\ell, \alpha_1) & B^*(\alpha_\ell, \alpha_2) & \ldots & B^*(\alpha_\ell, \alpha_\ell) \end{pmatrix} \begin{pmatrix} z_1 \\ z_2 \\ \vdots \\ z_\ell \end{pmatrix}$$

と書き換える. 仮定より $\boldsymbol{\alpha} = (\alpha_1(H) \, \alpha_2(H) \, \ldots \, \alpha_\ell(H)) \in \mathbb{R}^\ell$. 系 4.4 より $B^*(\alpha_i, \alpha_j)$ は有理数である. また $B^*(\alpha_i, \alpha_j)$ を (i, j) 成分にもつ ℓ 次行列 $\mathcal{B}$

は正則であるから z は $z = \mathcal{B}^{-1}\alpha$ で求められるが $\mathcal{B}^{-1}$ の成分も有理数なので $z \in \mathbb{R}^\ell$ である. ■

第4章で導入した $\mathfrak{h}_\mathbb{R}^*$ は $\mathfrak{h}_\mathbb{R}$ の双対空間である. すなわち $(\mathfrak{h}_\mathbb{R})^* = \mathfrak{h}_\mathbb{R}^*$.

ワイルの標準基底で $\mathbb{R}$ 上張られる $\mathfrak{g}$ の**実線型部分空間**を $\mathfrak{g}_\circ$ としよう. すなわち

$$\mathfrak{g}_\circ = \mathfrak{h}_\mathbb{R} \oplus \sum_{\alpha \in \Delta} \mathbb{R} E_\alpha.$$

すると $\mathfrak{g}_\circ$ は $\mathfrak{g}$ の実形である. この実形は $\mathfrak{g}$ の**スプリット実形** (split real form) とよばれる. $\mathfrak{g}$ を $\mathfrak{g} = \mathfrak{g}_\circ \oplus \sqrt{-1}\mathfrak{g}_\circ$ と表す. 共軛変換を $\iota_\circ$ で表す.

$$\iota_\circ(Z) = \bar{Z}, \quad \mathfrak{g}_\circ = \{Z \in \mathfrak{g} \mid \iota_\circ(Z) = Z\}.$$

ここで $\mathfrak{g}$ 上の線型変換 χ を

$$\chi(H) = -H \ (H \in \mathfrak{h}), \quad \chi(E_\alpha) = -E_{-\alpha}$$

で定める. $\chi(\mathfrak{h}) = \mathfrak{h}$ だが $\chi(\mathfrak{g}_\alpha) = \mathfrak{g}_{-\alpha}$ である. この χ を用いて $\iota_u = \chi \circ \iota_\circ$ とおくと ι_u は $\mathfrak{g}$ の共軛変換である (確かめよ). ι_u の定める実形

$$\mathfrak{g}_u = \{Z \in \mathfrak{g} \mid \iota_u(Z) = Z\}$$

を調べよう. まず

$$\mathrm{i}H_i, \quad U_\alpha = E_\alpha - E_{-\alpha}, \quad V_\alpha = \mathrm{i}(E_\alpha + E_{-\alpha})$$

が $\mathfrak{g}_u$ の基底であることがわかる. $\mathfrak{g}_u$ をこの基底で生成される実リー環と定めてもよい.

問題 6.2 交換関係

$$\begin{aligned}
[\mathrm{i}H_k, U_\alpha] &= \alpha(H_k)V_\alpha, \quad [\mathrm{i}H_k, V_\alpha] = -\alpha(H_k)U_\alpha, \\
[U_\alpha, V_\beta] &= N_{\alpha,\beta}V_{\alpha+\beta} + N_{\alpha,-\beta}V_{\alpha-\beta} \ (\alpha + \beta \neq 0), \\
[U_\alpha, U_\beta] &= N_{\alpha,\beta}U_{\alpha+\beta} + N_{\alpha,-\beta}U_{\alpha-\beta} \ (\alpha + \beta \neq 0), \\
[V_\alpha, V_\beta] &= -N_{\alpha,\beta}U_{\alpha+\beta} - N_{\alpha,-\beta}U_{\alpha-\beta} \ (\alpha + \beta \neq 0),
\end{aligned}$$

を確かめよ．この交換関係からも $\mathfrak{g}_u$ が実リー環であることがわかる．

実形 $\mathfrak{g}_u$ の要素 Z は

$$Z = \sum_{k=1}^{\ell} a_k(\mathrm{i}H_k) + \sum_{\alpha \in \Delta_+} b_\alpha U_\alpha + \sum_{\beta \in \Delta_+} c_\beta V_\beta, \quad a_k, b_\alpha, c_\beta \in \mathbb{R}$$

と表示できる．ここで $Z_{\mathfrak{h}} = \sum_{k=1}^{\ell} a_k(\mathrm{i}H_k)$ とおく．$\mathfrak{g}_u$ のキリング形式 B_u は $\mathfrak{g}$ のキリング形式 B の $\mathfrak{g}_u$ への制限であることに注意しよう．

$$B_u(Z,Z) = -\sum_{j=1}^{\ell}\sum_{k=1}^{\ell} a_j a_k B(H_j, H_k) - 2\sum_{\alpha \in \Delta_+} \{(b_\alpha)^2 + (c_\alpha)^2\} B(E_\alpha, E_{-\alpha})$$

$$= -B(Z_{\mathfrak{h}}, Z_{\mathfrak{h}}) - 2\sum_{\alpha \in \Delta_+} \{(b_\alpha)^2 + (c_\alpha)^2\}$$

と計算される．$Z_{\mathfrak{h}} \in \mathfrak{h}$ だから $B(Z_{\mathfrak{h}}, Z_{\mathfrak{h}}) \geq 0$．したがって $B_u(Z,Z) \leq 0$．とくに $B_u(Z,Z) = 0$ ならば $Z_{\mathfrak{h}} = 0$ かつすべての $\alpha \in \Delta_+$ に対し $b_\alpha = c_\alpha = 0$ となるので $Z = 0$．したがって $-B_u$ は $\mathfrak{g}_u$ の内積を与えることがわかった．ゆえに $\mathfrak{g}_u$ は $\mathfrak{g}$ のコンパクト実形である．

定理 6.7 有限次元複素半単純リー環はスプリット実形とコンパクト実形をもつ．

註 6.8 コンパクト実形は本質的にひとつである．すなわちふたつのコンパクト実形 $\mathfrak{g}_u$, $\mathfrak{g}'_u$ に対し $\mathfrak{g}$ のリー環自己同型 f で $f(\mathfrak{g}_u) = \mathfrak{g}'_u$ となるものが存在する．

A 型，B 型，C 型，D 型の複素単純リー環についてコンパクト実形を具体的に求めてみよう．以下では 6.2 節から 6.5 節で用いた記法を使う．

例 6.1 ($\mathfrak{sl}_{\ell+1}\mathbb{C}$ **のコンパクト実形**) $\mathfrak{sl}_{\ell+1}\mathbb{C}$ のコンパクト実形を調べよう．$\mathfrak{h}$ の基底として $\{H_{\alpha_1}, H_{\alpha_2}, \ldots, H_{\alpha_\ell}\}$ が採れることより

$$\mathfrak{h}_{\mathbb{R}} = \left\{ \begin{pmatrix} h_1 & & & \\ & h_2 & & \\ & & \ddots & \\ & & & h_{\ell+1} \end{pmatrix} \in \mathfrak{sl}_{\ell+1}\mathbb{R} \right\} = \mathfrak{h} \cap \mathfrak{sl}_{\ell+1}\mathbb{R}$$

6.8 コンパクト実形

である. $\{H_{\alpha_1}, H_{\alpha_2}, \ldots, H_{\alpha_\ell}\}$ は $\mathfrak{h}_{\mathbb{R}}$ の基底でもある.

$E_{ij} \in \mathfrak{g}_{\lambda_i - \lambda_j}, E_{ji} \in \mathfrak{g}_{-(\lambda_i - \lambda_j)}$ に対し $B(E_{ij}, E_{ji}) = 2(\ell+1)$ である. そこで $E_{\lambda_i - \lambda_j} := E_{ij}/\sqrt{2(\ell+1)}$ とおくと

$$\{H_{\alpha_1}, H_{\alpha_2}, \ldots, H_{\alpha_\ell}, E_{\lambda_i - \lambda_j} \mid 1 \leq i, j \leq \ell, \ i \neq j\}$$

はワイルの標準基底である. たとえば $\alpha = \lambda_1 - \lambda_2, \beta = \lambda_2 - \lambda_3$ に対し $\alpha + \beta$ はルートであり

$$[E_\alpha, E_\beta] = \frac{1}{\sqrt{2(\ell+1)}} E_{\alpha+\beta}, \quad [E_{-\alpha}, E_{-\beta}] = -\frac{1}{\sqrt{2(\ell+1)}} E_{-(\alpha+\beta)}$$

より $N_{\alpha,\beta} = -N_{-\alpha,-\beta} \in \mathbb{R}$ である. この基底はすべて $\mathfrak{sl}_{\ell+1}\mathbb{R}$ の要素であるから $\mathfrak{sl}_{\ell+1}\mathbb{C}$ のスプリット実形は $\mathfrak{sl}_{\ell+1}\mathbb{R}$ である. スプリット実形を定める共軛変換は

$$\iota_\circ(X) = \overline{X}, \quad X \in \mathfrak{sl}_{\ell+1}\mathbb{C}$$

である. コンパクト実形を求めよう.

$$U_{\lambda_i - \lambda_j} = \frac{1}{\sqrt{2(\ell+1)}} (E_{ij} - E_{ji}), \quad V_{\lambda_i - \lambda_j} = \frac{\mathrm{i}}{\sqrt{2(\ell+1)}} (E_{ij} + E_{ji}),$$

$$\mathrm{i} H_{\alpha_j} = \frac{\mathrm{i}}{2(\ell+1)} (E_{jj} - E_{j+1\ j+1})$$

と計算される. $U_{\lambda_i - \lambda_j}, V_{\lambda_i - \lambda_j}, \mathrm{i} H_{\alpha_j}$ はどれも反エルミート行列であることに注意しよう. また p. 41 の (2.11) よりワイルの標準基底は $\mathfrak{su}(\ell+1)$ の基底であることもわかる. 以上よりコンパクト実形は $\mathfrak{su}(\ell+1)$ である. コンパクト実形を定める共軛変換は線型変換

$$\chi(X) = -{}^t X, \quad X \in \mathfrak{sl}_{\ell+1}\mathbb{C}$$

と $\iota_\circ$ の合成変換

$$\iota_{\mathrm{u}}(X) = -\overline{{}^t X}$$

を共軛変換にもつ. これらの共軛変換は例 2.18 で説明したものである.

198　　　第 6 章　　複素単純リー環の分類

例 6.2 ($\mathfrak{sp}(\ell;\mathbb{C})$ のコンパクト実形) $\mathfrak{sp}(\ell;\mathbb{C})$ の場合, ワイルの標準基底として

$$E_{\lambda_i+\lambda_j} = \frac{1}{2\sqrt{\ell+1}}(E_{i\ n+j} + E_{j\ n+i}),$$

$$E_{-(\lambda_i+\lambda_j)} = \frac{1}{2\sqrt{\ell+1}}(E_{n+i\ j} + E_{n+j\ i}),$$

$$E_{\lambda_i-\lambda_j} = \frac{1}{2\sqrt{\ell+1}}(E_{i\ j} - E_{n+j\ n+i}),$$

$$H_{\alpha_i} = \frac{1}{4(\ell+1)}\{(E_{ii} - E_{i+1\ i+1})$$
$$- (E_{\ell+i\ \ell+i} - E_{\ell+i+1\ \ell+i+1})\},\quad 1 \le i \le \ell-1,$$

$$H_{\alpha_\ell} = \frac{1}{2(\ell+1)}\{(E_{\ell-1\ \ell-1} - E_{2\ell-1\ 2\ell-1}) + (E_{\ell\ \ell} - E_{2\ell\ 2\ell})\}$$

が採れる. この基底はどれも実行列であるから $\mathfrak{sp}(\ell;\mathbb{C})$ のスプリット実形は $\mathfrak{sp}(\ell;\mathbb{R})$ である. 例 2.9 を参照して $\mathfrak{sp}(n;\mathbb{C})$ のコンパクト実形が $\mathfrak{sp}(\ell)$ であることを確かめてほしい. スプリット実形 $\mathfrak{sp}(n;\mathbb{R})$ とコンパクト実形を定める共軛変換はそれぞれ例 2.19 の $\iota_\circ$ と ι_u である.

例 6.3 ($\mathfrak{so}(2\ell+1;\mathbb{C})$ のコンパクト実形) まず $\mathfrak{so}(3;\mathbb{C})$ のコンパクト実形を求めてみよう. $\mathfrak{so}(3;\mathbb{C})$ のワイルの標準基底として

$$H_{\alpha_1} = -\frac{\mathrm{i}}{2}\begin{pmatrix} 0 & -1 & 0 \\ 1 & 0 & 0 \\ 0 & 0 & 0 \end{pmatrix},$$

$$E_{\lambda_1} = \frac{1}{2}\begin{pmatrix} 0 & 0 & -\mathrm{i} \\ 0 & 0 & -1 \\ \mathrm{i} & 1 & 0 \end{pmatrix},$$

$$E_{-\lambda_1} = \frac{1}{2}\begin{pmatrix} 0 & 0 & -\mathrm{i} \\ 0 & 0 & 1 \\ \mathrm{i} & -1 & 0 \end{pmatrix}$$

が採れる.

$$\mathrm{i}H_{\alpha_1} = \frac{1}{2}(E_{21} - E_{12}),$$
$$U_{\lambda_1} = E_{\lambda_1} - E_{-\lambda_1} = E_{32} - E_{23},\quad V_{\lambda_1} = \mathrm{i}(E_{\lambda_1} + E_{-\lambda_1}) = E_{13} - E_{31}$$

であるからコンパクト実形は $\mathfrak{so}(3)$ である。コンパクト実形を定める共軛変換は

$$\iota_{\mathrm{u}}(X) = \overline{X}, \quad X \in \mathfrak{so}(3;\mathbb{C})$$

である。$\mathfrak{so}(3;\mathbb{C})$ のスプリット実形を調べよう。スプリット実形 $\mathfrak{g}_\circ$ は

$$\mathsf{E}_1 = \mathrm{i}(E_{21} - E_{12}), \ \mathsf{E}_2 = \mathrm{i}(E_{13} - E_{31}), \ \mathsf{E}_3 = E_{23} - E_{32}$$

で生成される**実リー環**であるから

$$\mathfrak{g}_\circ = \left\{ \begin{pmatrix} 0 & \mathrm{i}y_1 & \mathrm{i}y_2 \\ \mathrm{i}y_1 & 0 & y_3 \\ -\mathrm{i}y_2 & -y_3 & 0 \end{pmatrix} \ \middle| \ y_1, y_2, y_3 \in \mathbb{R} \right\}$$

と表示できる。ここで (2.20) を思い出そう。$\mathfrak{o}_1(3)$ は $\mathfrak{o}(3;\mathbb{C})$ の実形 $\mathfrak{g}_\circ$ と同型である。この事実を「$\mathfrak{so}(3;\mathbb{C})$ のスプリット実形は $\mathfrak{o}_1(3)$ である」と言い表す。

次に $\mathfrak{so}(5;\mathbb{C})$ のコンパクト実形を求めよう。単純ルート α_1, α_2 の双対ベクトルは

$$H_{\alpha_1} = -\frac{\mathrm{i}}{2} \begin{pmatrix} J & & \\ & -J & \\ & & 0 \end{pmatrix}, \ \ H_{\alpha_2} = -\frac{\mathrm{i}}{2} \begin{pmatrix} O & & \\ & J & \\ & & 0 \end{pmatrix}$$

であるからカルタン部分環 $\mathfrak{h}$ の実部は

$$\mathfrak{h}_{\mathbb{R}} = \mathbb{R}(\mathrm{i}H_1) \oplus \mathbb{R}(\mathrm{i}H_2),$$

すなわち

$$\mathfrak{h}_{\mathbb{R}} = \left\{ \left(\begin{array}{c|c|c} t_1\,\mathrm{i}J & & \\ \hline & t_2\,\mathrm{i}J & \\ \hline & & 0 \end{array} \right) \ \middle| \ t_1, t_2 \in \mathbb{R} \right\}.$$

$D_1^{\pm}$, $D_2^{\pm}$ に対し

$$B(D_1^+, D_1^-) = B(D_2^+, D_2^-) = -12$$

であるから

200　第 6 章　複素単純リー環の分類

$$E_{\lambda_1} = -\frac{\mathrm{i}}{\sqrt{12}}D_1^-, \quad E_{-\lambda_1} = -\frac{\mathrm{i}}{\sqrt{12}}D_1^+,$$

$$E_{\lambda_2} = -\frac{\mathrm{i}}{\sqrt{12}}D_2^-, \quad E_{-\lambda_2} = -\frac{\mathrm{i}}{\sqrt{12}}D_2^+$$

と選ぶ. 次に

$$B(G_{12}^+, G_{21}^+) = B(G_{12}^-, G_{21}^-) = 24$$

であるから

$$E_{\lambda_1-\lambda_2} = \frac{1}{\sqrt{24}}G_{12}^+, \quad E_{-\lambda_1+\lambda_2} = \frac{1}{\sqrt{24}}G_{21}^+,$$

$$E_{-\lambda_1-\lambda_2} = \frac{1}{\sqrt{24}}G_{12}^-, \quad E_{\lambda_1+\lambda_2} = \frac{1}{\sqrt{24}}G_{21}^-$$

と選ぶ. これらを使ってワイルの標準基底を求めると

$$\mathrm{i}H_{\alpha_1} = \frac{1}{6}\{(E_{21} - E_{12}) + (E_{34} - E_{43})\},$$

$$\mathrm{i}H_{\alpha_2} = \frac{1}{6}(E_{43} - E_{34}),$$

$$U_{\lambda_1} = -\frac{\mathrm{i}}{\sqrt{12}}(D_1^- - D_1^+) = -\frac{2}{\sqrt{12}}(E_{25} - E_{52}),$$

$$U_{\lambda_2} = -\frac{\mathrm{i}}{\sqrt{12}}(D_2^- - D_2^+) = -\frac{2}{\sqrt{12}}(E_{45} - E_{54}),$$

$$V_{\lambda_1} = \frac{1}{\sqrt{40}}(D_1^- + D_1^+) = \frac{2}{\sqrt{12}}(E_{15} - E_{51}),$$

$$V_{\lambda_2} = \frac{1}{\sqrt{40}}(D_2^- + D_2^+) = \frac{2}{\sqrt{12}}(E_{35} - E_{53}),$$

$$U_{\lambda_1-\lambda_2} = \frac{2}{\sqrt{24}}\{(E_{13} - E_{31}) + (E_{24} - E_{42})\},$$

$$V_{\lambda_1-\lambda_2} = -\frac{2}{\sqrt{24}}\{(E_{14} - E_{41}) - (E_{23} - E_{32})\},$$

$$U_{\lambda_1+\lambda_2} = \frac{2}{\sqrt{24}}\{-(E_{13} - E_{31}) + (E_{24} - E_{42})\},$$

$$V_{\lambda_1+\lambda_2} = -\frac{2}{\sqrt{24}}\{(E_{14} - E_{41}) + (E_{23} - E_{32})\}.$$

これらはすべて実の交代行列であるから $\mathfrak{so}(5;\mathbb{C})$ のコンパクト実形は $\mathfrak{so}(5)$ である。スプリット実形が $\mathfrak{o}_2(3)$ と同型であることを確かめることは読者の演習としよう。$\mathfrak{so}(5;\mathbb{C})$ の場合を参考にすれば $\mathfrak{so}(2\ell+1;\mathbb{C})$ のコンパクト実形が $\mathfrak{so}(2\ell+1)$ であることを確かめることは難しくない（そのために $2/\sqrt{24}$ などをわざと約分しなかった）。実際

$$B(D_j^+, D_j^-) = -4(2\ell-1)$$

より

$$E_{\lambda_j} = -\frac{\mathrm{i}}{2\sqrt{2\ell-1}}D_j^-, \quad E_{-\lambda_j} = -\frac{\mathrm{i}}{2\sqrt{2\ell-1}}D_j^+$$

と選び

$$B(G_{jk}^+, G_{kj}^+) = B(G_{jk}^-, G_{kj}^-) = 8(2\ell-1)$$

より

$$E_{\lambda_j - \lambda_k} = \frac{1}{\sqrt{8}\sqrt{2\ell-1}}G_{jk}^+ \quad (j \neq k),$$

$$E_{\lambda_j + \lambda_k} = \frac{1}{\sqrt{8}\sqrt{2\ell-1}}G_{jk}^- \quad (j > k),$$

$$E_{-(\lambda_j + \lambda_k)} = \frac{1}{\sqrt{8}\sqrt{2\ell-1}}G_{jk}^- \quad (j < k),$$

と選べばよい。これらからコンパクト実形が $\mathfrak{so}(2\ell+1)$ であることは明らかだろう。スプリット実形は $\mathfrak{o}_\ell(2\ell+1)$ と同型である。この検証も読者の演習としよう。

問題 6.3 $\mathfrak{so}(3;\mathbb{C})$ のスプリット実形が $\mathfrak{o}_2(3)$ と同型であることを示せ。

例 6.4 ($\mathfrak{so}(2\ell;\mathbb{C})$ **のコンパクト実形**) $\mathfrak{so}(2\ell;\mathbb{C})$ のキリング形式は $B(X,Y) = 2(\ell-1)\mathrm{tr}(XY)$ で与えられる。6.5 節で見たように

$$H_i = E_{2i\,2i-1} - E_{2i-1\,2i} \quad (1 \leq j \leq \ell),$$

とおくと単純ルート α_i $(1 \leq i \leq \ell-1)$ の双対ベクトルは

$$H_{\alpha_i} = -\frac{\mathtt{i}}{4(\ell-1)}(H_i - H_{i-1})$$
$$= -\frac{\mathtt{i}}{4(\ell-1)}\{(E_{2i\,2i-1} - E_{2i-1\,2i}) - (E_{2i+2\,2i+1} - E_{2i+1\,2i+2})\},$$

α_ℓ の双対ベクトルは

$$H_{\alpha_\ell} = -\frac{\mathtt{i}}{4(\ell-1)}(H_{\ell-1} + H_\ell)$$
$$= -\frac{\mathtt{i}}{4(\ell-1)}\{(E_{2\ell-2\,2\ell-3} - E_{2\ell-3\,2\ell-2})$$
$$+ (E_{2\ell+2\,2\ell+1} - E_{2\ell+1\,2\ell+2})\}$$

で与えられる. $\mathtt{i}H_{\alpha_i} \in \mathfrak{so}(2\ell)$ $(1 \le i \le \ell)$ であることに注意. 次に

$$B(G_{jk}^+, G_{kj}^+) = B(G_{jk}^-, G_{kj}^-) = 16(\ell-1)$$

より各ルートベクトルを

$$E_{\lambda_j - \lambda_k} = \frac{1}{4\sqrt{\ell-1}}G_{jk}^+ \quad (j \ne k),$$
$$E_{\lambda_j + \lambda_k} = \frac{1}{4\sqrt{\ell-1}}G_{jk}^- \quad (j > k),$$
$$E_{-(\lambda_j + \lambda_k)} = \frac{1}{4\sqrt{\ell-1}}G_{jk}^- \quad (j < k)$$

と選べばよい. これらから定まるワイルの標準基底

$$\{H_{\alpha_i}(1 \le i \le \ell), U_{\lambda_j - \lambda_k}, V_{\lambda_j - \lambda_k}, U_{\lambda_j + \lambda_k}, V_{\lambda_j - \lambda_k}\}$$

のすべての要素は実の交代行列であるから $\mathfrak{so}(2\ell; \mathbb{C})$ のコンパクト実形は $\mathfrak{so}(2\ell)$ である. スプリット実形が $\mathfrak{o}_\ell(2\ell)$ と同型であることの検証は読者に委ねよう.

6.9 まとめ

コンパクト実形をまとめておこう.

型	複素単純リー環	コンパクト実形
A_ℓ $(\ell \geq 1)$	$\mathfrak{sl}_{\ell+1}\mathbb{C}$	$\mathfrak{su}(\ell+1)$
B_ℓ $(\ell \geq 2)$	$\mathfrak{so}(2\ell+1,\mathbb{C})$	$\mathfrak{so}(2\ell+1)$
C_ℓ $(\ell \geq 3)$	$\mathfrak{sp}(\ell;\mathbb{C})$	$\mathfrak{sp}(\ell)$
D_ℓ $(\ell \geq 4)$	$\mathfrak{so}(2\ell,\mathbb{C})$	$\mathfrak{so}(2\ell)$
E_6	$\mathfrak{e}_6^{\mathbb{C}}$	$\mathfrak{e}_6$
E_7	$\mathfrak{e}_7^{\mathbb{C}}$	$\mathfrak{e}_7$
E_8	$\mathfrak{e}_8^{\mathbb{C}}$	$\mathfrak{e}_8$
F_4	$\mathfrak{f}_4^{\mathbb{C}}$	$\mathfrak{f}_4$
G_2	$\mathfrak{g}_2^{\mathbb{C}}$	$\mathfrak{g}_2$

古典型の場合に具体的にコンパクト実形を決定できた．例外型の場合にもコンパクト実形を具体的に与えることができる．$\mathfrak{f}_4$ と $\mathfrak{g}_2$ はすでに与えたものである．E_6, E_7, E_8 型の複素単純リー環とコンパクト実形の具体的な記述は [44] を見てほしい．

6.10 ★ スピノル群

リー群の観点からコンパクト実形をまとめておこう．

型	複素リー群	コンパクト実形
A_ℓ $(\ell \geq 1)$	$SL_{\ell+1}\mathbb{C}$	$SU(\ell+1)$
B_ℓ $(\ell \geq 2)$	$SO(2\ell+1,\mathbb{C})$	$SO(2\ell+1)$
C_ℓ $(\ell \geq 3)$	$Sp(\ell;\mathbb{C})$	$Sp(\ell)$
D_ℓ $(\ell \geq 4)$	$SO(2\ell,\mathbb{C})$	$SO(2\ell)$
E_6	$E_6^{\mathbb{C}}$	E_6
E_7	$E_7^{\mathbb{C}}$	E_7
E_8	$E_8^{\mathbb{C}}$	E_8
F_4	$F_4^{\mathbb{C}}$	F_4
G_2	$G_2^{\mathbb{C}}$	G_2

位相空間に慣れている読者向けの注意をしておこう．この表のコンパクト・リー群のうち $SU(\ell+1)$, $Sp(\ell)$ は単連結である．また E 型, F 型, G 型については単連結なコンパクト実形 E_6, E_7, E_8, F_4, G_2 が存在する．実際 F_4 と G_2 は具体的な記述を紹介した．

204　　　第 6 章　　複素単純リー環の分類

では B 型，D 型の場合はどうだろうか．$\mathrm{SO}(n)$ は単連結ではない．実際 $\mathrm{SO}(n)$ の基本群は

$$\pi_1(\mathrm{SO}(n)) = \left\{ \begin{array}{ll} \mathbb{Z} & (n=2) \\ \mathbb{Z}/2\mathbb{Z} & (n \geq 3) \end{array} \right.$$

である．クリフォード代数を用いて $\mathfrak{so}(n)$ をリー環にもつ単連結なコンパクト・リー群を作ることができる．

$\mathbb{V} = (\mathbb{V}, \langle \cdot, \cdot \rangle)$ を n 次元実スカラー積空間とする．関係式

$$\vec{v}\vec{w} + \vec{w}\vec{v} = -2\langle \vec{v}, \vec{w} \rangle, \quad \vec{v}, \vec{w} \in \mathbb{V}$$

で生成される結合的多元環を $\mathbb{V}$ の定める**クリフォード代数**（Clifford algebra）とよび $C\ell(\mathbb{V})$ で表す．とくに n 次元ユークリッド空間 $\mathbb{E}^n$ のクリフォード代数を $C\ell_n$ で表す．

$\mathbb{E}^n$ の標準基底 $\{e_1, e_2, \ldots, e_n\}$ を用いて $C\ell_n$ を具体的に記述しよう．まず $C\ell_n$ は

$$1, e_1, e_2, \cdots, e_n, \ e_i e_j \ (i < j) \cdots,$$
$$e_{i_1} e_{i_2} \cdots e_{i_r} \ (i_1 < i_2 < \cdots < i_r), \cdots,$$
$$e_1 e_2 \cdots e_n$$

の線型結合の全体であり乗法は

$$(e_{i_1} e_{i_2} \cdots e_{i_k})(e_{j_1} e_{j_2} \cdots e_{j_r}) = e_{i_1} e_{i_2} \cdots e_{i_k} e_{j_1} e_{j_2} \cdots e_{j_r},$$
$$e_i^2 = -1, \quad i \neq j \text{ のとき } e_i e_j = -e_j e_i$$

に従い分配法則が成立する．$C\ell_1 = C\ell(\mathbb{E}^1)$ は複素数体 $\mathbb{C}$ であることを確かめてほしい．$C\ell_2 = C\ell(\mathbb{E}^2)$ は四元数体 $\mathbf{H}$ であることに注意しよう．

問題 6.4 $C\ell_1 = \mathbb{C}$ および $C\ell_2 = \mathbf{H}$ を確かめよ．

$C\ell_3 = C\ell(\mathbb{E}^3) = \mathbf{H} \oplus \mathbf{H}$ である．ちょっとややこしいがケーリー代数 $\mathfrak{O}$ はクリフォード代数ではない．

【研究課題】 $C\ell_3$ の乗積表を作り $\mathfrak{O}$ との違いを調べよ．

6.10 ★ スピノル群

註 6.9 (数の拡大) $\mathbb{R} \to \mathbb{C} \to \mathbf{H}$ と "数" の拡大を行ってきたが $\mathbf{H}$ をさらに拡大する方法は 1 種類ではない.

- $\mathbb{R}$ 上の多元体（$\mathbb{R}, \mathbb{C}, \mathbf{H}$ のみ）
- 単位元をもつ $\mathbb{R}$ 上の有限次元合成的多元環（$\mathbb{R}, \mathbb{C}, \mathbf{H}, \mathfrak{O}$ のみ）

などがある（用語の意味については [2, 1.5.3 節, A.4 節] 参照）.これらの結果は位相幾何学によって導かれた.クリフォード代数はこれらとは異なり**結合性を維持した拡張**である.

註 6.10 (擬ユークリッド空間) 擬ユークリッド空間 $\mathbb{E}_\nu^n$ (p. 18) のクリフォード代数も様々な分野に登場する.$C\ell(\mathbb{E}_1^1)$ は亜複素数環とよばれる（『リー群』註 E.1 参照）.$C\ell(\mathbb{E}_2^2)$ は亜四元数環とよばれる（この本の註 E.1）.

クリフォード代数の積を用いて単位ベクトルの**偶数個の積**で生成される群

$$\mathrm{Spin}(n) = \{\boldsymbol{n}_1 \boldsymbol{n}_2 \cdots \boldsymbol{n}_{2m} \mid \boldsymbol{n}_j \in \mathbb{S}^{n-1}\}$$

とおく.ここで $\mathbb{S}^{n-1}$ は $\mathbb{E}^n$ の原点を中心とする半径 1 の球面である.$\mathrm{Spin}(n)$ は単連結なコンパクト・リー群である.$\mathrm{Spin}(n)$ を**スピノル群** (spinor group) とよぶ（スピン群とよんでいる本もある）.$\boldsymbol{a} \in \mathbb{E}^n$ を用いて $\mathbb{E}^n$ 上の線型変換 $\mathrm{Ad}(\boldsymbol{a})$ を $\mathrm{Ad}(\boldsymbol{a})\boldsymbol{x} = \boldsymbol{a}\boldsymbol{x}\boldsymbol{a}^{-1}$ で定めると

$$\mathrm{Ad}(\boldsymbol{a})(\boldsymbol{x}) = -\boldsymbol{x} + \frac{2(\boldsymbol{x}|\boldsymbol{a})}{(\boldsymbol{a}|\boldsymbol{a})}\boldsymbol{a} = -S_{\boldsymbol{a}}(\boldsymbol{x})$$

であるから $\mathrm{Ad}(\boldsymbol{a}) \in \mathrm{O}(n)$ と見なせる.ここで鏡映行列 (1.20) を思い出そう.原点を通り $\boldsymbol{n} \in \mathbb{S}^{n-1}$ に直交する超平面に関する鏡映 $S_{\boldsymbol{n}}$ の表現行列 $\mathsf{S}_{\boldsymbol{n}} = E_n - 2\boldsymbol{n}^t\boldsymbol{n}$ の偶数個の積は $\mathrm{SO}(n)$ の要素である.したがって $\mathrm{Ad} : \mathrm{Spin}(n) \to \mathrm{SO}(n)$ が定まる.Ad は全射であることが確かめられ,$\mathrm{Spin}(n)$ が $\mathrm{SO}(n)$ の普遍被覆であることがわかる.

註 6.11 (ピノル群) 単位ベクトルの積で生成される群

$$\mathrm{Pin}(n) = \{\boldsymbol{n}_1 \boldsymbol{n}_2 \cdots \boldsymbol{n}_p \mid \boldsymbol{n}_1, \boldsymbol{n}_2, \ldots, \boldsymbol{n}_p \in \mathbb{S}^{n-1}\}$$

は**ピノル群**（またはピン群）とよばれる.

n が 6 以下のときは次のような同型関係がある[*11].

$$\mathrm{Spin}(1) \cong \mathrm{O}(1) = \{1, -1\},$$
$$\mathrm{Spin}(2) \cong \mathrm{U}(1) \cong \mathrm{SO}(2),$$
$$\mathrm{Spin}(3) \cong \mathrm{Sp}(1) \cong \mathrm{SU}(2),$$
$$\mathrm{Spin}(4) \cong \mathrm{SU}(2) \times \mathrm{SU}(2),$$
$$\mathrm{Spin}(5) \cong \mathrm{Sp}(2),$$
$$\mathrm{Spin}(6) \cong \mathrm{SU}(4).$$

「コンパクトなリー群にはどのようなものがあるか」という素朴な問いに答えるためには単純リー環を分類すればよかった．その結果，基本となるコンパクト・リー群はよく知られている $\mathrm{SO}(n)$, $\mathrm{SU}(n)$, $\mathrm{Sp}(n)$ と例外型とよばれる E_6, E_7, E_8, F_4, G_2 であることがわかった．コンパクトという（位相的な）性質が単純リー環という**代数的な**性質に翻訳されルート系，カルタン行列，ディンキン図形を介して基本となるコンパクト・リー群が分類された．

註 6.12 (⋆ ワイル群について) G を連結なコンパクト線型リー群とする．T を G の極大輪環群とする．T のリー環を $\mathfrak{t}$ で表す．T の正規化群を $N_G(T)$ とする．このとき $\mathfrak{g}^{\mathbb{C}}$ の $\mathfrak{h} = \mathfrak{t}^{\mathbb{C}}$ に関するワイル群 W は $N_G(T)/T$ と同型である．

コンパクト・リー群は群という**代数的構造**と**解析的構造**（微分積分ができる／多様体の構造）が調和している．その調和により深みのある理論が展開でき，そして数学や物理学の至るところに登場する．『はじめて学ぶリー群』と本書『はじめて学ぶリー環』はリー群論・リー環論の最初を紹介したにすぎない．読者はこの本を手がかりに本格的な教科書へ進んでほしい．

[*11] これらの同型を実現する同型写像を具体的に与えることができる．附録 B.3.2 節および [43] 参照．

6.10 ★ スピノル群

【コラム】 (★ **概複素構造**) 点 P における 2 次元球面 $\mathbb{S}^2 \subset \mathbb{E}^3$ の接ベクトル空間

$$T_\mathrm{P}\mathbb{S}^2 = \{\boldsymbol{v} \in \mathbb{E}^3 \mid (\boldsymbol{v}|\boldsymbol{p}) = 0\}, \quad \boldsymbol{p} = \overrightarrow{\mathrm{OP}}$$

において線型変換 $\mathrm{J_P}$ を $\mathrm{J_P}\boldsymbol{v} = \boldsymbol{p} \times \boldsymbol{v}$ で定めると $\mathrm{J_P}$ は $T_\mathrm{P}\mathbb{S}^2$ 上の複素構造である．これをもとに（偶数次元）多様体に**概複素構造** (almost complex structure) の概念が定義される．

多様体 M の各点 p の接ベクトル空間 T_pM 上に複素構造 J_p が定義されており，分布 $p \longmapsto \mathrm{J}_p$ が C^∞ 級であるとき，この分布を多様体 M の**概複素構造** (almost complex structure) とよぶ．概複素構造を指定した多様体 (M, J) を**概複素多様体**とよぶ．

多様体 M が複素多様体であれば自然に概複素構造が定まる．逆に概複素構造をもてば複素多様体になるかというと，これは正しくない．概複素多様体 (M, J) が複素多様体になるとき，J は**積分可能**であるという．

$\mathbb{S}^2$ は複素函数論で学ぶリーマン球面の構造（『リー群』11.4 節も参照）をもち，複素構造の定める概複素構造がこの註で説明したものである．

偶数次元球面 $\mathbb{S}^{2m}$ はつねに複素構造をもつだろうか．1951 年刊行の論文でボレル（A. Borel）とセール（J. P. Serre）は概複素構造をもつのは $m = 1$ と $m = 3$ に限ることを証明した（キルヒホッフ（A. Kirhihoff）の定理 (1947,1953) とアダムス（J. F. Adams）の定理 (1960) からも証明できる）．$\mathbb{E}^3$ の外積 $\times$ は四元数体 **H** の乗法から導けることを思い出そう．ケーリー代数 $\mathfrak{O}$ の積から $\mathbb{E}^7 = \mathrm{Im}\,\mathfrak{O}$ に定まる外積 $\times$ を用いて $\mathbb{S}^2$ と同様に $\mathbb{S}^6$ に積分可能でない概複素構造が定義できる．$\mathbb{S}^2$ に $\mathbb{E}^3$ から誘導されるリーマン計量に関し $\mathbb{S}^2$ はケーラー多様体（Kähler manifold）になる（p. 261 参照）．一方 $\mathbb{S}^6$ に $\mathbb{E}^7$ から誘導されるリーマン計量に関し $\mathbb{S}^6$ は**近ケーラー多様体**（nearly Kähler manifold）とよばれるものになる．この名称はグレイ（Alfred Gray）によるが，グレイの論文以前に立花俊一による研究があり，概立花多様体とよばれていた．近ケーラー多様体はスピン幾何とも関連する．$\mathbb{S}^6$ に積分可能な複素構造は存在するかどうかはこの本の 2 刷の時点でまだ未解決である．

7 無限次元へ

無限次元のリー環について簡単な紹介をしておこう.

7.1 非負行列

実正方行列 $A = (a_{ij}) \in \mathrm{M}_n\mathbb{R}$ においてすべての成分 a_{ij} が非負のとき A を**非負行列**という. とくに $a_{ij} > 0$ のとき**正行列**とよぶ. A が非負であることを $A \geq O$ と表記する. とくに A が正であることを $A > O$ と表す. 同様にベクトル $\boldsymbol{x} = (x_1, x_2, \ldots, x_n) \in \mathbb{R}^n$ に対し, すべての成分が非負のとき $\boldsymbol{x}$ を**非負ベクトル**とよび $\boldsymbol{x} \geq \boldsymbol{0}$ と表す. とくに成分がすべて正であるベクトル $\boldsymbol{x}$ を**正ベクトル**とよび $\boldsymbol{x} > \boldsymbol{0}$ と表す.

非負行列は確率論や経済数学で基本的なものである.

例 7.1 (確率行列) $A \in \mathrm{M}_n\mathbb{R}$ が $A \geq O$ かつ $\sum_{j=1}^{n} a_{ij} = 1$ をみたすとき A を**確率行列** (stochastic matrix) という. 確率行列は確率論で学ぶマルコフ連鎖 (Markov chain) に登場する.

線型代数で行列の階数を求めたり連立一次方程式を解くための方法として行列の基本変形 (掃き出し法) を学んだと思う ([1, 9, 21]). ここで行や列の入れ替えを実現する行列を復習しておこう. まず次の用語を定義しよう.

定義 7.1 $P \in \mathrm{M}_n\mathbb{R}$ が

- P の各行の成分には 1 がひとつだけあり 1 以外の成分は 0,
- P の各列の成分には 1 がひとつだけあり 1 以外の成分は 0

をみたすとき**置換行列**という.

単位行列 $E_n = (e_1\ e_2\ \ldots\ e_n) \in \mathrm{M}_n\mathbb{R}$ の第 i 列と第 j 列を入れ替えて得られる行列を $P_n(i,j)$ で表す．$P_n(i,j)^{-1} = P_n(i,j)$, ${}^tP_n(i,j) = P_n(i,j)$ だから $P_n(i,j) \in \mathrm{O}(n)$ である．

$A \in \mathrm{M}_n\mathbb{R}$ に対し

$$P_n(i,j)A = A\ \text{の第}\ i\ \text{行と第}\ j\ \text{行を入れ換えたもの},$$
$$AP_n(i,j) = A\ \text{の第}\ i\ \text{列と第}\ j\ \text{列を入れ換えたもの}$$

であることを確かめてほしい（[21]）．

各 $P_n(i,j)$ は置換行列である．より一般に置換行列 P はこの "入れ替え行列" の有限個の積

$$P = P_n(i_1,j_1)P_n(i_2,j_2)\cdots P_n(i_k,j_k)$$

で実現できる．

註 7.1 置換についての知識がある読者は定義 7.1 を次のように言い換えておく方が意味を掴みやすい．

定義 7.2 $\{e_1, e_2, \ldots, e_n\}$ を $\mathbb{E}^n$ の標準基底とする．n 文字の置換 $\sigma \in \mathfrak{S}_n$ に対し $(e_{\sigma(1)}\ e_{\sigma(2)}\ \ldots\ e_{\sigma(n)})$ で定まる行列を n 次の**置換行列**といい P_σ で表す．

次に行列の「分解可能性」を定義する．$A = (a_{ij}) \in \mathrm{M}_n\mathbb{R}$ としよう．$\mathsf{N} = \{1, 2, \ldots, n\}$ とおく．$\mathsf{N} = \mathsf{I} \cup \mathsf{J}$ かつ $\mathsf{I} \cap \mathsf{J} = \varnothing$ であるような空でない部分集合 $\mathsf{I}, \mathsf{J} \subset \mathsf{N}$ が存在して

$$i \in \mathsf{I}, \quad j \in \mathsf{J} \Longrightarrow a_{ij} = 0$$

をみたすとき A は**分解可能**（decomposable）であるという．分解可能でないとき**分解不能**（indecomposable）であるという．この定義から $A > O$ ならば分解不能であることに注意しよう．したがって「分解不能な非負行列」は正行列の（妥当な）一般化と考えられる．分解不能な非負行列を**フロベニウス行列**とよぶ（[10] では F 行列とよんでいる）．A が分解可能であることと転置行列 ${}^tA$ が分解可能であることは同値であることにも注意しよう．

定理 7.1 $A \in \mathrm{M}_n\mathbb{R}$ が分解可能であるための必要十分条件は

$$P^{-1}AP = \left(\begin{array}{c|c} B & C \\ \hline O & D \end{array} \right), \quad B, D \text{ は正方行列}$$

となる置換行列 P が存在することである.

例 7.2

$$A = \left(\begin{array}{ccc} 1 & 0 & 3 \\ 4 & 5 & 6 \\ 7 & 0 & 8 \end{array} \right)$$

は分解可能である. 実際

$$P = \left(\begin{array}{ccc} 0 & 1 & 0 \\ 1 & 0 & 0 \\ 0 & 0 & 1 \end{array} \right)$$

に対し

$$P^{-1}AP = \left(\begin{array}{c|cc} 5 & 4 & 6 \\ \hline 0 & 1 & 3 \\ 0 & 7 & 8 \end{array} \right).$$

例 7.3

$$A = \left(\begin{array}{ccc} 0 & 0 & 1 \\ 1 & 0 & 0 \\ 0 & 1 & 0 \end{array} \right)$$

は分解不能である. 実際, $\{1, 2, 3\} = \mathsf{I} \cup \mathsf{J}$ と分解できたとする. 1 を含む方を I とする. $a_{13} = 1 \neq 0$ だから $3 \notin \mathsf{J}$ である. ということは $3 \in \mathsf{I}$. 次に $a_{32} = 1 \neq 0$ だから $2 \notin \mathsf{J}$. したがって $2 \in \mathsf{I}$. ゆえに $\mathsf{J} = \varnothing$ となり矛盾.

経済数学で基本的な定理を紹介しておこう ([21, p. 221, 定理 3.3]).

定理 7.2 (ペロン-フロベニウスの定理)
$A \in \mathrm{M}_n\mathbb{R}$, $A \geq O$ ならば次が成り立つ.

- A は非負の固有値をもつ. その最大のものを $\rho(A)$ とする. $\rho(A)$ を A の**フロベニウス根**という. $\rho(A)$ に対応する非負固有ベクトル $\boldsymbol{u}$, すな

わち $Au = \rho(A)u$ をみたす $u = (u_1, u_2, \ldots, u_n) \neq \mathbf{0}$ で $u \geq \mathbf{0}$ である
ものが存在する.

- A の特性根(固有方程式の解)の絶対値は $\rho(A)$ 以下.
- $\rho({}^t A) = \rho(A)$.

例えば A が確率行列ならば $\rho(A) = 1$ であり $u = (1, 1, \ldots, 1)$ とおくと
$Au = u$ である.

$A > O$ のときはより強く次が成り立つ ([19, p. 359]).

系 7.1 (ペロン-フロベニウスの定理)
$A \in \mathrm{M}_n\mathbb{R},\ A > O$ ならば次が成り立つ.

- A のフロベニウス根 $\rho(A)$ の重複度は 1.
- A の固有ベクトル $u = (u_1, u_2, \ldots, u_n)$ で $u_1, u_2, \ldots, u_n > 0$ であるも
  のをもつ固有値は $\rho(A)$ のみ.

命題 7.1 既約ルート系のカルタン行列 $A = (a_{ij})$ に対し $F = 2E - A$ とおく
と F はフロベニウス行列である. F の対角成分は 0, 非対角成分は 0, 1, 2, 3
のどれかである.

【研究課題】 既約ルート系のカルタン行列 A から定まるフロベニウス行列 $F = 2E - A$ のフロベニウス根 $\rho(A)$ を求めよ. たとえば
- A_2 型のとき $\rho(F) = 1$,
- B_2 型のとき $\rho(F) = \sqrt{2}$,
- C_3 型のとき $\rho(F) = \sqrt{3}$,
- D_4 型のとき $\rho(F) = \sqrt{2}$,
- G_2 型のとき $\rho(F) = \sqrt{3}$

である. そこで $\rho(F) < 2$ という予想が立つ. この予想を検証せよ. 非負行列の理論を
使って確かめてもよいが,各既約ルート系ごとにフロベニウス根を具体的に求めてみ
よう.

7.2 カルタン行列の一般化

有限次元複素単純リー環はカルタン行列によって決定される.

212　　　　　　　第 7 章　　無限次元へ

カルタン行列のもつ性質に着目し，次の定義を与えよう．

定義 7.3 以下の性質をもつ正方行列を**一般カルタン行列** (generalized Cartan matrix) とよぶ．

(1) $a_{ii} = 2$,

(2) $a_{ij} \in \mathbb{Z}$, $a_{ij} \leq 0$,

(3) $a_{ij} = 0 \Longrightarrow a_{ji} = 0$.

有限次元複素単純リー環のカルタン行列はこの 3 つの条件に加え

> すべての主座小行列式は正

という条件をみたしていたことを思い出そう．

カッツ（Victor G. Kac）とムーディー（Robert Moody）は独立に一般カルタン行列からリー環を構成した（1967）．彼らの構成したリー環は，一般には無限次元であり，有限次元複素単純リー環を例として含んでいる．一般カルタン行列から構成されるリー環を**カッツ-ムーディー・リー環**とか**カッツ-ムーディー代数**とよぶ．一般カルタン行列については次の基本定理が知られている（[48, 定理 4.3]）．

定理 7.3 $A \in \mathrm{M}_n \mathbb{R}$ を分解不能な一般カルタン行列とすると，次のいずれかが成り立つ[*1]．

- （有限型）$\det A \neq 0$ であり $Au > 0$ をみたす $u > 0$ が存在する．この場合 $Av \geq 0$ ならば $v > 0$ または $v = 0$.
- （アフィン型）A の階数は $n-1$ で $Au = 0$ となる $u > 0$ が存在する．この場合 $Av \geq 0$ ならば $v > 0$ または $v = 0$ が成り立つ．
- （不定値型）$Au < 0$ となる $u > 0$ が存在する．この場合 $Av \geq 0$ かつ $v \geq 0$ ならば $v = 0$ が成り立つ．

――――――――――

[*1] $v = (v_1, v_2, \ldots, v_n) \in \mathbb{R}^n$ に対し $v_1, v_2, \ldots, v_n$ がすべて非負のとき $v \geq 0$ と表す．とくに $v_1, v_2, \ldots, v_n$ がすべて正のとき $v > 0$ と表す．

有限型の分解不能一般カルタン行列から複素リー環を構成すると，得られる
カッツ-ムーディー代数は有限次元複素単純リー環である．アフィン型の分解
不能一般カルタン行列から得られるカッツ-ムーディー代数は**アフィン・リー
環**（affine Lie algebra）とよばれる．アフィン・リー環は I 型，II 型，III 型
の 3 種類に大別される．

数理物理学のいたるところに登場する．とくに無限可積分系との関わりが重
要である．アフィン・リー環の中でアフィン I 型とよばれるクラスは複素単純
リー環の単純ルート系を拡大した単純ルート系である「単純アフィン・ルート
系」から構成される．

命題 7.2 複素単純リー環 $\mathfrak{g}$ のカルタン部分環を $\mathfrak{h}$ とする．このカルタン部分
環に関するルートの基本系を $\Pi = \{\alpha_1, \ldots, \alpha_\ell\}$ とする．Π の型を X_ℓ で表す．
Π を用いてルート系 Δ に辞書式順序 $\leq$ を定める（C.3 節参照）と Δ において
順序 $\leq$ に関する最大元が存在する．その最大元を**最高ルート**（highest root）
または**最大ルート**（maximal root）とよぶ．最高ルートの (-1) 倍を α_0 と表
記する．$\widehat{\Pi} = \Pi \cup \{\alpha_0\}$ を $\mathfrak{g}$ の $\mathfrak{h}$ に関する**単純アフィン・ルート系**（affine
simple root system）とよぶ．$\widehat{\Pi}$ は I 型のアフィン・リー環を定める．このア
フィン・リー環は $\mathrm{X}_\ell^{(1)}$ 型であるとよばれる．

7.3 戸田格子とその一般化

無限可積分系とよばれる微分方程式に**ルート系が潜んでいる**ことを戸田格子
を例として説明しよう．

図 7.1 のような位置 (u_j) にある粒子が，それぞればねで結ばれている系（1
次元格子）を考える．粒子の相対位置を $r_j = u_{j+1} - u_j$，ポテンシャルを $\phi(r)$
とすると，運動方程式は

$$m\frac{\mathrm{d}^2 u_j}{\mathrm{d}t^2} = \phi'(r_{j+1}) - \phi'(r_j)$$

で与えられる．ここでプライム $'$ は r による微分演算を表す．

図 7.1 ばね

たとえばフック (Robert Hooke, 1635–1703) の法則に従うばねで結ばれた粒子からなる 1 次元線型格子は $\phi(r) = \frac{1}{2}kr^2$ をポテンシャルにもち, 運動方程式は

$$m\frac{d^2 u_j}{dt^2} = k(u_{j+1} + u_{j-1} - 2u_j)$$

で与えられる. k は, ばね定数とよばれる定数である.

戸田盛和 (1917–2010) が提唱した非線型格子 (**戸田格子**) は

$$\phi(r) = \frac{a}{b}e^{-br} + ar \quad (ab > 0)$$

をポテンシャルとするものであり, 運動方程式は

$$m\frac{d^2 u_j}{dt^2} = -ae^{-b(u_{j+1}-u_j)} + ae^{-b(u_j-u_{j-1})}$$

で与えられる (1967). 以下ではこれを正規化して

$$\frac{d^2 q_j}{dt^2} = e^{q_{j-1}-q_j} - e^{q_j-q_{j+1}}$$

の形で扱う.

定義 7.4 戸田格子

$$\frac{d^2 q_j}{dt^2} = e^{q_{j-1}-q_j} - e^{q_j-q_{j+1}}$$

において自然数 N が存在し, どの番号 j についても $q_{j+N} = q_j$ が成り立つときこの戸田格子を**周期的戸田格子** (periodic Toda lattice) とよぶ.

一方, 次の常微分方程式系の解を**非周期的有限戸田格子**または**戸田分子** (Toda molecule) とよぶ.

7.3 戸田格子とその一般化

$$\frac{\mathrm{d}^2 q_1}{\mathrm{d}t^2} = -e^{q_1-q_2},$$

$$\frac{\mathrm{d}^2 q_j}{\mathrm{d}t^2} = e^{q_{j-1}-q_j} - e^{q_j-q_{j+1}} \ (2 \leq j \leq n),$$

$$\frac{\mathrm{d}^2 q_{n+1}}{\mathrm{d}t^2} = e^{q_n-q_{n+1}}.$$

戸田分子の全運動量は

$$P = p_1 + p_2 + \cdots + p_{n+1}, \quad p_j = \frac{\mathrm{d}q_j}{\mathrm{d}t}$$

で与えられる. 簡単な計算で $\mathrm{d}P/\mathrm{d}t = 0$ が確かめられる. そこで

$$\tilde{q}_j = q_j - \frac{1}{n+1}(q_1 + q_2 + \cdots + q_{n+1}),$$

$$\tilde{p}_j = p_j - \frac{P}{n+1}$$

と変数変換すると

$$\sum_{j=1}^{n+1} \tilde{q}_j = \sum_{j=1}^{n+1} \tilde{p}_j = 0$$

をみたしている. 戸田分子方程式はこの変数変換で形を変えない. すなわち

$$\frac{\mathrm{d}^2 \tilde{q}_1}{\mathrm{d}t^2} = -e^{\tilde{q}_1-\tilde{q}_2},$$

$$\frac{\mathrm{d}^2 \tilde{q}_j}{\mathrm{d}t^2} = e^{\tilde{q}_{j-1}-\tilde{q}_j} - e^{\tilde{q}_j-\tilde{q}_{j+1}} \ (2 \leq j \leq n),$$

$$\frac{\mathrm{d}^2 \tilde{q}_{n+1}}{\mathrm{d}t^2} = e^{\tilde{q}_n-\tilde{q}_{n+1}}.$$

そこで以下 $\tilde{q}_j$, $\tilde{p}_j$ を q_j, p_j と書くことにする.

座標 $(\boldsymbol{q}; \boldsymbol{p}) = (q_1, q_2, \cdots, q_{n+1}; p_1, p_2, \cdots, p_{n+1})$ をもつ数空間 $\mathbb{R}^{2n+2}$ 上の函数 $H = H(\boldsymbol{q}; \boldsymbol{p})$ を

$$(7.1) \qquad H(\boldsymbol{q}, \boldsymbol{p}) = \frac{1}{2}\sum_{j=1}^{n+1} p_j^2 + V(\boldsymbol{q}),$$

$$(7.2) \qquad V(\boldsymbol{q}) = \sum_{j=1}^{n} \exp(q_j - q_{j+1}).$$

と定めると戸田分子方程式は連立偏微分方程式

$$\frac{dq_j}{dt} = \frac{\partial H}{\partial p_j}, \quad \frac{dp_j}{dt} = -\frac{\partial H}{\partial q_j}, \quad 1 \le j \le n+1$$

に書き換えられる．この連立偏微分方程式を戸田分子のハミルトン系表示とよぶ．H を戸田分子の**ハミルトン函数** (Hamiltonian) という．V を H の**ポテンシャル部分**という．ポテンシャル部分 V に A_{n+1} 型のルート系 $\{q_j - q_{j+1}\}_{1 \le j \le n}$（例 5.16）が姿を現していることに着目してほしい．もう少し正確に書くと $\alpha_j : \mathbb{R}^{2n+1} \to \mathbb{R}$ を

$$\alpha_j(\boldsymbol{q}; \boldsymbol{p}) = q_j - q_{j+1}, \quad 1 \le j \le n$$

と定めると α_j は $\mathbb{R}^{2n+2}$ の線型汎函数である．この線型汎函数を使うとポテンシャル部分は

$$V(\boldsymbol{q}; \boldsymbol{p}) = \sum_{j=1}^{n} \exp(\alpha_j(\boldsymbol{q}; \boldsymbol{p}))$$

と表せる．

戸田格子を A 型のルート系に対応する方程式と考えることにより「各ルート系に対する戸田格子」がコスタント (B. Kostant)，ボゴヤフレンスキー (O. I. Bogoyavlensky)，アドラー (M. Adler)，ファンメルベック (P. van Moerbeke) によって導入された．

まず戸田分子の一般化を説明しよう．ハミルトン函数

$$H(\boldsymbol{q}, \boldsymbol{p}) = \frac{1}{2} \sum_{j=1}^{n+1} p_j^2 + V_{X_n}(\boldsymbol{q})$$

で定まるハミルトン方程式

$$\frac{dq_j}{dt} = \frac{\partial H}{\partial p_j}, \quad \frac{dp_j}{dt} = -\frac{\partial H}{\partial q_j}, \quad 1 \le j \le n+1$$

を X_n 型戸田分子とよぶ．ここで X_n は

$$A_n, B_n, C_n, D_n, E_6, E_7, E_8, F_4, G_2$$

のどれかである. $X_n = A_n, B_n, C_n, D_n$ の場合を具体的に書いてみると

$$V_{A_n}(\boldsymbol{q}) = \sum_{j=1}^{n} \exp(q_j - q_{j+1}),$$

$$V_{B_n}(\boldsymbol{q}) = \sum_{j=1}^{n-1} \exp(q_j - q_{j+1}) + \exp(q_n),$$

$$V_{C_n}(\boldsymbol{q}) = \sum_{j=1}^{n-1} \exp(q_j - q_{j+1}) + \exp(2q_n),$$

$$V_{D_n}(\boldsymbol{q}) = \sum_{j=1}^{n-1} \exp(q_j - q_{j+1}) + \exp(q_{n-1} + q_n).$$

もともとの戸田分子は「A_n 型の戸田分子」と捉えられる. ここでは古典型の
ルート系の場合のみ与えたが,例外型のルート系に対しても戸田分子が定義で
きる.

さらにルート系をアフィン・ルート系に拡大することで周期的戸田方程式が
得られる. A 型の場合に確認してみよう.

まず周期 $N = n+1$ のときの周期的戸田格子は $q_0 = q_{n+1}$ と規約をおくと

$$\frac{\mathrm{d}^2 q_1}{\mathrm{d}t^2} = e^{q_{n+1}-q_n} - e^{q_1-q_2},$$

$$\frac{\mathrm{d}^2 q_j}{\mathrm{d}t^2} = e^{q_{j-1}-q_j} - e^{q_j-q_{j+1}} \ (2 \le j \le n),$$

$$\frac{\mathrm{d}^2 q_{n+1}}{\mathrm{d}t^2} = e^{q_n-q_{n+1}} - e^{q_{n+1}-q_1}$$

と与えられる.

A_n 型のルート系 $\{q_1 - q_2, q_2 - q_3, \ldots, q_n - q_{n+1}\}$ に対し最高ルートは
$\delta = q_1 - q_{n+1}$ であるから $\alpha_0 = q_{n+1} - q_1$. そこでハミルトン函数を

$$H_{A_n^{(1)}} = \frac{1}{2} \sum_{j=1}^{n+1} (p_j)^2 + \sum_{j=1}^{n} \exp(q_j - q_{j-1}) + \exp(q_{n+1} - q_1)$$

と変更すると

$$\frac{\mathrm{d}^2 q_1}{\mathrm{d}t^2} = -e^{q_1 - q_2} + e^{q_{n+1} - q_1},$$

$$\frac{\mathrm{d}^2 q_j}{\mathrm{d}t^2} = e^{q_{j-1} - q_j} - e^{q_j - q_{j+1}} \quad (2 \le j \le n),$$

$$\frac{\mathrm{d}^2 q_{n+1}}{\mathrm{d}t^2} = e^{q_n - q_{n+1}} - e^{q_{n+1} - q_1}$$

であるから周期的戸田格子と一致する.

註 7.2 周期的戸田格子のハミルトン函数は

$$H_{A_n^{(1)}} := \frac{1}{2} \sum_{j=1}^{\ell+1} (p_j)^2 + \sum_{j=0}^{n} \exp(\alpha_j(\boldsymbol{q}; \boldsymbol{p}))$$

と表せる.

この観察をもとに $X_n^{(1)}$ 型ルート系を用いて周期的戸田格子を一般化できる ($X_n^{(1)}$ 型戸田格子ともよばれる).

たとえば B 型の場合,最高ルートが $2q_1$ であるから

$$H_{B_n^{(1)}} := \frac{1}{2} \sum_{j=1}^{n+1} p_j^2 + \sum_{j=1}^{n-1} \exp(q_j - q_{j+1}) + \exp(q_n) + \exp(-2q_1)$$

をハミルトン函数にもつハミルトン方程式が $B_n^{(1)}$ 型戸田格子である.

一般化された戸田格子については [35] を参照されたい.

註 7.3 (⋆ 旗多様体) ここでは戸田格子をルート系の観点から考察したがコンパクト・リー群の観点から理解することも大切である. G を X_n 型のコンパクト・リー群としよう. G の極大輪環群 T のリー環 $\mathfrak{t}$ の複素化 $\mathfrak{h} = \mathfrak{t}^{\mathbb{C}}$ が $\mathfrak{g}^{\mathbb{C}}$ のカルタン部分環を与えたことを思い出そう. X_n 型戸田格子は $\mathfrak{h}$ に関するルート系から定められた. 一方 X_n 型戸田格子は商空間 $F = G/T$ の位相幾何学的性質(胞体分割)と密接に関わることが知られている [7]. $F = G/T$ は G **旗多様体** (G-flag manifold) とよばれ表現論,微分幾何学,位相幾何学で活躍している.

7.4 ループ群

戸田方程式を始めとする無限可積分系とよばれる微分方程式のもつ対称性 (hidden symmetry) はループ群およびループ代数で説明される.

単位円周 $\mathbb{S}^1$ で定義されコンパクト・リー群 G に値をもつ C^∞ 級写像 (G 内のループ) の全体 $\Lambda G = \{\gamma : \mathbb{S}^1 \to G \mid C^\infty \text{級}\}$ を考える. $\gamma_1, \gamma_2 \in \Lambda G$ に対し γ_1 と γ_2 の積 $\gamma_1 \gamma_2$ を

$$(\gamma_1 \gamma_2)(\lambda) = \gamma_1(\lambda)\gamma_2(\lambda)$$

と定めると, この演算に関し ΛG は群をなし G の**ループ群** (loop group) とよばれる. 適切な完備化を施すことにより ΛG に無限次元リー群 (バナッハ・リー群) の構造を定められる. ΛG のリー環は $\Lambda \mathfrak{g} = \{\xi : \mathbb{S}^1 \to \mathfrak{g} \mid C^\infty \text{級}\}$ で与えられ $\mathfrak{g}$ の**ループ代数** (loop algebra) とよばれる. $\Lambda \mathfrak{g}$ は無限次元リー環である.

ループ群とアフィン・リー環の関連を述べよう. 準備としてコサイクルを説明する.

定義 7.5 $\mathfrak{a}$ を複素リー環とする. 以下の条件をみたす複素双線型写像 $\mu : \mathfrak{a} \times \mathfrak{a} \to \mathbb{C}$ を $\mathfrak{a}$ の **2-コサイクル** (2-cocycle) とよぶ.

$$\mu(X,Y) = -\mu(Y,X), \quad \mu([X,Y],Z) + \mu([Y,Z],X) + \mu([Z,X],Y) = 0.$$

2-コサイクルが与えられたとき $\mathfrak{a} \oplus \mathbb{C}$ に

$$[(X,z),(Y,w)] := ([X,Y], \mu(X,Y))$$

で積を定めると $(\mathfrak{a} \oplus \mathbb{C}, [\cdot,\cdot])$ は複素リー環である. このリー環を $\mathfrak{a}$ の μ による**中心拡大** (central extension) とよぶ. $\mathbb{C}$ は $\mathfrak{a} \oplus \mathbb{C}$ の中心になっている.

G をコンパクト・リー群とする. そのリー環 $\mathfrak{g}$ の複素化 $\mathfrak{g}^{\mathbb{C}}$ は X_ℓ 型の複素単純リー環であるとする. ループ代数の要素 $\xi \in \Lambda \mathfrak{g}^{\mathbb{C}}$ を λ に関してフーリエ

展開しよう.

$$\xi = \sum_{j=-\infty}^{\infty} \xi_j \lambda^j, \quad \xi_j \in \mathfrak{g}^{\mathbb{C}}.$$

とくに

$$\xi = \sum_{j=p}^{q} \xi_j \lambda^j, \quad \xi_j \in \mathfrak{g}^{\mathbb{C}}, \quad (p, q \text{ は } p \leq q \text{ をみたす整数})$$

という展開をもつものを**ローラン多項式ループ** (Laurent polynomial loop) とよぶ (多項式ループと略称することもある).

ローラン多項式ループのなす $\Lambda\mathfrak{g}^{\mathbb{C}}$ の部分リー環

$$\Lambda_{\mathrm{pol}}\mathfrak{g}^{\mathbb{C}} = \left\{ \xi = \sum_{j=p}^{q} \xi_j \lambda^j \in \Lambda\mathfrak{g}^{\mathbb{C}} \right\}$$

を $\mathfrak{g}^{\mathbb{C}}$ の**多項式ループ代数** (polynomial loop algebra) とよぶ. $\mathfrak{g}^{\mathbb{C}}$ は $\Lambda_{\mathrm{pol}}\mathfrak{g}^{\mathbb{C}}$ の部分リー環とみなせることに注意しよう.

$\mathfrak{g}^{\mathbb{C}}$ のキリング形式 B を $\Lambda_{\mathrm{pol}}\mathfrak{g}^{\mathbb{C}}$ に次の要領で拡張する:

$$B(\lambda^m X, \lambda^n Y) = \delta_{m+n,0} B(X, Y), \quad X, Y \in \mathfrak{g}.$$

次に $\mathbf{d} : \Lambda_{\mathrm{pol}}\mathfrak{g}^{\mathbb{C}} \to \Lambda_{\mathrm{pol}}\mathfrak{g}^{\mathbb{C}}$ を $\mathbf{d}(\lambda^m X) = m\lambda^m X$ で定め**オイラー作用素** (Euler operator) とよぶ. ここで $\mu : \Lambda_{\mathrm{pol}}\mathfrak{g}^{\mathbb{C}} \times \Lambda_{\mathrm{pol}}\mathfrak{g}^{\mathbb{C}} \to \mathbb{C}$ を

$$\mu(\lambda^m X, \lambda^n Y) := m\delta_{m+n,0} B(X, Y)$$

と定めると, $\Lambda_{\mathrm{pol}}\mathfrak{g}^{\mathbb{C}}$ の 2-コサイクルである. このコサイクルが定める $\Lambda_{\mathrm{pol}}\mathfrak{g}^{\mathbb{C}}$ の中心拡大を $\widetilde{\mathfrak{g}^{\mathbb{C}}}$ で表す. 中心の基底を c と書き $\widetilde{\mathfrak{g}^{\mathbb{C}}} = \mathfrak{g}^{\mathbb{C}} \oplus \mathbb{C}\mathsf{c}$ と表示する. $(\xi, z\mathsf{c}), (\eta, w\mathsf{c}) \in \widetilde{\mathfrak{g}^{\mathbb{C}}}$ に対し交換子 $[(\xi, z\mathsf{c}), (\eta, w\mathsf{c})]$ は

$$[(\xi, z\mathsf{c}), (\eta, w\mathsf{c})] = ([\xi, \eta], \mu(\xi, \eta)\mathsf{c}), \quad z, w \in \mathbb{C}$$

で与えられる. さらに $\widetilde{\mathfrak{g}^{\mathbb{C}}}$ の 1 次元拡大 $\widehat{\mathfrak{g}^{\mathbb{C}}} := \widetilde{\mathfrak{g}^{\mathbb{C}}} \oplus \mathbb{C}$ を次で定める.

$$[(\xi, z_1\mathsf{c}, z_2), (\eta, w_1\mathsf{c}, w_2)] := ([\xi, \eta] + z_2\mathbf{d}(\eta) - w_2\mathbf{d}(\xi), \mu(\xi, \eta)\mathsf{c}, 0).$$

ここで得られた無限次元リー環 $\widehat{\mathfrak{g}^{\mathbb{C}}}$ は $\mathrm{X}_\ell^{(1)}$ 型のアフィン・リー環（affine Lie algebra of type $\mathrm{X}_\ell^{(1)}$）である[*2]．たとえば A_1 型複素単純リー環 $\mathfrak{sl}_2\mathbb{C}$ に対し $\widehat{\mathfrak{sl}_2\mathbb{C}}$ は $\mathrm{A}_1^{(1)}$ 型アフィン・リー環とよばれる．

伊達悦朗・神保道夫・柏原正樹・三輪哲二による KdV 階層の研究では $\widehat{\mathfrak{sl}_2\mathbb{C}}$ の（無限小）作用が用いられた（[39]）．カッツ-ムーディー代数をリー環とする "リー群" はどのような群だろうか．このテーマについては [40] を参照してほしい．

複素半単純リー環はスプリット実形とコンパクト実形をもつ．アフィン・リー環はどのような実形をもつだろうか．例えば $\mathrm{A}_{\ell+1}^{(1)}$ 型アフィン・リー環の場合 4 種類の概コンパクト実形（almost compact real form）と 3 種類の概スプリット実形（almost split real form）とよばれる実形をもつことが知られている[*3]．

7.5 ★ 微分同相群

例 2.4 で $\mathbb{R}^n$ 上の C^∞ 級ベクトル場の全体が無限次元リー環をなすことを紹介した．より一般に有限次元多様体の C^∞ 級ベクトル場の全体も無限次元リー環をなすことを手短かに紹介しよう．

M を（有限次元の）C^∞ 級多様体とする．M 上の C^∞ 級函数の全体を $\mathfrak{F}(M)$ で表す．$\mathfrak{F}(M)$ は可換環である．写像 $X : \mathfrak{F}(M) \to \mathfrak{F}(M)$ が

- $X(f+g) = X(f) + X(g)$, $X(af) = aX(f)$,
- $X(fg) = X(f)g + fX(g)$

をすべての $f, g \in \mathfrak{F}(M)$, $a \in \mathbb{R}$ に対してみたすとき X を M 上の C^∞ 級ベクトル場とよぶ．M 上の C^∞ 級ベクトル場の全体を $\mathfrak{X}(M)$ で表す．$\mathfrak{X}(M)$ は

[*2] J. Lepowsky, R. Wilson, Construction of the affine Lie algebra $A_1^{(1)}$, Commun. Math. Phys. **62** (1978), 45–53. [48, 7 章] も参照．

[*3] 次の 2 編の論文を参照．小林善司（Z. Kobayashi），Automorphisms of finite order of the affine Lie algebra $A_l^{(1)}$, Tsukuba J. Math. **10** (1986), no. 2, 269–283.

小林真平（S.-P. Kobayashi），Real forms of complex surfaces of constant mean curvature, Trans. Amer. Math. Soc. **363** (2011), no. 4, 1765–1788.

無限次元の実線型空間である[*4]．X, Y のリー括弧を

$$[X,Y]f = X(Y(f)) - Y(X(f))$$

で定めるとヤコビの恒等式をみたすことが確かめられる．したがって $\mathfrak{X}(M)$ は無限次元の実リー環である．簡単のため M はコンパクトであると仮定しよう．このとき $X \in \mathfrak{X}(M)$ に対し $(\mathbb{R},+)$ の M への C^∞ 級の作用

$$\phi : \mathbb{R} \times M \to M;\ (t,p) \longmapsto \phi_t(p)$$

で以下の条件をみたすものが存在する．

$$\left.\frac{\mathrm{d}}{\mathrm{d}t}\right|_{t=0} f(\phi_t(p)) = X_p(f), \quad f \in \mathfrak{F}(M), p \in M.$$

ここで $X_p(f)$ は関数 $X(f)$ の p での値を表す．各 $t \in \mathbb{R}$ に対し変換 $p \longmapsto \phi_t(p) = \phi(t,p)$ は微分同相変換である．

したがって $\mathfrak{X}(M)$ から M の微分同相群 $\mathfrak{D}(M)$ への写像 exp を

$$\exp : \mathfrak{X}(M) \to \mathfrak{D}(M); \quad X \longmapsto \phi_1$$

で定義できる．$\exp : \mathfrak{X}(M) \to \mathfrak{D}(M)$ に行列の指数関数と同様の役割をさせることはできるだろうか．すなわち $\mathfrak{D}(M)$ に無限次元多様体の構造を定め $\mathfrak{X}(M)$ をリー環とする無限次元リー群の構造を定めることはできるだろうかという問題である．これは大変難しい問題である．現在までに知られている"良い"無限次元リー群の構造は ILH-リー群（inverse limit Hilbert Lie group）と R. F. リー群（regular Fréchet Lie group）である．前者については [12]，後者については [51] を見てほしい．

[*4] かつ $\mathfrak{F}(M)$ 加群である．

7.5 微分同相群

【コラム】 **(無限自由度の対称性)** 著者の主たる研究分野は可積分幾何である. 無限可積分系とよばれる「解けるしくみ」をもつ微分方程式を幾何学を使って研究している. 小林昭七先生（1932–2012）に「誰の影響でこういう研究を始めたの？」と尋ねられたことがあった. そのときは, 特定の誰かから強い影響を受けたわけではない旨をご返事した. では一体, なにがきっかけだったのだろうか. ふりかえってみると大森英樹先生の著書（力学的な微分幾何〔改訂新版〕, 日本評論社, 2010）にある次の文章がきっかけだったのかもしれない.

> 無限次元のリー群という概念が登場してくるのであるが, 無限の自由度をもつ対称性というものがどうしてもしっくりこないからである.

大森先生が研究されていた無限次元リー群は微分同相群やフーリエ積分作用素の群であり, たしかに「無限自由度の対称性」という理解はしっくりこない. 大学 4 年生のとき, 大学院修士課程 2 年生の先輩を通じてループ群（やカッツ-ムーディー代数）は無限自由度の対称性を記述することを知り, 無限可積分系へと自分の研究活動の舵を切った（情報収集がたやすくなかった昭和時代の話）. 古くさいと言われてしまうが, 人との出会い, 本との出会いは研究テーマの確立で大切な役割をすると今でも思っている. 少しでも未来の研究者の助けになればという思いから本の執筆依頼はできる限り, お引き受けしている.

A 線型代数続論

A.1 交代双線型形式と外積

有限次元**実**線型空間 $\mathbb{V}$ 上の双線型形式の全体について調べよう．2つの双線型形式 $\mathcal{F}, \mathcal{G}$ に対し

$$(\mathcal{F} + \mathcal{G})(\vec{x}, \vec{y}) = \mathcal{F}(\vec{x}, \vec{y}) + \mathcal{G}(\vec{x}, \vec{y})$$

で和を定める．また $c \in \mathbb{R}$ に対し

$$(c\mathcal{F})(\vec{x}, \vec{y}) = c\mathcal{F}(\vec{x}, \vec{y})$$

と定める．この加法とスカラー倍に関し $\mathbb{V}$ 上の双線型形式全体は線型空間である．

ふたつの線型汎函数 $\alpha, \beta \in \mathbb{V}^*$ に対し

$$(\alpha \otimes \beta)(\vec{x}, \vec{y}) = \alpha(\vec{x})\beta(\vec{y}) - \beta(\vec{x})\alpha(\vec{y})$$

と定めると $\alpha \otimes \beta$ は双線型形式である．これを α と β の**テンソル積** (tensor product) という．一般には $\alpha \otimes \beta \neq \beta \otimes \alpha$ である．

$\mathbb{V}$ の基底 $\{\vec{e}_1, \vec{e}_2, \ldots, \vec{e}_n\}$ とその双対基底 $\{\sigma_1, \sigma_2, \ldots, \sigma_n\}$ をとる．

双線型形式 $\mathcal{F}$ に対し

$$\mathcal{F}(\vec{x}, \vec{y}) = \sum_{i,j=1}^{n} \mathcal{F}(\vec{e}_i, \vec{e}_j) x_i y_j, \quad \vec{x} = \sum_{i=1}^{n} x_i \vec{e}_i, \quad \vec{y} = \sum_{j=1}^{n} y_j \vec{e}_j$$

と計算される．$F_{ij} = \mathcal{F}(\vec{e}_i, \vec{e}_j)$ とおき双対基底を使うと $\mathcal{F} = \displaystyle\sum_{i,j=1}^{n} F_{ij}\sigma_i \otimes \sigma_j$ と表示できる．$\{\sigma_i \otimes \sigma_j \mid i, j = 1, 2, \ldots, n\}$ は線型独立であるから双線型形式全体は n^2 次元である．双線型形式の全体を $\mathbb{V}^* \otimes \mathbb{V}^*$ で表す．

A.1 交代双線型形式と外積　　　　225

次は交代双線型形式の全体を考える（$\mathbb{V}^* \otimes \mathbb{V}^*$ の線型部分空間であることを確かめてほしい）.

$\alpha, \beta \in \mathbb{V}^*$ に対し,

$$(\alpha \wedge \beta)(\vec{x}, \vec{y}) = \alpha(\vec{x})\beta(\vec{y}) - \beta(\vec{y})\alpha(\vec{x})$$

と定めると $\alpha \wedge \beta$ は交代双線型形式である. これを α と β の**外積**（exterior product）とよぶ. $\alpha \wedge \beta = -\beta \wedge \alpha$ に注意. 交代双線型形式 Ω に対し $\Omega_{ij} = \Omega(\vec{e}_i, \vec{e}_j)$ とおくと $\Omega_{ij} = -\Omega_{ji}$, とくに $\Omega_{ii} = 0$ であるから

$$\Omega = \sum_{i,j=1}^{n} \Omega_{ij}\sigma_i \otimes \sigma_j = \sum_{i<j} \Omega_{ij}(\sigma_i \otimes \sigma_j - \sigma_j \otimes \sigma_i) = \sum_{i<j} \Omega_{ij}\sigma_i \wedge \sigma_j$$

を得る. このことから交代双線型形式全体は $\{\sigma_i \wedge \sigma_j \mid 1 \le i < j \le n\}$ を基底とする $n(n-1)/2$ 次元の実線型空間であることがわかる. そこで $\mathbb{V}$ 上の交代双線型形式の全体を $\mathbb{V}^* \wedge \mathbb{V}^*$ または $\wedge^2\mathbb{V}^*$ で表す. n 次元ユークリッド線型空間 $\mathbb{V}$ において正規直交基底 $\{\vec{e}_1, \vec{e}_2, \ldots, \vec{e}_n\}$ をとる. この基底の双対基底を $\{\sigma_1, \sigma_2, \ldots, \sigma_n\}$ とする. このとき $\sigma_i \wedge \sigma_j$ を $E_{ij} - E_{ji} \in \mathfrak{so}(n)$ と対応させると線型同型である. この同型で $\wedge^2\mathbb{V}^* = \mathfrak{so}(n)$ と見なす.

例 2.16 の分解を応用しよう.

4 次元のユークリッド線型空間 $\mathbb{V}$ において分解 $\mathfrak{so}(4) = \mathfrak{so}(4)_+ \oplus \mathfrak{so}(4)_-$ により $\wedge^2\mathbb{V}^*$ を $\wedge^2\mathbb{V}^* = \wedge^2_+\mathbb{V}^* \oplus \wedge^2_-\mathbb{V}^*$ と直和分解する（どちらを $+$, どちらを $-$ にするかは最初に指定しておく）. $\Omega \in \wedge^2_+\mathbb{V}^*$ のとき Ω は**自己双対的**（self-dual）であるという. また $\Omega \in \wedge^2_-\mathbb{V}^*$ のとき Ω は**反自己双対的**（anti self-dual）であるという.

この分解を用いて向きづけられた 4 次元リーマン多様体 (M, g) 上の 2 次微分形式に対し自己双対 2 次微分形式, 反自己双対 2 次微分形式の概念が定義される. さらに (M, g) 上の主ファイバー束に対し自己双対接続, 反自己双対接続が定義され 4 次元多様体の幾何・トポロジーにおいて大切な役割をしている[1].

---

[1] 小林昭七, 接続の微分幾何とゲージ理論, 裳華房, 1989 を参照.

226　　　　　　　附録 A　線型代数続論

註 A.1 (外積代数) ここでは 2 変数の交代形式のみ取り扱ったが $\mathbb{V}$ 上の k 変数 ($0 < k \le n$) の交代形式（k 次交代形式という）も考察される．$\mathbb{V}$ 上の k 次交代形式全体を $\wedge^k\mathbb{V}^*$ で表す．ただし $\wedge^0\mathbb{V} = \mathbb{R}$, $\wedge^1\mathbb{V}^* = \mathbb{V}^*$ とする．

外積 $\wedge$ を直和線型空間

$$\wedge\mathbb{V}^* = \bigoplus_{k=0}^{n} \wedge^k\mathbb{V}^*$$

に拡張して $\mathbb{R}$ 上の多元環 $\wedge\mathbb{V}^*$ が得られる．この多元環を**グラスマン代数** (Grassmann algebra) とか**外積代数** (exterior algebra) とよぶ．

いま $\mathbb{V}$ にスカラー積 $\langle\cdot,\cdot\rangle$ が指定されているとしよう．$\mathbb{V}^*$ に移植されたスカラー積も（記号の節約のため）同じ記号で表す．スカラー積を用いて外積代数に $\wedge$ とは別の演算を定義しよう．$c \in \wedge^0\mathbb{V}^*$ と $\alpha \in \wedge^1\mathbb{V}^*$ の積を c によるスカラー倍 $c\alpha$ とし $c\alpha = \alpha c$ とする．次に $\alpha, \beta \in \wedge^1\mathbb{V}^*$ に対し

$$\alpha\beta := -\langle\alpha,\beta\rangle + \alpha \wedge \beta$$

と定める．この積を外積代数全体に拡張して得られる多元環はクリフォード代数 (p. 204) $\mathrm{C}\ell(\mathbb{V},\langle\cdot,\cdot\rangle)$ と同型である．

積をもう少し詳しく説明しておこう．$\mathbb{V}$ の正規直交基底 $\{\vec{e}_1,\vec{e}_2,\ldots,\vec{e}_n\}$ を採り，その双対基底を $\{\sigma_1,\sigma_2,\ldots,\sigma_n\}$ とすると $i \ne j$ のとき $\langle\sigma_i,\sigma_j\rangle = \langle\vec{e}_i,\vec{e}_j\rangle = 0$ であるから

$$\sigma_i\,\sigma_j = \sigma_i \wedge \sigma_j = -\sigma_j \wedge \sigma_i = -\sigma_j\,\sigma_i.$$

また $\sigma_i\,\sigma_i = -\langle\vec{e}_i,\vec{e}_i\rangle$ である．相異なる i, j, k に対し $\sigma_i \wedge \sigma_j$ と σ_k の積は

$$(\sigma_i \wedge \sigma_j)\sigma_k = \sigma_i \wedge \sigma_j \wedge \sigma_k + \langle\sigma_k,\sigma_i\rangle\sigma_j - \sigma_i \wedge \langle\sigma_k,\sigma_j\rangle,$$

$$\sigma_k(\sigma_i \wedge \sigma_j)\sigma_k = \sigma_i \wedge \sigma_j \wedge \sigma_k - \langle\sigma_k,\sigma_i\rangle\sigma_j + \sigma_i \wedge \langle\sigma_k,\sigma_j\rangle$$

で与えられる．さらに

$$(\sigma_{i_1}\wedge\cdots\wedge\sigma_{i_k})\cdot(\sigma_{j_1}\wedge\cdots\wedge\sigma_{j_l}) = (\sigma_{i_1}\cdots\sigma_{i_k})\cdot(\sigma_{j_1}\cdots\sigma_{j_l}) = \sigma_{i_1}\cdots\sigma_{i_k}\cdots\sigma_{j_1}\cdots\sigma_{j_l}$$

と定める．

A.2　線型変換の三角化

まず上三角行列の性質をいくつか述べよう．n 次正方行列 $a = (a_{ij}) \in \mathrm{M}_n\mathbb{C}$ において $i > j$ である成分がすべて 0 であるとき A は**上三角行列** (upper

A.2 線型変換の三角化

triangular matrix) であるという．$A, B \in \mathrm{M}_n\mathbb{C}$ がともに上三角行列ならば AB もそうである．実際

$$
\begin{pmatrix}
a_{11} & a_{12} & \dots & a_{1n} \\
0 & a_{22} & \dots & a_{2n} \\
\vdots & \vdots & \ddots & \vdots \\
0 & 0 & \dots & a_{nn}
\end{pmatrix}
\begin{pmatrix}
b_{11} & b_{12} & \dots & b_{1n} \\
0 & b_{22} & \dots & b_{2n} \\
\vdots & \vdots & \ddots & \vdots \\
0 & 0 & \dots & b_{nn}
\end{pmatrix}
$$
$$
=
\begin{pmatrix}
a_{11}b_{11} & * & \dots & * \\
0 & a_{22}b_{22} & \dots & * \\
\vdots & \vdots & \ddots & \vdots \\
0 & 0 & \dots & a_{nn}b_{nn}
\end{pmatrix}
$$

と計算される．対角成分に注意を払ってほしい．AB の対角成分は，それぞれの対角成分どうしの積になっている．したがって $l = 1, 2, \dots$ に対し

$$
\begin{pmatrix}
a_{11} & a_{12} & \dots & a_{1n} \\
0 & a_{22} & \dots & a_{2n} \\
\vdots & \vdots & \ddots & \vdots \\
0 & 0 & \dots & a_{nn}
\end{pmatrix}^l
=
\begin{pmatrix}
(a_{11})^l & * & \dots & * \\
0 & (a_{22})^l & \dots & * \\
\vdots & \vdots & \ddots & \vdots \\
0 & 0 & \dots & (a_{nn})^l
\end{pmatrix}.
$$

つぎに A, B を**冪零**上三角行列としよう（p. 93 参照）．このとき AB も冪零上三角行列である．AB の (i, j) 成分を $(AB)_{ij}$ で表すと対角線の右上に並んでいる成分もすべて 0, すなわち

$$
(AB)_{12} = (AB)_{23} = \cdots = (AB)_{n-1\,n} = 0
$$

である．したがって $A^n = O$ であることがわかる．

上三角行列 $A = (a_{ij})$ の固有値を考えよう．特性多項式は

$$
\begin{vmatrix}
t - a_{11} & -a_{12} & \dots & -a_{1n} \\
0 & t - a_{22} & \dots & -a_{2n} \\
\vdots & \vdots & \ddots & \vdots \\
0 & 0 & \dots & t - a_{nn}
\end{vmatrix}
= (t - a_{11})(t - a_{22})\cdots(t - a_{nn})
$$

であるから，A の固有値は $a_{11}, a_{22}, \dots, a_{nn}$ である．

228 附録 A 線型代数続論

定理 A.1 (行列の三角化) $A \in \mathrm{M}_n\mathbb{C}$ の固有値を $\lambda_1, \lambda_2, \ldots, \lambda_n$ とする. このとき

$$P^{-1}AP = \begin{pmatrix} \lambda_1 & * & \ldots & * \\ 0 & \lambda_2 & \ldots & * \\ \vdots & \vdots & \ddots & \vdots \\ 0 & 0 & \ldots & \lambda_n \end{pmatrix}$$

となる $P \in \mathrm{GL}_n\mathbb{C}$ が存在する. $P^{-1}AP$ を A の上三角化という. この本では**三角化**と略称する. とくに $A \in \mathrm{M}_n\mathbb{R}$ で特性根がすべて実数ならば P は実の正則行列を選ぶことができる.

【証明】 行列の次数 n に関する数学的帰納法で証明する. $n = 1$ のときの成立は明らか. $(n-1)$ での成立を仮定する. 固有値 λ_1 の固有ベクトルを $\vec{q}_1 = (q_{11}\, q_{21} \ldots q_{n1})$ とする. このベクトルの成分のうち 0 でない最初のものが q_{k1} であるとする. そのとき

$$Q = (\boldsymbol{q}_1\, \boldsymbol{e}_1\, \boldsymbol{e}_2\, \ldots\, \boldsymbol{e}_{k-1}\, \boldsymbol{e}_{k+1}\, \boldsymbol{e}_n)$$

とおくと $Q \in \mathrm{GL}_n\mathbb{C}$ である. とくに $\lambda_1 \in \mathbb{R}$ かつ $\boldsymbol{q}_1 \in \mathbb{R}^n$ なら $Q \in \mathrm{GL}_n\mathbb{R}$. $B = Q^{-1}AQ$ とおくと $B\boldsymbol{e}_1 = Q^{-1}A\boldsymbol{q}_1 = \lambda_1\boldsymbol{e}_1$ だから B は

$$B = \left(\begin{array}{c|c} \lambda_1 & {}^t\boldsymbol{b} \\ \hline \boldsymbol{0} & B_1 \end{array} \right), \quad \boldsymbol{b} \in \mathbb{C}^{n-1}, \quad B_1 \in \mathrm{M}_{n-1}\mathbb{C}$$

という形をしている. B_1 の固有値は $\lambda_2, \lambda_3, \ldots, \lambda_n$ である. 数学的帰納法の仮定より B_1 を三角化する $R \in \mathrm{GL}_{n-1}\mathbb{C}$ が存在する. より詳しく, $R^{-1}B_1R$ の対角成分は $\lambda_2, \lambda_3, \ldots, \lambda_n$ であるようにできる. そこで

$$P = Q \left(\begin{array}{c|c} 1 & {}^t\boldsymbol{0} \\ \hline \boldsymbol{0} & R \end{array} \right)$$

とおけば

$$P^{-1}AP = \left(\begin{array}{c|c} \lambda_1 & {}^t\boldsymbol{b}R \\ \hline \boldsymbol{0} & R^{-1}BR \end{array} \right) = \begin{pmatrix} \lambda_1 & * & \ldots & * \\ 0 & \lambda_2 & \ldots & * \\ \vdots & \vdots & \ddots & \vdots \\ 0 & 0 & \ldots & \lambda_n \end{pmatrix}.$$

A.2 線型変換の三角化 **229**

$A \in \mathrm{M}_n\mathbb{R}$ かつ $\lambda_1, \lambda_2, \dots \lambda_n \in \mathbb{R}$ ならば，B は実行列．P を実行列に選ぶことができることに注意． ■

命題 A.1 $A \in \mathrm{M}_n\mathbb{K}$ が冪零行列ならば $A^n = O$.

【証明】 A は冪零だから $A^k = O$ となる自然数 $k \geq 1$ が存在する．A を正則行列 P で三角化すると

$$P^{-1}AP = \begin{pmatrix} \lambda_1 & * & \dots & * \\ 0 & \lambda_2 & \dots & * \\ \vdots & \vdots & \ddots & \vdots \\ 0 & 0 & \dots & \lambda_n \end{pmatrix}.$$

両辺を k 乗すると

$$P^{-1}A^kP = \begin{pmatrix} \lambda_1^k & * & \dots & * \\ 0 & \lambda_2^k & \dots & * \\ \vdots & \vdots & \ddots & \vdots \\ 0 & 0 & \dots & \lambda_n^k \end{pmatrix}.$$

$A^k = O$ より $\lambda_1 = \lambda_2 = \dots = \lambda_n = 0$ がわかる．したがって A は冪零上三角行列．ゆえに $A^n = O$. ■

とくにこの命題の証明から次の事実も示されていることに注意しよう．

系 A.1 $A \in \mathrm{M}_n\mathbb{C}$ について次の 3 条件は互いに同値である．

(1) A は冪零行列．
(2) A の固有値はすべて 0.
(3) A の特性多項式は $\Phi_A(t) = t^n$.

【証明】 $(2) \Leftrightarrow (3)$ は明らか．$(1) \Rightarrow (2)$ は既に示されている．$(2) \Rightarrow (1)$ を確かめよう．A を三角化する．$P^{-1}AP$ は上三角行列で対角線に固有値が並ぶようにできる．いま固有値がすべて 0 だから $P^{-1}AP$ は冪零上三角行列．したがって $(P^{-1}AP)^n = O$. ゆえに $A^n = O$. ■

230 附録 A　線型代数統論

命題 A.2 行列 $A \in M_n\mathbb{C}$ が冪零であるための必要十分条件は

$$\mathrm{tr}(A^k) = 0, \quad k = 0, 1, 2, \dots, n$$

が成り立つことである.

【証明】　A の固有値を $\lambda_1, \lambda_2, \dots, \lambda_n$ とし A を三角化する.　$P^{-1}AP$ は対角線に $\lambda_1, \lambda_2, \dots, \lambda_n$ がこの順に並んでいるとしよう.　$(P^{-1}AP)^k$ の対角線には $\lambda_1^k, \lambda_2^k, \dots, \lambda_n^k$ がこの順に並ぶから, A^k の固有値は $\lambda_1^k, \lambda_2^k, \dots, \lambda_n^k$ であることがわかる.　したがって $\mathrm{tr}(A^k) = \lambda_1^k + \lambda_2^k + \dots + \lambda_n^k$.　これは $\lambda_1, \lambda_2, \dots, \lambda_n$ の対称式である.　したがって対称式の基本定理により, $\mathrm{tr}(A^k)$ は $\lambda_1, \lambda_2, \dots, \lambda_n$ の基本対称式で表すことができることを思い出そう.　$\lambda_2, \dots, \lambda_n$ の基本対称式は A の特性多項式 $\Phi_A(t)$ の係数に表れる.　実際 $\lambda_1, \lambda_2, \dots, \lambda_n$ の基本対称式を

$$s_1 = \sum_{i=1}^{n} \lambda_i,\ s_2 = \sum_{i<j} \lambda_i \lambda_j,\ \dots,\ s_n = \lambda_1 \lambda_2 \cdots \lambda_n$$

で表すと（便宜上 $s_0 = 1$ とおく）

$$\begin{aligned}
\Phi_A(t) &= (t - \lambda_1)(t - \lambda_2) \dots (t - \lambda_n) \\
&= t^n - (\lambda_1 + \lambda_2 + \dots + \lambda_n)t^{n-1} + \dots + (-1)^n (\lambda_1 \lambda_2 \dots \lambda_n) \\
&= \sum_{j=0}^{n} (-1)^j s_j t^j.
\end{aligned}$$

A が冪零なら, すべての固有値が 0 なので $\mathrm{tr}(A^k) = 0$ がすべての $k \in \{0, 1, 2, \dots, n\}$ について成り立つ.

逆に $\mathrm{tr}(A^k) = 0$ がすべての $k \in \{0, 1, 2, \dots, n\}$ について成り立てば, 次の註で紹介するニュートンの公式より $s_1 = s_2 = \dots = s_n = 0$ であるから $\Phi_A(t) = t^n$. したがって A は冪零.　■

註 A.2 (ニュートンの公式) 実数数を係数にもつ $x_1, x_2, \dots, x_n$ の多項式全体を $\mathbb{R}[x_1, x_2, \dots, x_n]$ で表す.　$x_1, x_2, \dots, x_n$ の k 次の基本対称式を s_k で表す.　すなわち

A.2 線型変換の三角化 231

$$s_k = \sum_{i_1 < i_2 < \cdots < i_k} x_{i_1} x_{i_2} \cdots x_{i_k}.$$

一方, $x_1, x_2, \ldots, x_n$ の冪和とよばれる k 次対称式 c_k を $c_k = \sum_{i=1}^{n} x_i^k$ で定めると

$$\sum_{j=0}^{k-1} (-1)^j s_j c_{k-j} + (-1)^k k s_k = 0$$

が成立する. これを**ニュートンの公式**という. 具体的に書いてみると

$$s_1 = c_1,$$
$$-2s_2 = c_2 - c_1 s_1,$$
$$\vdots$$
$$(-1)^{n+1} s_n = c_n - c_{n-1} s_1 + \cdots + (-1)^{n-1} c_1 s_{n-1}.$$

したがって $c_1 = c_2 = \cdots = c_n = 0$ ならば $s_1 = s_2 = \cdots = s_n = 0$ である. ニュートンの公式は様々な応用がある. たとえば微分位相幾何において多様体上の複素ベクトル束のチャーン類とチャーン指標の関係式を導く際に利用する.

【研究課題】 多項式 $f(t) = a_n t^n + a_{n-1} t^{n-1} + \cdots + a_1 t + a_0 \in \mathbb{R}[t]$ (ただし $a_n \neq 0$) に対し n 次方程式 $f(t) = 0$ を考える. $f(t) = 0$ の解を $\lambda_1, \lambda_2, \ldots, \lambda_n \in \mathbb{C}$ とする. このとき解の冪和 c_k ($1 \leq k \leq n$) と $f(t)$ の係数の間には

$$-k a_{n-k} = \sum_{j=0}^{k-1} a_{n-j} c_{n-j}$$

が成立することを確かめよ. またこの関係式とニュートンの公式を用いて解の基本対称式 $\{s_1, s_2, \ldots, s_n\}$ を係数 $\{a_0, a_1, \ldots, a_n\}$ を用いて表す式を求めよ. $n = 2$, $n = 3$ の場合, 高等学校で学んだ 2 次方程式および 3 次方程式の「解と係数の関係」と一致することも確かめよ.

行列の三角化定理から次が得られる.

定理 A.2 (三角化定理) n 次元複素線型空間 $\mathbb{V}$ 上の線型変換 f の固有値を $\lambda_1, \lambda_2, \ldots, \lambda_n$ とすると, $\mathbb{V}$ の基底 $\mathcal{E} = \{\vec{e}_1, \vec{e}_2, \ldots, \vec{e}_n\}$ で, この基底に関する f の表現行列 A が上三角行列になるものが存在する.

232 附録 A　線型代数続論

▎A.3　広義固有空間分解

この節では定理 4.1（広義固有空間分解）を証明する．まず次の補題を準備しよう．

補題 A.1 $\mathbb{V}$ を n 次元 $\mathbb{K}$ 線型空間，$g \in \mathrm{End}(\mathbb{V})$ とする．このとき

$$\mathbb{W} = \{\vec{v} \in \mathbb{V} \mid \text{ある番号 } k \geq 1 \text{ が存在して } g^k(\vec{v}) = \vec{0}\}$$

は次をみたす．

(1) $\mathbb{W}$ は $\mathbb{V}$ の線型部分空間．

(2) $\mathbb{W}$ は g で不変（$g(\mathbb{W}) \subset \mathbb{W}$）．

(3) g の $\mathbb{W}$ への制限 $g|_{\mathbb{W}}$ は冪零線型変換である．

【証明】　(1) $\mathbb{W}$ の定義では各要素 $\vec{v}$ ごとに $g^k(\vec{v}) = \vec{0}$ となる k がみつかるということしか要請していないことを最初に注意しておこう．

$\mathbb{W}$ は $\vec{0}$ を含むことに注意．まず $\vec{v}, \vec{w} \in \mathbb{W}$ に対し，それぞれ $g^k(\vec{v}) = \vec{0}$，$g^l(\vec{w}) = \vec{0}$ となる番号 $k, l \geq 1$ が存在する．$m = \max\{k, l\}$（k の l の最大値）とすれば $g^m(\vec{v}) = g^m(\vec{w}) = \vec{0}$ である．$g^m(\vec{v} + \vec{w}) = g^m(\vec{v}) + g^m(\vec{w}) = \vec{0}$ であるから $\vec{v} + \vec{w} \in \mathbb{W}$ である[*2]．

次に $c \in \mathbb{K}$ に対し $g^m(c\vec{v}) = cg^m(\vec{v}) = \vec{0}$ である．ゆえに $\mathbb{W}$ は線型部分空間．

(2) $\vec{w} \in \mathbb{W}$ とする．したがって $g^l(\vec{w}) = \vec{0}$ となる番号 $l \geq 1$ が存在する．すると

$$g^l(f(\vec{w})) = g^{l+1}(\vec{w}) = g(g^l(\vec{w})) = g(\vec{0}) = \vec{0}.$$

ゆえに $g(\vec{w}) \in \mathbb{W}$．つまり $\mathbb{W}$ は g 不変である．

[*2] 一般に線型変換 g に対し $g^2(\vec{v} + \vec{w}) = g(g(\vec{v} + \vec{w})) = g(g(\vec{v}) + g(\vec{w})) = g^2(\vec{v}) + g^2(\vec{w})$ と計算される．これを繰り返せばよい．同様に $c \in \mathbb{K}$ に対し $g^2(c\vec{v}) = cg^2(\vec{v})$．

A.3 広義固有空間分解 233

(3) $g|_{\mathbb{W}}$ が冪零 (p. 93) であることを示す. (2) より $g(\mathbb{W}) \subset \mathbb{W}$. とくに $g(\mathbb{W})$ は $\mathbb{W}$ の線型部分空間であるから $n \geq \dim \mathbb{W} \geq \dim g(\mathbb{W})$ である. $g^2(\mathbb{W}) = g(g(\mathbb{W})) \subset g(\mathbb{W})$ であることに注意しよう. 線型部分空間の列 (減少列)

$$\mathbb{W} \supset g(\mathbb{W}) \supset g^2(\mathbb{W}) \supset \cdots \supset g^j(\mathbb{W}) \supset \cdots$$

が得られる. 次元についての減少列

$$n \geq \dim \mathbb{W} \geq \dim g(\mathbb{W}) \geq \dim g^2(\mathbb{W}) \geq \cdots \geq \dim g^j(\mathbb{W}) \geq \cdots$$

が導かれることに注意しよう. ところで $\dim g^j(\mathbb{W})$ は 0 以上, n 以下の整数である. したがって次元の減少列は, 無限に小さくなることはなくどこかの $\ell \geq 0$ で, もう小さくなるのが終わる. つまり

$$g^\ell(\mathbb{W}) = g^{\ell+1}(\mathbb{W}) = g^{\ell+2}(\mathbb{W}) = \cdots$$

となる ℓ がみつかる. そこで $g|_{g^\ell(\mathbb{W})}$ を調べてみよう. 目標は $g^\ell(\mathbb{W}) = \{\vec{0}\}$ を示すこと. $\dim g^\ell(\mathbb{W}) > 0$ と仮定しよう. したがって $\vec{w} \in g^\ell(\mathbb{W})$ かつ $\vec{w} \neq \vec{0}$ となるベクトルが存在する. さて $g|_{g^\ell(\mathbb{W})} : g^\ell(\mathbb{W}) \to g^\ell(\mathbb{W})$ を考えると $g(g^\ell(\mathbb{W})) = g^{\ell+1}(\mathbb{W}) = g^\ell(\mathbb{W})$ であるから $g|_{g^\ell(\mathbb{W})}$ は全射である. ということは $g|_{g^\ell(\mathbb{W})} : g^\ell(\mathbb{W}) \to g^\ell(\mathbb{W})$ は同型写像である. とくに単射である. したがって $\vec{w} \neq \vec{0}$ より $g(\vec{w}) \neq \vec{0}$ を得る. すると $g^{\ell+2}(\mathbb{W}) = g^\ell(\mathbb{W})$ であるから $g^2(\vec{w})$ も $\vec{0}$ ではない. 以下, この繰り返しで, すべての $i \geq 0$ に対し $g^i(\vec{w}) \neq \vec{0}$ がわかる. これは $\vec{w} \in \mathbb{W}$ に反する. したがって $g^\ell(\mathbb{W}) = \{\vec{0}\}$. これは $g|_{\mathbb{W}}$ が $\mathbb{W}$ 上の冪零線型変換であることを意味する. ∎

$\mathbb{V}$ を n 次元 $\mathbb{K}$ 線型空間, f を $\mathbb{V}$ 上の線型変換とする. $\lambda \in \mathbb{K}$ に対し

$$\mathbb{W}_f(\lambda) = \{\vec{v} \in \mathbb{V} \mid \text{ある番号 } k \text{ が存在して } (f - \lambda \mathrm{Id})^k \vec{v} = \vec{0}\}$$

とおく. $g = f - \lambda \mathrm{Id}$ に補題 A.1 を適用すると次を得る.

命題 A.3 $\mathbb{W}_f(\lambda)$ は $\mathbb{V}$ の f 不変な線型部分空間である. $(f - \lambda \mathrm{Id})|_{\mathbb{W}_f(\lambda)}$ は $\mathbb{W}_f(\lambda)$ 上の冪零線型変換である.

234　　　附録 A　線型代数統論

【証明】　補題 A.1 より $\mathbb{W}_f(\lambda)$ は $\mathbb{V}$ の $(f - \lambda\mathrm{Id})$ 不変な線型部分空間である．$\mathbb{W}_f(\lambda)$ は $\lambda\mathrm{Id}$ 不変であることに注意すると f 不変性が導かれる．　∎

命題 A.4 $\mathbb{W}_f(\lambda) \neq \{\vec{0}\}$ であるための必要十分条件は λ が f の固有値であること．

【証明】　$(\Leftarrow)$ $\lambda \in \mathbb{K}$ が f の固有値のとき．$\vec{v} \neq \vec{0}$ を対応する固有ベクトルとすると $(f - \lambda\mathrm{Id})\vec{v} = \vec{0}$. したがって $\{\vec{0}\} \neq \mathbb{V}_f(\lambda) \subset \mathbb{W}_f(\lambda)$.
$(\Rightarrow)$ $\mathbb{W}_f(\lambda) \neq \{\vec{0}\}$ と仮定する．$\vec{0}$ でない $\vec{w}_0 \in \mathbb{W}_f(\lambda)$ が存在する．

$$\mathrm{Ker}(f - \lambda\mathrm{Id}) = \{\vec{v} \in \mathbb{V} \mid (f - \lambda\mathrm{Id})(\vec{v}) = \vec{0}\}$$

を調べよう．λ が固有値なら $\mathrm{Ker}(f - \lambda\mathrm{Id})$ は λ に対応する固有空間 $\mathbb{V}_f(\lambda)$ であることに注意．

定義より $\mathrm{Ker}(f - \lambda\mathrm{Id}) \subset \mathbb{W}_f(\lambda)$ である．

(1) $\mathrm{Ker}(f - \lambda\mathrm{Id}) \neq \{\vec{0}\}$ のとき：このとき λ は f の固有値である．

(2) $\mathrm{Ker}(f - \lambda\mathrm{Id}) = \{\vec{0}\}$ のとき：$(f - \lambda\mathrm{Id})$ は正則な線型変換であるから，どんな自然数 k についても $(f - \lambda\mathrm{Id})^k$ は正則である．ところで $\vec{w}_0 \in \mathbb{W}_f(\lambda)$ より $(f - \lambda\mathrm{Id})^l(\vec{w}_0) = \vec{0}$ となる自然数 l が存在するはず．この l についても $(f - \lambda\mathrm{Id})^l$ は正則だから $\vec{w}_0 = \vec{0}$ となり矛盾．

以上より $\mathbb{W}_f(\lambda) \neq \{\vec{0}\}$ ならば λ は f の固有値である．　∎

註 A.3 命題 A.2 の証明をよく読めば次の事実が導ける．
$\mathbb{W}_f(\lambda) \neq \{\vec{0}\}$ ならば

$$(f - \lambda\mathrm{Id})^{p-1}(\vec{w}) \neq \vec{0}, \quad \text{かつ} \quad (f - \lambda\mathrm{Id})^p(\vec{w}) = \vec{0}$$

となる $\vec{w}$ と p $(1 \leq p \leq n)$ が存在する．そこで $\vec{v} = (f - \lambda\mathrm{Id})^{p-1}(\vec{w})$ とおけば $f(\vec{v}) = \lambda\vec{v}$. すなわち $\vec{v}$ は f の固有ベクトルである．

命題 A.5 $\lambda \in \mathbb{C}$ を f の固有値とする．λ と異なる $\mu \in \mathbb{C}$ に対し $\mathbb{W}_f(\lambda)$ は $f - \mu\mathrm{Id}$ で不変である．とくに $(f - \mu\mathrm{Id})|_{\mathbb{W}_f(\lambda)} : \mathbb{W}_f(\lambda) \to \mathbb{W}_f(\lambda)$ は同型である．

A.3 広義固有空間分解

【証明】 命題 A.3 より $\mathbb{W}_f(\lambda)$ は f で不変なので $(f - \mu\mathrm{Id})$ でも不変. $\mathrm{Ker}\left((f - \mu\mathrm{Id})|_{\mathbb{W}_f(\lambda)}\right) \neq \{\vec{0}\}$ と仮定し矛盾を導く. この仮定より

$$\vec{v} \in \mathrm{Ker}\left((f - \mu\mathrm{Id})|_{\mathbb{W}_f(\lambda)}\right), \quad \vec{v} \neq \vec{0}, \quad (f - \lambda\mathrm{Id})^k\vec{v} = \vec{0}$$

をみたす $\vec{v}$ と整数 $k \geq 1$ が存在する.

$$(f - \lambda\mathrm{Id})(\vec{v}) = f(\vec{v}) - \lambda\vec{v} = (\mu - \lambda)\vec{v}$$

より

$$(f - \lambda\mathrm{Id})^k(\vec{v}) = (\mu - \lambda)^k\vec{v}.$$

$\lambda \neq \mu$ かつ $\vec{v} \neq \vec{0}$ であるから $(f - \lambda\mathrm{Id})^k\vec{v} \neq \vec{0}$ となり矛盾. したがって $(f - \mu\mathrm{Id})|_{\mathbb{W}_f(\lambda)}$ は単射. したがって同型. ∎

この命題から次の系が得られる.

系 A.2 λ を線型変換 f の固有値とすると $f|_{\mathbb{W}_f(\lambda)}$ の固有値は λ のみである. したがって $\lambda, \mu \in \mathbb{K}$ が f の相異なる固有値のとき

$$\mathbb{W}_f(\lambda) \cap \mathbb{W}_f(\mu) = \{\vec{0}\}$$

【証明】 f が λ と異なる固有値 μ をもつとする. 命題 A.5 より $f - \mu\mathrm{Id}$ の $\mathbb{W}_f(\lambda)$ への制限 $(f - \mu\mathrm{Id})|_{\mathbb{W}_f(\lambda)}$ は $\mathbb{W}_f(\lambda)$ から自分自身への同型写像であるから $(f - \mu\mathrm{Id})(\vec{w}) = \vec{0}$ をみたす $\vec{w} \in \mathbb{W}_f(\lambda)$ は $\vec{0}$ のみ. これは μ が固有値であることに反する. ∎

命題 A.6 $\lambda_1, \lambda_2, \ldots, \lambda_k \in \mathbb{K}$ を相異なる f の固有値とすると和空間

$$\mathbb{W}_{f;k} = \mathbb{W}_f(\lambda_1) + \mathbb{W}_f(\lambda_2) + \cdots + \mathbb{W}_f(\lambda_k)$$

は直和である.

【証明】 数学的帰納法で証明する. $k = 1$ のときの成立は明らか. $k - 1$ までの和空間 $\mathbb{W}_{f,k-1}$ が直和であると仮定する. $\mathbb{W}_{f,k}$ が直和であることを示すには

$$\vec{x} = \vec{x}_1 + \vec{x}_2 + \cdots + \vec{x}_k \in \mathbb{W}_{f;k} \ (\vec{x}_i \in \mathbb{W}_f(\lambda_i)) \ \text{が} \ \vec{x} = \vec{0} \ \text{をみたすならば,} \ \vec{x}_1 = \vec{x}_2 = \cdots = \vec{x}_k = \vec{0}$$

を言えばよい. 実際, この主張が確かめられれば「表示の一意性」がすぐに導けるからである. もう少し詳しく説明しておこう. 和空間 $\mathbb{W}_{f;k}$ の要素 $\vec{u}$ が

$$\vec{u} = \vec{u}_1 + \vec{u}_2 + \cdots + \vec{u}_k = \vec{v}_1 + \vec{v}_2 + \cdots + \vec{v}_k$$

と 2 通りに表示できたとすると, $\vec{x} = \sum_{i=1}^{k} (\vec{u}_i - \vec{v}_i) = \vec{0}$ であるから, 上の主張より

$$\vec{u}_i - \vec{v}_i = \vec{0}, \ \ i = 1, 2, \ldots, k$$

が得られるからである.

あらためて $\vec{x} = \vec{x}_1 + \vec{x}_2 + \cdots + \vec{x}_k \in \mathbb{W}_{f;k} \ (\vec{x}_i \in \mathbb{W}_f(\lambda_i))$ が $\vec{x} = \vec{0}$ をみたすとしよう. もちろん $(f - \lambda_k \mathrm{Id})(\vec{x}) = \vec{0}$ である.

$$(f - \lambda_k \mathrm{Id})^n (\vec{x}) = \sum_{i=1}^{k-1} (f - \lambda_k \mathrm{Id})^n (\vec{x}_i) + (f - \lambda_k \mathrm{Id})^n (\vec{x}_k)$$

と計算できる. 各 $\mathbb{W}_f(\lambda_i)$ は f 不変な線型部分空間であるから $(f - \lambda_k \mathrm{Id})$ 不変でもある. また $(f - \lambda_k \mathrm{Id})(\vec{x}_k) = \vec{0}$ であるから

$$\sum_{i=1}^{k-1} (f - \lambda_k \mathrm{Id})^n (\vec{x}_i) = \vec{0}, \ \ (f - \lambda_k \mathrm{Id})(\vec{x}_i)^n \in \mathbb{W}_f(\lambda_i)$$

を得る. ここで帰納法の仮定により $\mathbb{W}_{f;k-1}$ は直和であるから各 $i (1 \le i \le k-1)$ に対し $(f - \lambda_k \mathrm{Id})^n (\vec{x}_i) = \vec{0}$ を得る. ということは $\vec{x}_i \in \mathbb{W}_f(\lambda_i) \cap \mathbb{W}_f(\lambda_k)$. ここで $1 \le i \le k-1$ だから命題 A.5 より $\vec{x}_i = \vec{0}$. 以上より $\mathbb{W}_{f;k}$ は直和である. ∎

ここまでの準備を利用して定理 4.1 を証明する.

f を n 次元複素線型空間 $\mathbb{V}$ の線型変換とし, その相異なる固有値を $\lambda_1, \lambda_2, \ldots, \lambda_r$ とする. 各 λ_i の重複度を m_i とすると特性多項式は

$$\Phi_f(t) = (t - \lambda_1)^{m_1} (t - \lambda_2)^{m_2} \ldots (t - \lambda_r)^{m_r}.$$

A.3 広義固有空間分解

$\dim \mathbb{W}_f(\lambda_i) = m_i$ を証明しよう.

行列の三角化定理より f の表現行列が

$$
A = \left(
\begin{array}{ccc|ccc}
\lambda_i & & * & & * & \\
& \ddots & & & & \\
O & & \lambda_i & & & \\
\hline
& & & * & & * \\
& O & & & * & \\
& & & 0 & & * \\
\end{array}
\right)
$$

となる基底が採れる.この基底に関する座標系を $\varphi_i : \mathbb{V} \to \mathbb{C}^n$ とする.A の定める $\mathbb{C}^n$ 上の線型変換を f_A とすると f_A の λ_i に対応する広義固有空間は $Az = \lambda_i z$ を見比べて

$$
\mathbb{W}_{f_A}(\lambda_i) = \{ z = (z_1, z_2, \ldots, z_n) \in \mathbb{C}^n \mid z_{m_i+1} = \cdots = z_n = 0 \}
$$

である.したがって $\dim \mathbb{W}_{f_A}(\lambda_i) = m_i$.ゆえに $\dim \mathbb{W}_f(\lambda_i) = m_i$.以上より

$$
\dim(\mathbb{W}_f(\lambda_1) \oplus \mathbb{W}_f(\lambda_2) \oplus \cdots \oplus \mathbb{W}_f(\lambda_r) = m_1 + m_2 + \cdots + m_r = n.
$$

これは

$$
\mathbb{V} = \mathbb{W}_f(\lambda_1) \oplus \mathbb{W}_f(\lambda_2) \oplus \cdots \oplus \mathbb{W}_f(\lambda_r)
$$

を意味する.これで定理 4.1 が証明できた.

B 標準化定理

B.1 ★ ユニタリ行列の標準化

4.3 節で紹介した対角化定理をリー群の観点から見直そう．まずユニタリ行列の対角化定理を述べる．

A がユニタリ行列とは $AA^* = E$ という定義であった．ここから $A^*A = E$ も導けることに注意．

$$\langle A\boldsymbol{v}|A\boldsymbol{v}\rangle = \langle \boldsymbol{v}|A^*A\boldsymbol{v}\rangle = \langle \boldsymbol{v}|\boldsymbol{v}\rangle = \|\boldsymbol{v}\|^2$$

一方 $A\boldsymbol{v} = \lambda\boldsymbol{v}$ より

$$\langle A\boldsymbol{v}|A\boldsymbol{v}\rangle = \langle \lambda\boldsymbol{v}|\lambda\boldsymbol{v}\rangle = |\lambda|^2\|\boldsymbol{v}\|^2.$$

すなわち $\lambda \in \mathrm{U}(1)$．したがって定理 4.3 より次が得られる．

定理 B.1 (ユニタリ行列の対角化定理) ユニタリ行列はユニタリ行列で対角化される．すなわち $A \in \mathrm{U}(n)$ に対し

$$(\text{B.1}) \qquad P^{-1}AP = \mathrm{diag}(e^{\mathrm{i}\theta_1}, e^{\mathrm{i}\theta_2}, \ldots, e^{\mathrm{i}\theta_n})$$

となる $P \in \mathrm{U}(n)$ が存在する．

$A \in \mathrm{U}(n)$ の固有値は絶対値 1 の複素数なので $\{e^{\mathrm{i}\theta_1}, e^{\mathrm{i}\theta_2}, \ldots, e^{\mathrm{i}\theta_n}\}$ と表したことを注意しておこう．

この対角化定理と第 4 章の定理 4.5 は無関係ではない．これら 2 つの対角化定理は行列の指数函数 exp で結びついていることを説明しよう．鍵となるのは等式

$$\mathrm{diag}(e^{\mathrm{i}\theta_1}, e^{\mathrm{i}\theta_2}, \ldots, e^{\mathrm{i}\theta_n}) = \exp\{\mathrm{diag}(\mathrm{i}\theta_1, \mathrm{i}\theta_2, \ldots, \mathrm{i}\theta_n)\}$$

B.1 ⋆ ユニタリ行列の標準化

である．まず $X \in \mathfrak{u}(n)$ をユニタリ行列 P で

$$P^{-1}XP = \mathrm{diag}(\mathrm{i}\theta_1, \mathrm{i}\theta_2, \dots, \mathrm{i}\theta_n)$$

と対角化する．これを

$$X = P\,\mathrm{diag}(\mathrm{i}\theta_1, \mathrm{i}\theta_2, \dots, \mathrm{i}\theta_n)P^{-1}$$

と書き換える．ここで次の公式を利用する（『リー群』問題 9.2）．

$$(\mathrm{B.2}) \qquad P^{-1}\left(\exp X\right)P = \exp(P^{-1}XP), \;\; X \in \mathrm{M}_n\mathbb{C}, \; P \in \mathrm{GL}_n\mathbb{C}.$$

この公式を使うと

$$\begin{aligned}
\exp X &= \exp\{P\,\mathrm{diag}(\mathrm{i}\theta_1, \mathrm{i}\theta_2, \dots, \mathrm{i}\theta_n)P^{-1}\} \\
&= P\,\exp\{\mathrm{diag}(\mathrm{i}\theta_1, \mathrm{i}\theta_2, \dots, \mathrm{i}\theta_n)\}P^{-1} \\
&= P\,\mathrm{diag}(e^{\mathrm{i}\theta_1}, e^{\mathrm{i}\theta_2}, \dots, e^{\mathrm{i}\theta_n})P^{-1}
\end{aligned}$$

より $\exp X \in \mathrm{U}(n)$ が X を対角化するユニタリ行列 P により対角化される：

$$P^{-1}\left(\exp X\right)P = \mathrm{diag}(e^{\mathrm{i}\theta_1}, e^{\mathrm{i}\theta_2}, \dots, e^{\mathrm{i}\theta_n}).$$

したがって $\exp X$ として与えられるユニタリ行列については対角化定理は定理 4.5 を $\exp$ で写すことで得られる．ところでどの $A \in \mathrm{U}(n)$ も $\exp X$ と表すことはできるだろうか．対角化定理 B.1 から $\exp: \mathfrak{u}(n) \to \mathrm{U}(n)$ が全射（上への写像）であることが導ける．実際，$A \in \mathrm{U}(n)$ をとりユニタリ行列 P で (B.1) と対角化しておく．

$$A = P\exp\{\mathrm{diag}(\mathrm{i}\theta_1, \mathrm{i}\theta_2, \dots, \mathrm{i}\theta_n)\}P^{-1}$$

と書き換えて，先ほどの公式をまた使うと

$$\begin{aligned}
A &= \exp\{P\,\mathrm{diag}(\mathrm{i}\theta_1, \mathrm{i}\theta_2, \dots, \mathrm{i}\theta_n)P^{-1}\} \\
&= \exp\{\mathrm{Ad}(P)\mathrm{diag}(\mathrm{i}\theta_1, \mathrm{i}\theta_2, \dots, \mathrm{i}\theta_n)\}
\end{aligned}$$

240　　　　　　　　　附録 B　標準化定理

を得る．ここで $X = \mathrm{Ad}(P)\mathrm{diag}(\mathrm{i}\theta_1, \mathrm{i}\theta_2, \ldots, \mathrm{i}\theta_n)$ とおく．

$$\mathrm{diag}(\mathrm{i}\theta_1, \mathrm{i}\theta_2, \ldots, \mathrm{i}\theta_n) \in \mathfrak{u}(n)$$

かつ $P \in \mathrm{U}(n)$ より $X \in \mathfrak{u}(n)$ である[*1]．したがって次の定理が示された．

定理 B.2 $\exp : \mathfrak{u}(n) \to \mathrm{U}(n)$ は全射．

$A \in \mathrm{SU}(n)$ の場合，$\det A = 1$ より $\exp(\mathrm{i}(\theta_1 + \theta_2 + \cdots + \theta_n)) = 1$，すなわち $\theta_1 + \theta_2 + \cdots + \theta_n = 0$ であることに注意すると次の系が得られる．

定理 B.3 特殊ユニタリ行列は特殊ユニタリ行列で対角化される．すなわち $A \in \mathrm{SU}(n)$ に対し

$$(\mathrm{B}.3) \qquad P^{-1}AP = \mathrm{diag}(e^{\mathrm{i}\theta_1}, e^{\mathrm{i}\theta_2}, \ldots, e^{\mathrm{i}\theta_n}), \quad \theta_1 + \theta_2 + \cdots + \theta_n = 0$$

となる $P \in \mathrm{SU}(n)$ が存在する．また $\exp : \mathfrak{su}(n) \to \mathrm{SU}(n)$ は全射である．

この定理は $\exp$ で系 4.2 と結びついている．

　より一般に次の定理が成り立つ．

定理 B.4 G を連結なコンパクト線型リー群とする．$\exp : \mathfrak{g} \to G$ は全射である．

位相空間について既に学んでいる読者は次の問題を解いておこう．

問題 B.1 $\mathrm{U}(n)$ および $\mathrm{SU}(n)$ は連結である（ヒント：$\exp$ をつかって単位行列 $\mathrm{e} = E_n$ と $A \in \mathrm{U}(n)$ を結ぶ路をつくる）．

　さてここで

$$T = \{\mathrm{diag}(e^{\mathrm{i}\theta_1}, e^{\mathrm{i}\theta_2}, \ldots, e^{\mathrm{i}\theta_n}) \mid \theta_1, \theta_2, \ldots, \theta_n \in \mathbb{R}\}$$

[*1] $P \in \mathrm{U}(n)$, $Y \in \mathfrak{u}(n)$ ならば $(\mathrm{Ad}(P)Y)^* = (PYP^{-1})^* = (PYP^*)^* = PY^*P^* = -PYP^{-1}$ より $\mathrm{Ad}(P)Y \in \mathfrak{u}(n)$．$P \in \mathrm{SU}(n)$, $Y \in \mathfrak{su}(n)$ ならば $\mathrm{tr}(PYP^{-1}) = \mathrm{tr}\,Y = 0$ なので $\mathrm{Ad}(P)Y \in \mathfrak{su}(n)$．

とおくと $\mathrm{U}(n)$ の閉部分群である．また T は可換である[*2]．さらに $\mathrm{U}(1)=\mathbb{S}^1$ の n 個の直積で与えられる可換群

$$\mathbb{T}^n = \underbrace{\mathbb{S}^1 \times \mathbb{S}^1 \times \cdots \times \mathbb{S}^1}_{n\ 個} = \{(e^{\mathrm{i}\theta_1}, e^{\mathrm{i}\theta_2}, \ldots, e^{\mathrm{i}\theta_n}) \mid \theta_1, \theta_2, \ldots, \theta_n \in \mathbb{R}\}$$

と同型である．$\mathbb{T}^n$ を n 次元輪環群（n 次元**トーラス**）という．$T \cap \mathrm{SU}(n)$ は

$$T \cap \mathrm{SU}(n) = \{\mathrm{diag}(e^{\mathrm{i}\theta_1}, e^{\mathrm{i}\theta_2}, \ldots, e^{\mathrm{i}\theta_n}) \mid \theta_1 + \theta_2 + \cdots + \theta_n = 0 \in \mathbb{R}\}$$

は

$$\mathbb{T}^{n-1} = \underbrace{\mathbb{S}^1 \times \mathbb{S}^1 \times \cdots \times \mathbb{S}^1}_{n-1\ 個} = \{(e^{\mathrm{i}\theta_1}, e^{\mathrm{i}\theta_2}, \ldots, e^{\mathrm{i}\theta_{n-1}}) \mid \theta_1, \theta_2, \ldots, \theta_{n-1} \in \mathbb{R}\}$$

と同型である．そこで $T \cap \mathrm{SU}(n)$ を T^{n-1} と書こう[*3]．T^{n-1} のリー環 $\mathfrak{t}$ は

$$\mathfrak{t} = \{\mathrm{diag}(\mathrm{i}\theta_1, \mathrm{i}\theta_2, \ldots, \mathrm{i}\theta_n) \mid \theta_1 + \theta_2 + \cdots + \theta_n = 0\}$$

で与えられる．この可換部分リー環 $\mathfrak{t}$ は 4.3 節で着目したものであり，その複素化は 4.6 節でで $\mathfrak{sl}_n\mathbb{C}$ のカルタン部分環として登場する（例 4.2）．

カルタン部分環は極大輪環群に由来することが理解できただろうか．

B.2 ★ 直交行列の標準化

直交行列 $A \in \mathrm{O}(n)$ の特性根は絶対値 1 の複素数であり実行列を用いて対角化することはできない．ここでは直交行列の標準形について説明する．直交行

[*2] T は $\mathrm{U}(n)$ の極大輪環群（maximal torus）とよばれる．
[*3] この T^{n-1} は $\mathrm{SU}(n)$ の極大輪環群である．

列は実正規行列であるから B.2 で述べた方法で

$$
Q^{-1}AQ = \begin{pmatrix}
a_1 & -b_1 & & & & \\
b_1 & a_1 & & & & \\
& & a_2 & -b_2 & & \\
& & b_2 & a_2 & & \\
& & & & \ddots & \\
& & & & & a_m & -b_m \\
& & & & & b_m & a_m \\
& & & & & & & D
\end{pmatrix}
$$

と標準化ができる. $\lambda_j = a_j - b_j \mathrm{i} = \cos\theta_j - \sin\theta_j \mathrm{i}$ $(1 \leq j \leq m)$ と表すと

$$
A\boldsymbol{q}_{2j-1} = \cos\theta_j \boldsymbol{q}_{2j-1} + \sin\theta_j \boldsymbol{q}_{2j}, \; A\boldsymbol{q}_{2j} = -\sin\theta_j \boldsymbol{q}_{2j-1} + \cos\theta_j \boldsymbol{q}_{2j}
$$

である. また $A\boldsymbol{q}_{2m+j} = \pm\boldsymbol{q}_{2m+j}$ である $(1 \leq j \leq k)$.

以上より次の標準化定理を得る.

定理 B.5 $A \in \mathrm{O}(n)$ に対し

$$
Q^{-1}AQ = \begin{pmatrix}
R(\theta_1) & & & & \\
& R(\theta_2) & & & \\
& & \ddots & & \\
& & & R(\theta_m) & \\
& & & & D
\end{pmatrix}
$$

となる $Q \in \mathrm{SO}(n)$ が存在する. ここで $R(\theta)$ は回転行列

$$
R(\theta) = \begin{pmatrix}
\cos\theta & -\sin\theta \\
\sin\theta & \cos\theta
\end{pmatrix}
$$

を表す. D は対角行列で, その成分は 1 または -1. D における (-1) の個数は $|A| = 1$ のとき偶数, $|A| = -1$ のとき奇数.

とくに $A \in \mathrm{SO}(n)$ とすれば次が得られる.

B.2 ★ 直交行列の標準化   243

定理 B.6 $m \geq 1$ とする. $A \in \mathrm{SO}(2m)$ に対し

$$
Q^{-1}AQ = \begin{pmatrix} R(\theta_1) & & & \\ & R(\theta_2) & & \\ & & \ddots & \\ & & & R(\theta_m) \end{pmatrix}
$$

となる $Q \in \mathrm{SO}(2m)$ が存在する.

定理 B.7 $m \geq 1$ とする. $A \in \mathrm{SO}(2m+1)$ に対し

$$
Q^{-1}AQ = \begin{pmatrix} R(\theta_1) & & & & \\ & R(\theta_2) & & & \\ & & \ddots & & \\ & & & R(\theta_m) & \\ & & & & 1 \end{pmatrix}
$$

となる $Q \in \mathrm{SO}(2m+1)$ が存在する.

$J = R(\pi/2)$ と $\theta_1, \theta_2, \ldots, \theta_m$ に対し交代行列

$$
\begin{pmatrix} \theta_1 J & & & \\ & \theta_2 J & & \\ & & \ddots & \\ & & & \theta_m J \end{pmatrix} \in \mathfrak{o}(2m)
$$

を考えると

$$
\exp \begin{pmatrix} \theta_1 J & & & \\ & \theta_2 J & & \\ & & \ddots & \\ & & & \theta_m J \end{pmatrix} = \begin{pmatrix} R(\theta_1) & & & \\ & R(\theta_2) & & \\ & & \ddots & \\ & & & R(\theta_m) \end{pmatrix}
$$

である. 同様に

$$
\exp \begin{pmatrix} \theta_1 J & & & & \\ & \theta_2 J & & & \\ & & \ddots & & \\ & & & \theta_m J & \\ & & & & 0 \end{pmatrix} = \begin{pmatrix} R(\theta_1) & & & & \\ & R(\theta_2) & & & \\ & & \ddots & & \\ & & & R(\theta_m) & \\ & & & & 1 \end{pmatrix}
$$

が成立するから定理 4.6 と定理 B.6, 定理 4.7 と定理 B.7 が exp により結びついていることがわかる.

また exp: $\mathfrak{so}(n) \to \mathrm{SO}(n)$ は全射であることを利用して $\mathrm{SO}(n)$ の連結性を証明できる.

さらに

$$
\left\{
\begin{pmatrix}
R(\theta_1) & & & \\
& R(\theta_2) & & \\
& & \ddots & \\
& & & R(\theta_m)
\end{pmatrix}
\ \middle|\ 0 \leq \theta < 2\pi
\right\}
\cong \mathbb{T}^m,
$$

$$
\left\{
\begin{pmatrix}
R(\theta_1) & & & & \\
& R(\theta_2) & & & \\
& & \ddots & & \\
& & & R(\theta_m) & \\
& & & & 1
\end{pmatrix}
\ \middle|\ 0 \leq \theta < 2\pi
\right\}
\cong \mathbb{T}^m
$$

がそれぞれ $\mathrm{SO}(2m)$, $\mathrm{SO}(2m+1)$ の極大輪環群であることがわかる.

註 B.1 (オイラーの角) $\mathrm{SO}(3)$ においては**オイラーの角** (Euler angle) という表示方法が用いられる (『リー群』6.3 節). 標準形との関係を述べておこう. まず次の記法を定めておく.

$$
R_1(\phi) =
\begin{pmatrix}
\cos\phi & -\sin\phi & 0 \\
\sin\phi & \cos\phi & 0 \\
0 & 0 & 1
\end{pmatrix}, \quad
R_2(\theta) =
\begin{pmatrix}
\cos\theta & 0 & \sin\theta \\
0 & 1 & 0 \\
-\sin\theta & 0 & \cos\theta
\end{pmatrix}
$$

とおく. 定理 B.7 より $A \in \mathrm{SO}(3)$ に対し $Q^{-1}AQ = R_1(\alpha)$ となる $Q \in \mathrm{SO}(3)$ が存在する. 一方, $a_{33} = \cos\theta$ $(0 \leq \theta \leq \pi)$ と表せることから

$$
A = R_1(\phi) R_2(\theta) R_1(\psi)
$$

となる ϕ, ψ が存在する $(0 \leq \phi, \psi \leq 2\pi)$. ϕ と ψ は α と

$$
1 + 2\cos\alpha = \mathrm{tr}\, A = \frac{1}{2}(1 + \cos\theta)(1 + \cos(\phi + \psi))
$$

で結びついている. (ϕ, θ, ψ) を A のオイラーの角という. オイラーの角は A に対し一意的に定まらないことがある. 詳しくは [2, 2.5 節] を参照.

B.3 ★ユニタリ・シンプレクティック行列の標準化

B.3.1 対角化定理

$\mathrm{Sp}(n) = \mathrm{U}(2n) \cap \mathrm{Sp}(n; \mathbb{C})$ における対角化定理は次で与えられる.

定理 B.8 $V \in \mathrm{Sp}(n) = \mathrm{U}(2n) \cap \mathrm{Sp}(n; \mathbb{C})$ に対し

$$
Q^{-1}VQ = \left(
\begin{array}{cccc|cccc}
e^{\mathrm{i}\theta_1} & & & & & & & \\
 & e^{\mathrm{i}\theta_2} & & & & & & \\
 & & \ddots & & & & & \\
 & & & e^{\mathrm{i}\theta_n} & & & & \\
\hline
 & & & & e^{-\mathrm{i}\theta_1} & & & \\
 & & & & & e^{-\mathrm{i}\theta_2} & & \\
 & & & & & & \ddots & \\
 & & & & & & & e^{-\mathrm{i}\theta_n}
\end{array}
\right)
$$

となる $Q \in \mathrm{Sp}(n) = \mathrm{U}(2n) \cap \mathrm{Sp}(n; \mathbb{C})$ が存在する.

同様に次も得られる.

定理 B.9 $W \in \mathfrak{sp}(n) = \mathfrak{u}(2n) \cap \mathfrak{sp}(n; \mathbb{C})$ に対し

$$
Q^{-1}WQ = \left(
\begin{array}{cccc|cccc}
\mathrm{i}\theta_1 & & & & & & & \\
 & \mathrm{i}\theta_2 & & & & & & \\
 & & \ddots & & & & & \\
 & & & \mathrm{i}\theta_n & & & & \\
\hline
 & & & & -\mathrm{i}\theta_1 & & & \\
 & & & & & -\mathrm{i}\theta_2 & & \\
 & & & & & & \ddots & \\
 & & & & & & & -\mathrm{i}\theta_n
\end{array}
\right)
$$

となる $Q \in \mathrm{Sp}(n) = \mathrm{U}(2n) \cap \mathrm{Sp}(n; \mathbb{C})$ が存在する.

B.3.2 四元数を使った対角化定理

ユニタリ・シンプレクティック群 $\mathrm{Sp}(n)$ はもともと四元数体を使って

$$\mathrm{Sp}(n) = \{A \in \mathrm{M}_n\mathbf{H} \mid {}^t\overline{A}A = E\}$$

と定義されている（『リー群』第 8 章）．ここではもともとの四元数を使った表示を用いた対角化定理を紹介する（[42, p. 52, 命題 25]）．

定理 B.10 $C \in \mathrm{Sp}(n) \subset \mathrm{M}_n\mathbf{H}$ に対し

$$P^{-1}CP = \begin{pmatrix} e^{\mathrm{i}\theta_1} & & & \\ & e^{\mathrm{i}\theta_2} & & \\ & & \ddots & \\ & & & e^{\mathrm{i}\theta_n} \end{pmatrix}$$

となる $P \in \mathrm{Sp}(n) \subset \mathrm{M}_n\mathbf{H}$ が存在する．

系 B.1 $X \in \mathfrak{sp}(n) \subset \mathrm{M}_n\mathbf{H}$ に対し

$$P^{-1}XP = \begin{pmatrix} \mathrm{i}\theta_1 & & & \\ & \mathrm{i}\theta_2 & & \\ & & \ddots & \\ & & & \mathrm{i}\theta_n \end{pmatrix}$$

となる $P \in \mathrm{Sp}(n)$ が存在する．

系 B.2 $\exp : \mathfrak{sp}(n) \to \mathrm{Sp}(n)$ は全射である．

これらを使うと問題 B.1 と同様に $\mathrm{Sp}(n)$ が連結であることを証明できる．$\mathrm{M}_n\mathbf{H}$ から $\mathrm{M}_{2n}\mathbb{C}$ への写像 ψ_n を次で定める．$C \in \mathrm{M}_n\mathbf{H}$ を $C = A + jB$（$A, B \in \mathrm{M}_n\mathbb{C}$）と表し，

$$\psi_n(C) = \begin{pmatrix} A & -\bar{B} \\ B & \bar{A} \end{pmatrix}$$

と定める．この写像は『リー群』第 8 章で複素表示とよばれている．この ψ_n による $\mathrm{Sp}(n)$ の像はは $\mathrm{U}(2n) \cap \mathrm{Sp}(n; \mathbb{C})$ である．

B.3 ★ユニタリ・シンプレクティック行列の標準化

$C = A + \mathrm{j}B \in \mathrm{Sp}(n) \subset \mathrm{M}_n\mathbf{H}$ を $P^{-1}CP = \mathrm{diag}(e^{\mathrm{i}\theta_1}, e^{\mathrm{i}\theta_2}, \ldots, e^{\mathrm{i}\theta_n})$ と標準化すると

$$
\psi_n(P^{-1}CP) = \left(
\begin{array}{cccc|cccc}
e^{\mathrm{i}\theta_1} & & & & & & & \\
 & e^{\mathrm{i}\theta_2} & & & & & & \\
 & & \ddots & & & & & \\
 & & & e^{\mathrm{i}\theta_n} & & & & \\
\hline
 & & & & e^{-\mathrm{i}\theta_1} & & & \\
 & & & & & e^{-\mathrm{i}\theta_2} & & \\
 & & & & & & \ddots & \\
 & & & & & & & e^{-\mathrm{i}\theta_n}
\end{array}
\right).
$$

一方

$$
\psi_n(P^{-1}P) = \psi_n(P^{-1})\psi_n(C)\psi_n(P)
$$

であるから $Q = \psi_n(P)$, $V = \psi_n(C)$ とおくと定理 B.8 が得られる．同様に定理 B.9 も得られる．

複素表示 ψ_n の応用を挙げよう．まず $\mathrm{Sp}(n) \subset \mathrm{U}(2n)$ のリー環 $\mathfrak{sp}(n) \subset \mathfrak{su}(2n)$ を ψ_n の逆写像 ψ_n^{-1} で $\mathrm{M}_n\mathbf{H}$ に写すことで四元数による表示

$$
\mathfrak{sp}(n) = \{ \varXi \in \mathrm{M}_n\mathbf{H} \mid \varXi^* = -\varXi \}
$$

を得る．$\mathfrak{sp}(n) \subset \mathrm{M}_n\mathbf{H}$ の要素は**四元数反エルミート行列**とよばれる．一方

$$
\mathrm{Her}_n\mathbf{H} = \{ \varXi \in \mathrm{M}_n\mathbf{H} \mid \varXi^* = \varXi \}
$$

の要素を**四元数エルミート行列**とよぶ．$\mathrm{Her}_n\mathbf{H}$ は実線型空間である．$\mathrm{Her}_2\mathbf{H}$ は

$$
\left\{ \varXi = \begin{pmatrix} x_4 + x_5 & \xi \\ \bar{\xi} & -x_4 + x_5 \end{pmatrix} \,\middle|\, \begin{array}{l} \xi = x_0 + x_1\mathrm{i} + x_2\mathrm{j} + x_3\mathrm{k} \in \mathbf{H}, \\ x_4, x_5 \in \mathbb{R} \end{array} \right\}
$$

と表示できる．$\xi \in \mathbf{H}$ に対し $\xi\bar{\xi} = \bar{\xi}\xi$ であることから $\varXi \in \mathrm{Her}_2\mathbf{H}$ に対し

$$
\det \varXi = x_5^2 - x_4^2 - \xi\bar{\xi}
$$

248　　　　　　　　附録 B　標準化定理

で $\det \varXi$ を定義することができる[*4].

$\mathrm{Her}_2\mathbf{H}$ の線型部分空間 $\mathrm{Her}_2^{\circ}\mathbf{H}$ を

$$\mathrm{Her}_2^{\circ}\mathbf{H} = \{\varXi \in \mathrm{Her}_2\mathbf{H} \mid \mathrm{tr}\,\varXi = 0\}$$

で定める.

$$\mathrm{Her}_2^{\circ}\mathbf{H} = \left\{ \varXi = \begin{pmatrix} x_4 & \xi \\ \bar{\xi} & -x_4 \end{pmatrix} \middle| \begin{array}{l} \xi = x_0 + x_1\mathrm{i} + x_2\mathrm{j} + x_3\mathrm{k} \in \mathbf{H}, \\ x_4 \in \mathbb{R} \end{array} \right\}.$$

$\varXi,\ \varXi' \in \mathrm{Her}_2^{\circ}\mathbf{H}$ の内積を

$$(\varXi|\varXi') = -\frac{1}{2}\mathrm{tr}(\varXi\varXi' + \varXi'\varXi)$$

で定義しよう.　$(\varXi|\varXi) = -\det\varXi$ であることを注意しておく.

$$\varXi = \begin{pmatrix} x_4 & \xi \\ \bar{\xi} & -x_4 \end{pmatrix}, \quad \xi = x_0 + x_1\mathrm{i} + x_2\mathrm{j} + x_3\mathrm{k},$$

$$\varXi' = \begin{pmatrix} x_4' & \xi' \\ \bar{\xi}' & -x_4' \end{pmatrix}, \quad \xi' = x_0' + x_1'\mathrm{i} + x_2'\mathrm{j} + x_3'\mathrm{k},$$

と表すと

$$(\varXi|\varXi') = \sum_{m=0}^{4} x_m x_m'$$

であるから $\mathrm{Her}_2^{\circ}\mathbf{H}$ は 5 次元ユークリッド空間 $\mathbf{E}^5$ と思うことができる（等長同型）.

$\mathbb{E}^5$ の標準基底 $\{e_0, e_1, e_2, e_3, e_4\}$ は

$$\mathcal{E} = \left\{ \begin{pmatrix} 0 & 1 \\ 1 & 0 \end{pmatrix}, \begin{pmatrix} 0 & \mathrm{i} \\ -\mathrm{i} & 0 \end{pmatrix}, \begin{pmatrix} 0 & \mathrm{j} \\ -\mathrm{k} & 0 \end{pmatrix}, \begin{pmatrix} 0 & \mathrm{i} \\ -\mathrm{k} & 0 \end{pmatrix}, \begin{pmatrix} 1 & 0 \\ 0 & -1 \end{pmatrix} \right\}$$

$A \in \mathrm{Sp}(2)$ に対し $\mathrm{Her}_2^{\circ}\mathbf{H}$ 上の実線型変換 $\rho(A)$ を

$$\rho(A)\varXi = A\varXi A^*$$

[*4] この定義は $\mathrm{M}_2\mathbf{H}$ まで拡げることはできないことに注意.

で定義する. $\rho : \mathrm{Sp}(2) \to \mathrm{GL}(\mathrm{Her}_2^\circ \mathbf{H})$ は $\mathrm{Sp}(2)$ の $\mathrm{Her}_2^\circ \mathbf{H}$ 上の表現である. さらに

$$(A\Xi|A\Xi') = (\Xi|\Xi')$$

が成り立つことが確かめられる. したがって $\rho(A)$ の基底 $\mathcal{E}$ に関する表現行列は直交行列. とくに $\mathrm{SO}(5)$ の要素である. この表現行列も（記号の節約のため）$\rho(A)$ と書くことにすれば ρ は $\mathrm{Sp}(2)$ から $\mathrm{SO}(5)$ へのリー群準同型写像である. ρ の核は $\{\pm E_2\} \cong \mathbb{Z}_2$ であり $\mathrm{Sp}(2)/\mathbb{Z}_2 \cong \mathrm{SO}(5)$ が成り立つ. ρ の微分表現を σ とすると $\sigma : \mathfrak{sp}(2) \subset \mathfrak{gl}_2 \mathbf{H} \to \mathfrak{gl}(\mathrm{Her}_2^\circ \mathbf{H})$ は

$$\sigma(V)\Xi = V\Xi - \Xi V, \quad V \in \mathfrak{sp}(2), \quad \Xi \in \mathrm{Her}_2^\circ \mathbf{H}$$

で与えられる. $\sigma(V)$ の $\mathcal{E}$ に関する表現行列を同じ記号 $\sigma(V)$ で表すと $\sigma : \mathfrak{sp}(2) \to \mathfrak{so}(5)$ は実リー環の同型写像である. $\mathfrak{sp}(2)$ と $\mathfrak{so}(5)$ を複素化し σ を複素リー環の間の準同型写像に延長すれば複素リー環の同型

$$\mathfrak{sp}(2) \cong \mathfrak{so}(5)$$

が得られる. この事実は B_2 型ルート系と C_2 型ルート系が同型であることを意味する.

次に実線型空間 $\mathbb{V}$ を

$$\mathbb{V} = \left\{ X = \begin{pmatrix} 0 & \gamma & -\beta & \alpha \\ -\gamma & 0 & -\bar{\alpha} & -\bar{\beta} \\ \beta & \bar{\alpha} & 0 & -\bar{\gamma} \\ -\alpha & \bar{\beta} & \bar{\gamma} & 0 \end{pmatrix} \,\middle|\, \alpha, \beta, \gamma \in \mathbb{C} \right\}$$

で定める.

$$(X|X) = -\frac{1}{4}\mathrm{tr}(XX^*)$$

とおき, さらに

$$(X|Y) = \frac{1}{2}\{(X+Y|X+Y) - (X|X) - (Y|Y)\}$$

と定めることで内積が与えられる. とくに $(\mathbb{V}, (\cdot|\cdot))$ は 6 次元ユークリッド空間 $\mathbb{E}^6$ と等長同型である.

表現 $\rho : \mathrm{SU}(4) \to \mathrm{GL}(\mathbb{V})$ を

$$\rho(A)\varXi = A\varXi\,{}^t A$$

で定めると $\rho(A)$ は直交変換である．とくに $\rho(A)$ は $\mathrm{SO}(6)$ の要素を定めている．$\mathrm{Sp}(2)/\mathbb{Z}_2 \cong \mathrm{SO}(5)$ と同様に $\mathrm{SU}(4)/\mathbb{Z}_2 \cong \mathrm{SO}(6)$ を得る．ρ の微分表現 σ は

$$\sigma(X)\varXi = X\varXi + \varXi\,{}^t X$$

で与えられ，実リー環の同型 $\mathfrak{su}(4) \cong \mathfrak{so}(6)$ が導かれる．複素化を施すことにより複素リー環の同型

$$\mathfrak{sl}_4\mathbb{C} \cong \mathfrak{so}(6;\mathbb{C})$$

が得られる．この事実は A_3 型ルート系と D_3 型ルート系が同型であることを意味する．

$\mathrm{Sp}(2)/\mathbb{Z}_2 \cong \mathrm{SO}(5)$ や $\mathrm{SU}(4)/\mathbb{Z}_2 \cong \mathrm{SO}(6)$ を始めとする低次元リー群の同型写像の具体的な記述は論文

    I. Yokota, Explicit isomorphism between *SU*(4) and *Spin*(6), *J. Fac. Sci. Shinshu Univ.* **14** (1979), no. 1, 30–34

    I. Yokota, T. Miyashita, Global isomorphisms of lower dimensional Lie groups, *J. Fac. Sci. Shinshu Univ.* **25** (1991), no. 2, 59–63

に詳しい．[43] にも解説がある．

C 順序関係

C.1 大小関係の見直し

2 つの実数に対し大きさを比べることができた．改めてこの性質を述べよう．

命題 C.1 $\mathbb{R}$ において次が成立する．

(1) どの $a \in \mathbb{R}$ についても $a \leq a$.

(2) $a \leq b$ かつ $b \leq a$ ならば $a = b$.

(3) $a \leq b$ かつ $b \leq c$ ならば $a \leq c$.

実数の大小関係をモデルとして次の概念を導入する．

定義 C.1 空でない集合 X のふたつの要素 a と b に対し $a \sim b$ かそうでないかのいずれか一方が成立し，さらに以下の条件をみたすとき $\sim$ を X 上の**順序関係**または単に**順序**（order）とよぶ．

(1) （**反射律**）すべての $a \in X$ に対し $a \sim a$.

(2) （**反対称律**）$a \sim b$ かつ $b \sim a$ ならば $a = b$.

(3) （**推移律**）$a \sim b$ かつ $b \sim c$ ならば $a \sim c$.

以後，順序関係を $\leq$ で表すことにする．集合 X に順序関係 $\leq$ をひとつ指定したものを**順序集合**（ordered set）とか**ポセット**（poset）とよび $X = (X, \leq)$ のように記す[*1]．記法上の注意として $a \leq b$ を $b \geq a$ と書いてもよいことにする．また $a \leq b$ かつ $a \neq b$ のとき $a < b$ と記す．

[*1] 定義 C.1 における順序を半順序（partial order）という流儀もある．poset は partially ordered set（半順序集合）の短縮形らしい．

252   附録 C   順序関係

　もちろん実数全体 $\mathbb{R}$ は実数の大小関係 $\leq$ に関し順序集合をなす．一般の順序集合においては $a \leq b$ でないからといって $b < a$ とは限らないことに注意が必要である（単に関係 $a \leq b$ が成立していないということしかいえない）．

　実数体 $\mathbb{R}$ のもつこの性質を抽象化して次の用語を定める．

定義 C.2 順序集合 $(X, \leq)$ の要素 a, b に対して $a \leq b$ または $b \leq a$ のいずれかであるとき a と b は**比較可能**であるという．$(X, \leq)$ のどの 2 つの要素 a, b も比較可能であるとき $(X, \leq)$ を**全順序集合**（totally ordered set）とよぶ[*2]．

もちろん実数体 $(\mathbb{R}, \leq)$ は全順序集合である．

　順序集合の間の写像 $f : (X, \leq) \to (Y, \leq)$ が

$$x \leq y \Longrightarrow f(x) \leq f(y)$$

をつねにみたすとき**単調写像**（monotonous map）という．f が全単射で単調のとき**順序同型写像**とよばれる．順序同型写像が存在するとき $(X, \leq)$ と $(Y, \leq)$ は**順序集合として同型**であるという[*3]．

　自然数の全体 $\mathbb{N}$ に大小関係 $\leq$ を指定して得られる順序集合を考えると 1 が "最小" の元である．一般の順序集合に対しては次のように定める．

定義 C.3 順序集合 $(X, \leq)$ において $c \in X$ がどの $x \in X$ とも比較可能であり

$$\text{すべての } x \in X \text{ に対して } x \leq c$$

をみたすとき c を $(X, \leq)$ の**最大元**とよび $c = \max X$ と記す．同様に**最小元** $\min X$ を定める．

$(\mathbb{N}, \leq)$ においては最小元 $\min \mathbb{N} = 1$ は存在するが最大元は存在しない．

命題 C.2 $(X, \leq)$ を全順序集合とする．このとき X の有限個の要素の集合 $\{a_1, a_2, \ldots, a_n\}$ において最小元と最大元が存在する．

[*2] **単順序集合**（simply ordered set）とか**連鎖**（chain）ともよばれる．
[*3] 「順序集合の同型」は順序集合の全体上の同値関係．

C.2 順序付線型空間　253

代数学で環や体について学んでいる読者向けの注意をしておこう.

註 C.1 (順序環・順序体) $(R, +, \cdot)$ を環とする. R に順序 $\leq$ が与えられていて

- $a > b \Longrightarrow$ すべての c に対し $a + c \leq b + c$.
- $a > 0, b > 0 \Longrightarrow ab > 0$

をみたすとき $(R, +, \cdot, \leq)$ は**順序環**をなすという. R が体のときは**順序体**という. $\mathbb{Z}$ は順序環 $\mathbb{Q}, \mathbb{R}$ は順序体である.

C.2 順序付線型空間

$\mathbb{R}^2$ に順序関係を定めてみよう. 辞書の言葉の並べ方を参考に $\boldsymbol{a} = (a_1, a_2)$, $\boldsymbol{b} = (b_1, b_2)$ に対し

$$\boldsymbol{a} < \boldsymbol{b} \Longleftrightarrow \begin{cases} a_1 < b_1 \\ a_1 = b_1 \text{ かつ } a_2 < b_2 \end{cases}$$

と定める. さらに

$$\boldsymbol{a} \leq \boldsymbol{b} \Longleftrightarrow \boldsymbol{a} < \boldsymbol{b} \text{ または } \boldsymbol{a} = \boldsymbol{b}$$

と定める. すると $(\mathbb{R}^2, \leq)$ は全順序集合である. この順序を $\mathbb{R}^2$ の**辞書式順序** (lexicographic order) とよぶ. このやり方は $\mathbb{R}^n$ $(n \geq 3)$ でも通用することに注意.

順序環・順序体をまねて次の定義を行う.

定義 C.4 有限次元実線型空間 $\mathbb{V}$ に順序 $\leq$ が与えられていて

- $\vec{x} > \vec{0}$ かつ $\vec{y} > \vec{0}$ ならば $\vec{x} + \vec{y} > \vec{0}$.
- $a > 0, \vec{x} > \vec{0} \Longrightarrow a\vec{x} > \vec{0}$

をみたすとき $(\mathbb{V}, \leq)$ は**順序付線型空間**をなすという. このとき $\leq$ を**線型順序** (linear order) という.

辞書式順序 $\le$ は $\mathbb{R}^n$ 上の線型順序である.

このやり方を使えば一般の有限次元実線型空間に辞書式順序を定めることができる.

n 次元実線型空間 $\mathbb{V}$ において基底 $\mathcal{E} = \{\vec{e}_1, \vec{e}_2, \ldots, \vec{e}_n\}$ をとり固定する. この基底を介して $\mathbb{V}$ を $\mathbb{R}^n$ と対応させる. $\varphi_{\mathcal{E}} : \mathbb{V} \to \mathbb{R}^n$ を基底 $\mathcal{E}$ に関する座標系とする. すなわち

$$\varphi_{\mathcal{E}}(\vec{x}) = (x_1, x_2, \ldots, x_n), \quad \vec{x} = \sum_{i=1}^{n} x_i \vec{e}_i.$$

$\mathbb{R}^n$ には辞書式順序を与えておく.

$$\vec{x} \le \vec{y} \Longleftrightarrow \varphi_{\mathcal{E}}(\vec{x}) \le \varphi_{\mathcal{E}}(\vec{y}).$$

すなわち $\vec{x}$ と $\vec{y}$ の順序（大小）を $\varphi_{\mathcal{E}}(\vec{x})$ と $\varphi_{\mathcal{E}}(\vec{y})$ に移し替えて $\mathbb{R}^n$ の辞書式順序で測定するのである. このやり方で $\mathbb{V}$ は全順序集合になる. とくに順序付線型空間である. ここでは証明を与えないが次の事実が知られている.

定理 C.1 n 次元実線型空間 $\mathbb{V}$ の線型順序 $\le$ は基底をひとつとりその基底を介して入れた辞書式順序で実現できる.

命題 C.3 $\mathbb{V}$ に基底 $\mathcal{E} = \{\vec{e}_1, \vec{e}_2, \ldots, \vec{e}_n\}$ を指定して辞書式順序 $\le$ を与える. このとき

$$\vec{x} < \vec{y} \Longleftrightarrow \vec{y} - \vec{x} = \sum_{i=1}^{n} a_i \vec{e}_i$$

と展開したとき，係数 $\{a_1, a_2, \ldots, a_n\}$ の最初の 0 でないものが正である.

基底を指定して辞書式順序を入れた $(\mathbb{V}, \le)$ は順序付線型空間である. さらに双対空間にも辞書式順序を入れることができる. $\lambda, \mu \in \mathbb{V}^*$ に対し $(\lambda(\vec{e}_1), \lambda(\vec{e}_2), \ldots, \lambda(\vec{e}_n))$ と $(\mu(\vec{e}_1), \mu(\vec{e}_2), \ldots, \mu(\vec{e}_n))$ の辞書式順序で λ と μ の順序を定める. すなわち

$$\lambda \le \mu \Longleftrightarrow (\lambda(\vec{e}_1), \lambda(\vec{e}_2), \ldots, \lambda(\vec{e}_n)) \le (\mu(\vec{e}_1), \mu(\vec{e}_2), \ldots, \mu(\vec{e}_n))$$

と定める.

$\lambda < \mu$ とは

$$\mu(\vec{e}_1) - \lambda(\vec{e}_1), \mu(\vec{e}_2) - \lambda(\vec{e}_2), \ldots, \mu(\vec{e}_n) - \lambda(\vec{e}_n)$$

の中で最初に 0 でないものが正であるということである.

辞書式順序の定め方から

$$\vec{e}_1 < \vec{e}_2 < \cdots < \vec{e}_n$$

であることに注意しよう. $\mathcal{E}$ の双対基底 $\Sigma = \{\sigma_1, \sigma_2, \ldots, \sigma_n\}$ に対し

$$\sigma_1 < \sigma_2 < \cdots < \sigma_n$$

であることに注意.

C.3　単純ルート

この節では第 5 章から第 6 章での記法を使う. すなわちユークリッド線型空間 E のベクトルを α, β などで表し零ベクトルを 0 で表す.

ルート系 Δ が与えられた ℓ 次元ユークリッド線型空間 E に線型順序 $\leq$ を指定しよう.

$$E_+ = \{\alpha \in E \mid \alpha > 0\}, \quad E_- = \{-\alpha \mid \alpha \in E_+\}$$

とおく. $E = E_+ \cup \{0\} \cup E_-$ である. ここで $\Delta_+ = \Delta \cap E_+$, $\Delta_- = \Delta \cap E_-$ とおく.

$$
\begin{aligned}
\alpha_1 &= \min \Delta_+, \\
\alpha_2 &= \min(\Delta_+ \setminus \mathbb{R}\alpha_1), \quad \mathbb{R}\alpha_1 = \{t\alpha_1 \mid t \in \mathbb{R}\}, \\
\alpha_3 &= \min(\Delta_+ \setminus \mathbb{R}\alpha_1 \oplus \mathbb{R}\alpha_2),
\end{aligned}
$$

と定義しよう. この操作を続けていく.

$$(C.1) \qquad \alpha_k = \min(\Delta_+ \setminus \mathbb{R}\alpha_1 \oplus \mathbb{R}\alpha_2 \cdots \oplus \mathbb{R}\alpha_{k-1}).$$

ルート系の公理（定義 5.1）から，この操作は $k = \ell$ で終わり

$$\alpha_1 < \alpha_2 < \cdots < \alpha_\ell$$

をみたす．

定理 C.2 このやりかたで得られた $\Pi = \{\alpha_1, \alpha_2, \ldots, \alpha_\ell\}$ が定理 5.3 で述べたルートの基本系である．

この Π がルートの基本系であることの検証は割愛する（[46, X 章, 定理 3.6], [47, p. 48], [23, 11 章] を参照）．

逆にルートの基本系 $\Pi = \{\alpha_1, \alpha_2, \ldots, \alpha_\ell\}$ が与えられていると Π を用いて E に辞書式順序 $\leq$ が定まる．この辞書式順序について

$$\alpha_1 < \alpha_2 < \cdots < \alpha_\ell$$

が成り立つ．この順序に関して操作 (C.1) を実行すると Π が再び得られる．

ルートの基本系を指定して定る辞書式順序に関する最大元を**最高ルート** (highest root) とよぶ．最高ルートの例を挙げておこう．

例 C.1 (A 型) A_ℓ 型 $(\ell \geq 1)$ のルート系を例 5.16 のように実現する．このとき

$$\Pi = \{\alpha_1, \alpha_2, \ldots, \alpha_\ell\}, \quad \alpha_i = e_i - e_{i+1}\,(1 \leq i \leq \ell)$$

に関する最高ルートは

$$\delta = \alpha_1 + \alpha_2 + \cdots + \alpha_\ell = e_1 - e_{\ell+1}$$

で与えられる．

例 C.2 (B 型) B_ℓ 型 $(\ell \geq 2)$ のルート系を例 5.17 のように実現する．このとき

$$\Pi = \{\alpha_1, \alpha_2, \ldots, \alpha_\ell\} = \{e_1 - e_2, e_2 - e_3, \ldots, e_{\ell-1} - e_\ell, e_\ell\}$$

に関する最高ルートは

$$\delta = \alpha_1 + 2\alpha_2 + \cdots + 2\alpha_\ell = e_1 + e_2$$

で与えられる.

例 C.3 (C 型) C_ℓ 型 $(\ell \geq 2)$ のルート系を例 5.18 のように実現する. このとき

$$\Pi = \{\alpha_1, \alpha_2, \ldots, \alpha_\ell\} = \{e_1 - e_2, e_2 - e_3, \ldots, e_{\ell-1} - e_\ell, 2e_\ell\}$$

に関する最高ルートは

$$\delta = 2\alpha_1 + 2\alpha_2 + \cdots + 2\alpha_{\ell-1} + \alpha_\ell = 2e_1$$

で与えられる.

例 C.4 (D 型) D_ℓ 型 $(\ell \geq 4)$ のルート系を例 5.19 のように実現する. このとき

$$\Pi = \{\alpha_1, \alpha_2, \ldots, \alpha_\ell\} = \{e_1 - e_2, e_2 - e_3, \ldots, e_{\ell-1} - e_\ell, e_{\ell-1} + e_\ell\}$$

に関する最高ルートは

$$\delta = \alpha_1 + 2\alpha_2 + \cdots + 2\alpha_{\ell-2} + \alpha_{\ell-1} + \alpha_\ell = e_1 + e_2$$

で与えられる.

例 C.5 (E_6 型) E_6 型のルート系を例 5.21 のように実現すると最高ルートは

$$\delta = \alpha_1 + 2\alpha_2 + 2\alpha_3 + 3\alpha_4 + 2\alpha_5 + \alpha_6$$
$$= \frac{1}{2}\left(e_1 + e_2 + e_3 + e_4 + e_5 - e_6 - e_7 + e_8\right)$$

で与えられる.

例 C.6 (E₇ 型) E_7 型のルート系を例 5.21 のように実現すると最高ルートは

$$\delta = 2\alpha_1 + 2\alpha_2 + 3\alpha_3 + 4\alpha_4 + 3\alpha_5 + 2\alpha_6 + \alpha_7 = e_8 - e_7$$

で与えられる.

例 C.7 (E₈ 型) E_8 型のルート系を例 5.20 のように実現すると最高ルートは

$$\delta = 2\alpha_1 + 3\alpha_2 + 4\alpha_3 + 6\alpha_4 + 5\alpha_5 + 4\alpha_6 + 3\alpha_7 + 2\alpha_8 = e_7 + e_8$$

で与えられる.

例 C.8 (F₄ 型) F_4 型のルート系を例 5.22 のように実現すると最高ルートは

$$\delta = 2\alpha_1 + 3\alpha_2 + 4\alpha_3 + 2\alpha_4 = e_1 + e_2$$

で与えられる.

例 C.9 (G₂ 型) G_2 型のルート系を例 5.23 のように実現すると最高ルートは

$$\delta = 3\alpha_1 + 2\alpha_2 = -e_1 - e_2 + 2e_3$$

で与えられる.

　この附録では最高ルートを定義するために辞書式順序を用いた. 最高ルートを定義するためだけならば辞書式順序が最も簡単に思いつく順序である. リー環の表現論では辞書式順序とは異なる (全順序でない) 順序もしばしば用いられるので, ここで紹介しておこう.

　ルート系 Δ が指定された ℓ 次元ユークリッド線型空間 E においてルートの基本系 $\Pi = \{\alpha_1, \alpha_2, \ldots, \alpha_\ell\}$ を指定しよう.

$$Q = \{n_1\alpha_1 + n_2\alpha_2 + \cdots + n_\ell\alpha_\ell \mid n_1, n_2, \ldots, n_\ell \in \mathbb{Z}\}$$

と定め (E, Δ) の**ルート格子** (root lattice) とよぶ. さらに

$$Q_+ = \{n_1\alpha_1 + n_2\alpha_2 + \cdots + n_\ell\alpha_\ell \neq 0 \in \Delta \mid n_1, n_2, \ldots, n_\ell \geq 0\} \subset Q$$

とおきルート格子の正部分とよぶ.

2つのルート $\alpha, \beta \in \Delta$ に対し

$$\alpha \succ \beta \Longleftrightarrow \alpha - \beta \in Q_+$$

で関係 $\succ$ を定め, (E, Δ) の Π に関する**標準半順序** (standard partial order) とか dominance order とよぶ ([33, p. 94], [47, §10.1]).

Π で定まる辞書式順序に関する Δ の最大元を最高ルートとよんだ. Π の定める標準半順序も最大元をもち, それは最高ルートと一致する.

【コラム】 (複素数に順序はない？) 複素数では大小関係を考えない. 高等学校でそう習った読者もいると思う. なぜ順序を考えないのだろうか. $\mathbb{C} = \{z = x + yi \mid x, y \in \mathbb{R}\}$ は $\mathbb{R}^2$ と思うことができる. したがって辞書式順序を入れられる (順序が定まるじゃないか！). ところが見落としている点がある. $\mathbb{R}$ は通常の順序について順序体である. ということは $\mathbb{C}$ も順序体であることが望ましい. ところが $\mathbb{C}$ は順序体にはなれないのである. $\mathbb{C}$ が順序体になる順序をもつと仮定するとどの $z \in \mathbb{C}$ についても

$$z^2 \geq 0, \quad 1 = 1^2 > 0, \quad z^2 + 1 > 0$$

が成り立つ. ここで $z = i$ と選ぶと $0 < i^2 + 1 = 0$ となり矛盾.
高等学校以来, もやもやしていた疑問が氷塊したのは大学2年生前期の「代数学序論」という授業で順序関係を学んだときのことであった.

D 幾何構造

多様体について既に学ばれた読者向けに線型リー群の微分幾何における役割を紹介しよう.

D.1　G 構造

M を n 次元多様体とする. 点 $p \in M$ における接ベクトル空間を T_pM で表す. T_pM の基底の全体を L_pM とする. このとき

$$L(M) = \bigcup_{p \in M} L_pM$$

に多様体の構造が自然に誘導される. $\pi: L(M) \to M$ を次のように定める.

$$u = (u_1, u_2, \cdots, u_n) \in L(M) \text{ が } L_pM \text{ の要素であるとき } \pi(u) = p.$$

π を射影とよぶ. $L(M)$ は主ファイバー束とよばれるものの典型例であり, M の**線型標構束**(linear frame bundle)とよばれる.

各点 $p \in M$ に対し p の近傍 U で $\pi^{-1}(U)$ が $U \times \mathrm{GL}_n\mathbb{R}$ と微分同相となるものがとれる. すなわち $L(M)$ は局所的には M と $\mathrm{GL}_n\mathbb{R}$ の直積であるとみなせる. (粗雑な説明であるが) この事実を「$L(M)$ は $\mathrm{GL}_n\mathbb{R}$ を構造群にもつ M 上の主ファイバー束である」と言い表す. 主ファイバー束の正確な定義はここでは省略する.

線型リー群 $G \subset \mathrm{GL}_n\mathbb{R}$ に対し G を構造群にもつ $L(M)$ の部分束(subbundle)$Q(M, G)$ が存在するとき M は G **構造**をもつという. たとえば M にリーマン計量 g が与えられたとき T_pM における正規直交基底の全体を O_pM とし,

$$\mathrm{O}(M) = \bigcup_{p \in M} \mathrm{O}_pM$$

とおけば $O(n)$ を構造群にもつ部分束をなす．したがって $O(n)$ 構造とはリーマン計量にほかならない．よく知られた幾何構造は「$L(M)$ の構造群 $\mathrm{GL}_n\mathbb{R}$ の閉部分群 G への縮小」と捉えることができる．ここでは 2 つだけあげておこう．

- 概複素構造：$n = 2m$ とする．M 上の概複素構造 (p. 207) は $G = \mathrm{GL}_m\mathbb{C} \subset \mathrm{GL}_{2m}\mathbb{R}$ への縮小である．
- 概エルミート構造：$n = 2m$ とする．M 上のリーマン計量 g と概複素構造 J の組で各点 $p \in M$ において J_p が (T_pM, g_p) の線型等長変換であるとき (g, J) を**概エルミート構造**とよぶ．概エルミート構造は $G = \mathrm{U}(m) \subset \mathrm{GL}_{2m}\mathbb{R}$ への縮小である．J が積分可能なとき (g, J) はエルミート構造とよばれる．

リーマン計量はレヴィ-チヴィタ接続 (Levi-Civita connection) とよばれる微分演算子を備えている．概エルミート多様体において J を ∇ で微分することができる．微分した結果得られる量を J の共変微分とよび ∇J で表す．$\nabla J = 0$ のとき (M, J, g) は**ケーラー多様体** (Kähler manifold) とよばれる．

D.2 ホロノミー群

n 次元連結リーマン多様体 (M, g) の 2 点 p, q に対し，p と q を結ぶ区分的 C^1 級の路に沿う平行移動を τ_c で表す．$\tau_c : T_pM \to T_pM$ は線型等長写像である．とくに $p = q$ の場合に，平行移動 $\tau_c : T_pM \to T_pM$ の全体 $\mathrm{Hol}(p)$ は群をなすことがわかる．とくに T_pM の直交変換群の部分群である．この群を p における (M, g) の**ホロノミー群**とよぶ．M の連結性より，各点におけるホロノミー群は互いに同型であることが示せる．そこで $\mathrm{Hol}(p)$ を $\mathrm{Hol}(g)$ と表記し，(M, g) の**ホロノミー群** (holonomy group) とよぶ．ホロノミー群は $O(n)$ の閉部分群である．ホロノミー群によって M 上に特別な幾何構造が存在するかどうかが説明される．たとえば，

- M が向き付け可能 $\iff \mathrm{Hol}(g) \subset \mathrm{SO}(n)$．

- $n = 2m$ のとき：M 上の概複素構造 J で (g, J) がケーラー多様体となるものが存在する $\Longleftrightarrow \mathrm{Hol}(g) \subset \mathrm{U}(m)$.

リーマン対称空間 $M = G/H$ においては M が既約且つ単連結なとき，$\mathrm{Hol}(g) = H$ である.

リーマン多様体 (M, g) において

$$\mathrm{Hol}_0(g) = \{\tau_c \in \mathrm{Hol}(g) \mid c \text{ は恒等写像にホモトピック}\}$$

とおく. これは $\mathrm{Hol}(g)$ の正規部分群であり，**制限ホロノミー群**とよばれている. 制限ホロノミー群はコンパクト・リー群である[1]（ボレル-リヒネロヴィッツの定理）. ベルジェ（M. Berger, 1927–2016）は制限ホロノミー群の可能性を分類した（1953）.

定理 D.1 既約で向き付け可能な n 次元リーマン多様体 (M, g) が局所対称でなければ[2]，(M, g) の制限ホロノミー群は次のいずれかと同型である.

- $\mathrm{SO}(n)$：一般の向き付け可能なリーマン多様体.
- $\mathrm{U}(m)$, $n = 2m$：ケーラー多様体.
- $\mathrm{SU}(m)$, $n = 2m$：特殊ケーラー多様体（special Kähler manifold [3]）.
- $\mathrm{Sp}(1) \cdot \mathrm{Sp}(m)$, $n = 4m$, $m \geq 2$：四元数ケーラー多様体[4].
- $\mathrm{Sp}(m)$, $n = 4m$, $m \geq 2$：超ケーラー多様体.
- $\mathrm{Spin}(7) \subset \mathrm{SO}(8)$, $n = 8$：$\mathrm{Spin}(7)$ 多様体.
- G_2, $n = 7$：G_2 多様体.

ベルジェの論文では $\mathrm{Spin}(9) \subset \mathrm{SO}(16)$（$n = 16$）という場合が挙げられていたが後にアレクセーフスキー（D. Alekseevski, 1968），ブラウンとグレイ（R. Brown, A. Gray, 1972）により制限ホロノミー群が $\mathrm{Spin}(9) \subset \mathrm{SO}(16)$

---

[1] ホロノミー群はコンパクトであるとは限らない.

[2] (M, g) のリーマン曲率テンソル場がレヴィ-チヴィタ接続に関して平行でないこと.

[3] コンパクトな特殊ケーラー多様体はカラビ-ヤウ多様体（Calabi-Yau manifold）とよばれる.

[4] $\mathrm{Sp}(1) \cdot \mathrm{Sp}(m) = \mathrm{Sp}(1) \times \mathrm{Sp}(m)/\{(E, E), (-E, -E)\}$.

であれば平坦 (flat) またはケーリー射影平面に局所的に等長的であることが示された.

Spin(7) 多様体および G_2 多様体は「例外ホロノミーをもつリーマン多様体」とよばれ注目を浴びている. 以下の文献を参照してほしい.

- R. L. Bryant, Metrics with exceptional holonomy. Ann. Math. (2) **126** (1987), no. 3, 525–576.
- R. L. Bryant, Recent advances in the theory of holonomy, Asterisque **266** (2000), no. 5, 351–374.
- R. Bryant, Holonomy and Special Geometries, in: *Dirac Operators: Yesterday and Today* (J.-P. Bourguinon et al ed), International Press, 2005. pp. 71–90.
- R. L. Bryant, S. M. Salamon, On the construction of some complete metrics with exceptional holonomy, Duke Math. J. **58** (1989), no. 3, 829–850.
- D. D. Joyce, *Compact Manifolds with Special Holonomy*, Oxford Mathematical Monographs, Oxford University Press, 2000.

【研究課題】 (**双曲幾何・メビウス幾何・射影幾何**) $\mathbb{F} = \mathbb{R}, \mathbb{C}$ または $\mathbf{H}$ とする. さらに $d(\mathbb{F}) = \dim_{\mathbb{R}} \mathbb{F}$ とおく. $\mathrm{Her}_2\mathbb{F}$ で $\mathbb{F}$ の要素を成分にもつ 2 次のエルミート行列の全体とする (B.3.2 節参照). $X \in \mathrm{Her}_2\mathbb{F}$ に対し $\langle X, X \rangle = -\det X$ とおく.

$$\langle X, Y \rangle = \frac{1}{2}\{\langle X + Y, X + Y \rangle - \langle X, X \rangle - \langle Y, Y \rangle\}$$

で $\mathrm{Her}_2\mathbb{F}$ のスカラー積 $\langle \cdot, \cdot \rangle$ を定めると指数 1 である. したがって $\mathrm{Her}_2\mathbb{F}$ を $d(\mathbb{F}) + 2$ 次元のミンコフスキー空間 $\mathbb{L}^{d(\mathbb{F})+2}$ と思える.

$$\mathbb{H}^{d(\mathbb{F})+1} = \{X \in \mathrm{Her}_2\mathbb{F} \mid \det X = 1, \, \mathrm{tr}X > 0\}$$

は $d(\mathbb{F}) + 1$ 次元の双曲空間である. $\mathrm{SL}_2\mathbb{F}$ は $\mathbb{H}^{d(\mathbb{F})+1}$ に作用

$$\rho : \mathrm{SL}_2\mathbb{F} \times \mathbb{H}^{d(\mathbb{F})+1} \to \mathbb{H}^{d(\mathbb{F})+1}; \quad \rho(A, X) = AX\overline{{}^tA}$$

により等長的に作用することから $\mathrm{SL}_2\mathbb{F}/\mathbb{Z}_2 \cong \mathrm{SO}_1^+(d(\mathbb{F}) + 2)$ を得る. この同型から実リー環の同型 $\mathfrak{sl}_2\mathbb{F} \cong \mathfrak{so}_1(d(\mathbb{F}) + 2)$ を得る.

$\mathrm{SL}_2\mathbb{F}$ は $\mathbb{H}^{d(\mathbb{F})+1}$ の境界 $\mathbb{S}^{d(\mathbb{F})}$ にメビウス変換として作用する. この作用は $\mathbb{F}$ 射影直線 $\mathbb{F}P^1$ への射影変換である.

以上の事実を確認し, 八元数に拡張することを考察せよ (6.6 節の「研究課題」も参照). ケーリー代数は非可換かつ非結合的なので八元数を成分にもつ正方行列に対して

$\mathbb{K}$ のときの行列式は意味をもたないことに注意. $\mathfrak{sl}_2\mathfrak{O} \cong \mathfrak{so}_1(10)$ である実リー環 $\mathfrak{sl}_2\mathfrak{O}$ を定め, それをリー環にもつ線型リー群 $SL_2\mathfrak{O}$ を求めることになる[*5].

[*5] J. P. Veiro, Octonionic presentation for the Lie group $SL(2;\mathbb{O})$, J. Alg. Appl. **13** (2014), no. 6, 1450017 (19 pages) と引用文献を参照.

E 演習問題の略解

第 1 章

【問題 1.1】 まず $f^{-1}(\vec{x} + \vec{y})$ を計算する．$\vec{x}' = f^{-1}(\vec{x})$, $\vec{y}' = f^{-1}(\vec{y})$ とおくと f は線型だから

$$f(\vec{x}' + \vec{y}') = f(\vec{x}') + f(\vec{y}') = f(f^{-1}(\vec{x})) + f(f^{-1}(\vec{y})) = \vec{x} + \vec{y}.$$

この両辺に f^{-1} を施すと

$$f^{-1}(f(\vec{x}' + \vec{y}')) = f^{-1}(\vec{x} + \vec{y}).$$

この左辺は $f^{-1}(f(\vec{x}' + \vec{y}')) = \vec{x}' + \vec{y}' = f^{-1}(\vec{x}) + f^{-1}(\vec{y})$ と計算されるので $f^{-1}(\vec{x} + \vec{y}) = f^{-1}(\vec{x}) + f^{-1}(\vec{y})$ を得る．

次に $a \in \mathbb{K}$ に対し

$$f(a\vec{x}') = af(\vec{x}') = af(f^{-1}(\vec{x})) = a\vec{x}$$

であるから，また両辺に f^{-1} を施すと

$$f^{-1}(f(a\vec{x}')) = f^{-1}(a\vec{x}).$$

この左辺は $f^{-1}(f(a\vec{x}')) = a\vec{x}' = af^{-1}(\vec{x})$ より $= f^{-1}(a\vec{x}) = af^{-1}(\vec{x})$ を得る．したがって f^{-1} も線型である．

$\square$

第 2 章

【問題 2.2】 1 次元だと自動的に可換なので可換リー環 $\mathbb{R}$ のみ．

2 次元リー環 $\mathfrak{g}$ を分類する．基底 $\{X_1, X_2\}$ を採る．$[X_1, X_2] = a_1 X_1 + a_2 X_2$ と表す．$a_1 = a_2 = 0$ なら $\mathfrak{g}$ は可換なので可換リー環 $\mathbb{R}^2$．可換でないときを調べる．$[X_1, X_2] \neq 0$ より a_1, a_2 の少なくとも一方は 0 でない．そこで $a_1 \neq 0$ とする（逆の場合は X_1 と X_2 を入れ替える）．そこで $E_1 = [X_1, X_2]$, $E_2 = X_2/a_1$ とおくと

266 附録 E 演習問題の略解

$[E_1, E_2] = E_1$ より $\{E_1, E_2\}$ の張る線型空間はヤコビの恒等式をみたしている（確かめよ）. $\mathfrak{g}$ はアフィン変換群 $A(1)$ のリー環 $\mathfrak{a}(1)$ と同型である. 実際

$$\mathfrak{a}(1) = \left\{ \left(\begin{array}{cc} y & x \\ 0 & 0 \end{array} \right) \ \middle| \ x, y \in \mathbb{R} \right\}$$

の基底 $\{E_1, E_2\}$ を $E_1 = E_{12}$, $E_2 = -E_{11}$ と選べば $[E_1, E_2] = E_1$. $\exp : \mathfrak{a}(1) \to A(1)$ は全射ではない.

$$\exp \left(\begin{array}{cc} y & x \\ 0 & 0 \end{array} \right) = \left(\begin{array}{cc} e^y & x(e^y - 1)/y \\ 0 & 1 \end{array} \right)$$

より $\exp$ の像は

$$\left\{ \left(\begin{array}{cc} a & t \\ 0 & 1 \end{array} \right) \in A(1) \ \middle| \ a > 0 \right\}.$$

これは $A(1)$ の単位元連結成分. □

【問題 2.6】 (1.2) より行列単位 E_{ij} の (k, l) 成分は $\delta_{ik}\delta_{jl}$ である[1]. $[E_{ij}, Z] = 0 \Longleftrightarrow (E_{ij}Z)_{kl} = (ZE_{ij})_{kl}$. すなわち $\sum_{m=1}^{n} \delta_{ik}\delta_{jm}z_{ml} = \sum_{m=1}^{n} z_{km}\delta_{im}\delta_{jl}$ より $z_{jl} = z_{ii}\delta_{jl}$. したがって $j = l$ なら $z_{jj} = z_{ll}$, $j \neq l$ なら $z_{jl} = 0$. したがって Z はスカラー行列. □

【問題 2.13】 $\boldsymbol{x} = x_1\boldsymbol{i} + x_2\boldsymbol{j} + x_3\boldsymbol{k}$, $\boldsymbol{y} = y_1\boldsymbol{i} + y_2\boldsymbol{j} + y_3\boldsymbol{k}$, $\boldsymbol{z} \in \mathfrak{sp}(1) = \mathrm{Im}\,\mathbb{H}$ に対し

$$\left.\frac{\mathrm{d}}{\mathrm{d}t}\right|_{t=0} \rho(\exp(t\boldsymbol{x}), \exp(t\boldsymbol{y}))\boldsymbol{z} = \left.\frac{\mathrm{d}}{\mathrm{d}t}\right|_{t=0} \exp(t\boldsymbol{x})\boldsymbol{z}\exp(-t\boldsymbol{y}) = \boldsymbol{x}\boldsymbol{z} - \boldsymbol{z}\boldsymbol{y}.$$

したがって $\sigma : \mathfrak{sp}(1) \oplus \mathfrak{sp}(1) \to \mathfrak{so}(4)$ を $\sigma(\boldsymbol{x}, \boldsymbol{y})\boldsymbol{z} = \boldsymbol{x}\boldsymbol{z} - \boldsymbol{z}\boldsymbol{y}$ で定めると σ はリー環の直和 $\mathfrak{sp}(1) \oplus \mathfrak{sp}(1)$ の $\mathbb{H} = \mathbb{R}^4$ 上の表現である. $\mathrm{Sp}(1) \times \mathrm{Sp}(1)$ のリー環は $\mathfrak{sp}(1) \oplus \mathfrak{sp}(1)$ であり, σ は ρ の微分表現である. $\sigma(\boldsymbol{x}, \boldsymbol{y})$ の基底 $\{1, \boldsymbol{i}, \boldsymbol{j}, \boldsymbol{k}\}$ に関する表現行列を同じ記号 $\sigma(\boldsymbol{x}, \boldsymbol{y})$ で表すと例 2.16 における基底が次のようにして導かれる.

$$\sigma(\boldsymbol{i}, \boldsymbol{0}) = -2\mathrm{A}_1^+, \ \sigma(\boldsymbol{j}, \boldsymbol{0}) = -2\mathrm{A}_3^+, \ \sigma(\boldsymbol{k}, \boldsymbol{0}) = -2\mathrm{A}_2^+,$$
$$\sigma(\boldsymbol{0}, \boldsymbol{i}) = -2\mathrm{A}_1^-, \ \sigma(\boldsymbol{0}, \boldsymbol{j}) = -2\mathrm{A}_3^-, \ \sigma(\boldsymbol{0}, \boldsymbol{k}) = -2\mathrm{A}_2^-.$$

□

---

[1] 式 (1.2) は『リー群』で式 (5.2) として登場している.

附録 E　演習問題の略解　　　**267**

第 3 章

【問題 3.1】

$$\mathsf{e}_1 = -\frac{1}{\sqrt{2}}(\mathsf{E} - \mathsf{F}), \ \ \mathsf{e}_2 = \frac{1}{\sqrt{2}}(\mathsf{E} + \mathsf{F}), \ \ \mathsf{e}_3 = -\frac{1}{2\sqrt{2}}\mathsf{H}$$

とおくと

$$B(\mathsf{e}_1, \mathsf{e}_1) = -1, \ \ B(\mathsf{e}_2, \mathsf{e}_2) = B(\mathsf{e}_3, \mathsf{e}_3) = 1.$$

$i \neq j$ のとき $B(\mathsf{e}_i, \mathsf{e}_j) = 0$ であるから $f : \mathfrak{sl}_2\mathbb{R} \to \mathbb{L}^3$ を $f(\mathsf{e}_i) = e_i \ (i = 1, 2, 3)$ で定めればよい（$\{e_1, e_2, e_3\}$ は $\mathbb{L}^3$ の標準基底）.

註 E.1 (亜四元数) 四元数体 $\mathbf{H}$ をまねて 1, i, j′, k′ で作られる数 $\xi = \xi_0 1 + \xi_1 \mathsf{i} + \xi_2 \mathsf{j}' + \xi_3 \mathsf{k}'$ の全体 $\mathbf{H}'$ を考える. 基底同士の積は

$$1\mathsf{i} = \mathsf{i}1 = \mathsf{i}, \ \ 1\mathsf{j}' = \mathsf{j}'1 = \mathsf{j}, \ \ 1\mathsf{k}' = \mathsf{k}'1 = \mathsf{k},$$

$$\mathsf{ij} = -\mathsf{ji} = \mathsf{k}', \ \ \mathsf{j}'\mathsf{k}' = -\mathsf{k}'\mathsf{j}' = -\mathsf{i}, \ \ \mathsf{k}'\mathsf{i} = -\mathsf{ik}' = \mathsf{j}',$$

$$\mathsf{i}^2 = -1, \ (\mathsf{j}')^2 = (\mathsf{k}')^2 = 1$$

で定める. $\mathbf{H}'$ の要素を**亜四元数** (split-quaternion) とよぶ. $\mathbf{H}'$ は $\mathbb{E}_2^2$ のクリフォード代数である. 実際, $\mathbb{E}_2^2$ の標準基底 $\{e_1, e_2\}$ をとるとクリフォード代数 $C\!\ell(\mathbb{E}_2^2)$ は関係式

$$e_1 e_1 = e_2 e_2 = 1, \ \ e_1 e_2 = -e_2 e_1$$

で生成される. $e_3 = e_1 e_2$ とおくと $e_3 e_3 = -1$ であるから

$$\mathsf{i} = -e_3, \ \mathsf{j}' = e_2, \ \mathsf{k}' = -e_1$$

とおけば $\{1, \mathsf{i}, \mathsf{j}', \mathsf{k}'\}$ の生成するクリフォード代数は $\mathbf{H}'$ に同型である.

$\xi_1 \mathsf{i} + \xi_2 \mathsf{j}' + \xi_3 \mathsf{k}'$ の形の亜四元数を純虚亜四元数とよび, その全体を $\mathrm{Im}\,\mathbf{H}'$ で表す.

亜四元数 $\xi = \xi_0 + \xi_1 \mathsf{i} + \xi_2 \mathsf{j}' + \xi_3 \mathsf{k}'$ に対しその共軛を $\bar{\xi} = \xi_0 - \xi_1 \mathsf{i} - \xi_2 \mathsf{j}' - \xi_3 \mathsf{k}'$ で定めると

$$-\xi\bar{\xi} = -\xi_0^2 - \xi_1^2 + \xi_2^2 + \xi_3^2$$

であるから $\mathbf{H}'$ を符号数 $(2, 2)$ の 4 次元の擬ユークリッド空間 $\mathbb{E}_2^4$ と同一視する. さらに

$$\mathbf{1} = E_2, \ \boldsymbol{i} = -E_{12} + E_{21}, \ \boldsymbol{j}' = E_{12} + E_{21}, \ \boldsymbol{k}' = -E_{11} + E_{22} \in \mathrm{M}_2\mathbb{R}$$

とおき $\{1, \mathrm{i}, \mathrm{j}', \mathrm{k}'\}$ を $\{1, \boldsymbol{i}, \boldsymbol{j}', \boldsymbol{k}'\}$ に対応させることで $\mathbf{H}'$ と $\mathrm{M}_2\mathbb{R}$ を同一視できる（正確には多元環として同型）．このとき $\mathbb{E}_2^4$ のスカラー積は $\mathrm{M}_2\mathbb{R}$ では

$$\langle X, Y \rangle = \frac{1}{2}\{\mathrm{tr}(XY) - \mathrm{tr}\,(X)\mathrm{tr}\,(Y)\}$$

で与えられる．$\mathrm{Im}\,\mathbf{H}'$ は $\mathfrak{sl}_2\mathbb{R}$ に対応することに注意しよう．するとスカラー積 $\langle\cdot,\cdot\rangle$ は $\mathfrak{sl}_2\mathbb{R}$ 上ではキリング形式 B を使って $B/4$ と表せる[*2]．

さらに

$$x(2\boldsymbol{i}) + y(2\boldsymbol{j}') + z(2\boldsymbol{k}') \longleftrightarrow \begin{pmatrix} 0 & x & y \\ x & 0 & -z \\ y & z & 0 \end{pmatrix}$$

対応させることでリー環の同型 $\mathfrak{sl}_2\mathbb{R} \cong \mathfrak{o}_1(3)$ が得られる． □

【問題 3.2】 $\mathrm{ad}(f(X))f(Y) = [f(X), f(Y)] = f([X, Y]) = f(\mathrm{ad}(X)Y)$ より $\mathrm{ad}(f(X))Y = f(\mathrm{ad}(X)f^{-1}(Y))$. したがって

$$B(f(X), f(Y)) = \mathrm{tr}\,\{(f \circ \mathrm{ad}(X) \circ f^{-1})(f \circ \mathrm{ad}(Y) \circ f^{-1})\} = B(X, Y).$$

□

【問題 3.3】

$$\mathrm{tr}(Z \longmapsto XZX) = \sum_{i,j,l=1}^{n} x_{li}x_{jk}\langle E_{lk}|E_{ij}\rangle = \sum_{i=1}^{n} x_{ii}\sum_{j=1}^{n} x_{jj} = \mathrm{tr}(X)^2,$$

$$\mathrm{tr}(Z \longmapsto ZX^2) = \sum_{i,j,l=1}^{n} (X^2)_{jl}\langle E_{il}|E_{ij}\rangle = \sum_{i=1}^{n}\sum_{j=1}^{n} (X^2)_{jj} = \mathrm{tr}(X^2).$$

□

【問題 3.5】 Hei_3 は基底 $\{c, q, p\}$ と交換関係

$$[q, p] = c, \ [q, c] = [p, c] = 0$$

で生成される（q_1, p_1 をそれぞれ q, p と略記）．$\mathrm{ad}(c)$ の $\{c, q, p\}$ に関する表現行列は零行列．$\mathrm{ad}(q), \mathrm{ad}(p)$ の表現行列はそれぞれ

$$\begin{pmatrix} 0 & 0 & 1 \\ 0 & 0 & 0 \\ 0 & 0 & 0 \end{pmatrix}, \ \begin{pmatrix} 0 & 0 & 0 \\ 0 & -1 & 0 \\ 0 & 0 & 0 \end{pmatrix}$$

[*2] ★四元数のときに成立していた $\mathrm{Sp}(1) = \mathrm{SU}(2)$ と同様に群 $\{\xi \in \mathbf{H}' \mid \xi\bar{\xi} = 1\}$ は $\mathrm{SL}_2\mathbb{R}$ と同一視される．

附録 E　演習問題の略解　　　**269**

であるからキリング形式は恒等的に 0.　　　　　　　　　　　　　　□

【**問題 3.6**】 $\mathfrak{a} \neq \{0\}$ をイデアルとする. $X \neq 0$ を $X = a\mathsf{E} + b\mathsf{F} + c\mathsf{H} \in \mathfrak{a}$ と表すと

$$[\mathsf{E}, X] = -2\mathsf{E} + b\mathsf{H}, \quad [\mathsf{E}, [\mathsf{E}, X]] = -2b\mathsf{E} \in \mathfrak{a}$$

である. 同様に $[\mathsf{F}, [\mathsf{F}, X]] = 2a\mathsf{F} \in \mathfrak{a}$.

(i) $a \neq 0$ または $b \neq 0$ のとき: たとえば $a \neq 0$ のとき $\mathsf{F} \in \mathfrak{a}$ である. したがって $\mathsf{H} = [\mathsf{E}, \mathsf{F}] \in \mathfrak{a}$ かつ $\mathsf{E} = [\mathsf{H}, \mathsf{F}]/2 \in \mathfrak{a}$ であるから $\mathsf{E}, \mathsf{F}, \mathsf{H} \in \mathfrak{a}$, すなわち $\mathfrak{a} = \mathfrak{sl}_2\mathbb{K}$. 同様に $b \neq 0$ のときも $\mathfrak{a} = \mathfrak{sl}_2\mathbb{K}$ が成り立つ.

(ii) $a = b = 0$ のとき: $X = c\mathsf{H} \neq 0$ より $\mathsf{H} = X/c \in \mathfrak{a}$. したがって $\mathsf{E} = -[\mathsf{E}, X]/(2c) \in \mathfrak{a}$ かつ $\mathsf{F} = [\mathsf{F}, X]/(2c) \in \mathfrak{a}$. したがって $\mathfrak{a} = \mathfrak{sl}_2\mathbb{K}$.

　　　　　　　　　　　　　　　　　　　　　　　　　　　　　　□

第 4 章

【**問題 4.2**】 (1) $A = nE + N$ とおくと $O = N^2 = (A - nE)^2 = A^2 - 2nA + n^2 E$. 一方, ハミルトン・ケーリーの公式より $A^2 = 6A - 9E$. これを先ほど求めた式に代入すると $(6 - 2n)A + (n^2 - 9)E = O$, すなわち

$$(6 - 2n) \begin{pmatrix} 4 & -1 \\ 1 & 2 \end{pmatrix} + (n^2 - 9) \begin{pmatrix} 1 & 0 \\ 0 & 1 \end{pmatrix} = \begin{pmatrix} 0 & 0 \\ 0 & 0 \end{pmatrix}.$$

これより $n = 3$. $N = A - 3E = \begin{pmatrix} 1 & -1 \\ 1 & -1 \end{pmatrix}$.

(2) $S = 3E$ とおくと明らかに $SN = NS$. (1) で求めた分解は A のジョルダン分解である. $N^2 = O$ であるから

$$A^{40} = (S + N)^{40} = \sum_{k=0}^{40} {}_{40}\mathrm{C}_k S^{40-k} N^k = {}_{40}\mathrm{C}_0 S^{40} N^0 + {}_{40}\mathrm{C}_1 S^{39} N^1$$
$$= 3^{40} E + 40 \times 3^{39} N$$

と計算して

$$N = \begin{pmatrix} 43 \times 3^{39} & -40 \times 3^{39} \\ 40 \times 3^{39} & -37 \times 3^{39} \end{pmatrix}.$$

　　　　　　　　　　　　　　　　　　　　　　　　　　　　　　□

270　　　　　　　附録 E　演習問題の略解

【**問題 4.3**】教員採用試験問題集では数学的帰納法を用いて $A^n = \begin{pmatrix} a^n & na^{n-1} \\ 0 & a^n \end{pmatrix}$ を証明する解法が紹介されていることが多いが，この問題もジョルダン分解:

$$A = S + N, \quad S = aE, \quad N = \begin{pmatrix} 0 & 1 \\ 0 & 0 \end{pmatrix}$$

を使えば簡単に計算できる.

$$A^n = (aE + N)^n = \sum_{k=0}^{n} {}_nC_k a^{n-k} N^k = a^n E + na^{n-1} N = \begin{pmatrix} a^n & na^{n-1} \\ 0 & a^n \end{pmatrix}.$$

□

【**問題 4.4**】(1)

$$AB - BA = \begin{pmatrix} a_{11} & 0 \\ 0 & a_{22} \end{pmatrix} \begin{pmatrix} b_{11} & 0 \\ 0 & b_{22} \end{pmatrix} - \begin{pmatrix} b_{11} & 0 \\ 0 & b_{22} \end{pmatrix} \begin{pmatrix} a_{11} & 0 \\ 0 & a_{22} \end{pmatrix} = O.$$

(2) $|k| \geq 2$ のときは $A = B = O$ だから $k = \pm 1$ のときを確かめれば終わり. $k = 1$ のときは

$$AB - BA = \begin{pmatrix} 0 & 0 \\ a_{21} & 0 \end{pmatrix} \begin{pmatrix} 0 & 0 \\ b_{21} & 0 \end{pmatrix} - \begin{pmatrix} 0 & 0 \\ b_{21} & 0 \end{pmatrix} \begin{pmatrix} 0 & 0 \\ a_{21} & 0 \end{pmatrix} = O.$$

$k = -1$ の時も同様.

(3) k の大きさで場合分け. (i) $|k| \geq 2$ または $|m| \geq 2$ ならば $A = O$ または $B = 0$ なので $[A, B] = O \in \mathfrak{m}_{k+m}$. (ii) $|k| \leq 1$ かつ $|m| \leq 1$ のとき. (2) の結果から $k = m$ のとき $[A, B] = O$ となるので確かに $[A, B] \in \mathfrak{m}_{2k}$ が成立. あとは

$$(k, m) = (0, 1), \ (0, -1), \ (1, -1)$$

のときを調べれば終わり. たとえば $(k, m) = (1, -1)$ のときは

$$AB - BA = \begin{pmatrix} 0 & 0 \\ a_{21} & 0 \end{pmatrix} \begin{pmatrix} 0 & b_{12} \\ 0 & 0 \end{pmatrix} - \begin{pmatrix} 0 & b_{12} \\ 0 & 0 \end{pmatrix} \begin{pmatrix} 0 & 0 \\ a_{21} & 0 \end{pmatrix}$$

$$= \begin{pmatrix} 0 & 0 \\ 0 & a_{21}b_{12} \end{pmatrix} - \begin{pmatrix} a_{21}b_{12} & 0 \\ 0 & 0 \end{pmatrix} = \begin{pmatrix} -a_{21}b_{12} & 0 \\ 0 & a_{21}b_{12} \end{pmatrix} \in \mathfrak{m}_0.$$

$(k, m) = (0, 1), \ (0, -1)$ の検証も同様.

□

附録 E　演習問題の略解　　**271**

第 6 章

【問題 6.3】

$$\mathfrak{so}_2(3) = \left\{ \begin{pmatrix} 0 & -x & y \\ x & 0 & z \\ y & z & 0 \end{pmatrix} \;\middle|\; x, y, z \in \mathbb{R} \right\}$$

と表示できる．基底

$$\overline{\mathsf{E}}_1 = E_{13} + E_{31},\ \overline{\mathsf{E}}_2 = E_{23} + E_{32},\ \overline{\mathsf{E}}_3 = E_{21} - E_{12}$$

をとり $f : \mathfrak{g}_\circ \to \mathfrak{so}_2(3)$ を $f(\mathsf{E}_i) = \overline{\mathsf{E}}_i\ (i = 1, 2, 3)$，すなわち

$$\begin{pmatrix} 0 & -x\mathtt{i} & y\mathtt{i} \\ x\mathtt{i} & 0 & z \\ -y\mathtt{i} & -z & 0 \end{pmatrix} \longmapsto \begin{pmatrix} 0 & -z & x \\ z & 0 & y \\ x & y & 0 \end{pmatrix}$$

で定めるとリー環同型写像である．　　□

【問題 6.4】 1 次元ユークリッド空間 $\mathbb{E}^1$ の正規直交基底を e_1 とする．$C\ell_1$ は 1 と e_1 で生成され

$$1e_1 = e_1 1 = e_1,\quad e_1 e_1 = -1$$

だから $e_1 = \mathtt{i}$ と書き直せば $C\ell_1 = \mathbb{C}$ であることがわかる．

$\mathbb{E}^2$ の正規直交基底を $\boldsymbol{i}, \boldsymbol{j}$ と書くと $C\ell_2$ は 1 と $\boldsymbol{i}, \boldsymbol{j}$ で生成され

$$\boldsymbol{ij} = -\boldsymbol{ji},\quad \boldsymbol{ii} = \boldsymbol{jj} = -1$$

をみたす．そこで $\boldsymbol{ij} = \boldsymbol{k}$ とおけば $C\ell_2$ は四元数体 $\mathbf{H}$（と同型）であることがわかる．

　　□

附録 B

【問題 B.1】 $A \in \mathrm{U}(n)$ または $A \in \mathrm{SU}(n)$ を P で対角化し

$$A = \exp\left(\mathrm{Ad}(P)\mathrm{diag}(\mathtt{i}\theta_1, \mathtt{i}\theta_2, \ldots, \mathtt{i}\theta_n)\right)$$

と表す．$A(s) = \exp\left(\mathrm{Ad}(P)\mathrm{diag}(\mathtt{i}(s\theta_1), \mathtt{i}(s\theta_2), \ldots, \mathtt{i}(s\theta_n))\right)$ とおくと $A(0) = E_n$，$A(1) = A$．

　　□

参考文献

[1] 足助太郎, 線型代数, 東京大学出版会, 2012.
[2] 井ノ口順一, 幾何学いろいろ, 日本評論社, 2007.
[3] 井ノ口順一, 曲線とソリトン, 朝倉書店, 2010.
[4] 井ノ口順一, リッカチのひ・み・つ, 日本評論社, 2010.
[5] 井ノ口順一, 常微分方程式, 日本評論社, 2015.
[6] 井ノ口順一, 曲面と可積分系, 朝倉書店, 2015.
[7] 井ノ口順一, 幾何学と可積分系, [35], 第 4 章.
[8] 井ノ口順一, 可視化のための微分幾何 (仮題), 森北出版, 刊行予定.
[9] 井ノ口順一, ベクトルで学ぶ幾何学 (仮題), 現代数学社, 刊行予定.
[10] 岩堀長慶, 線型不等式とその応用. 線型計画法と行列ゲーム, 岩波オンデマンドブックス, 2019.
[11] 岩堀長慶, 復刻版 初学者のための合同変換群の話. 幾何学の形での群論演習, 現代数学社, 2020.
[12] 大森英樹, 無限次元リー群論, 紀伊國屋数学叢書, 1978.
[13] 笠原晧司, 線型代数と固有値問題, 現代数学社, 増補版, 2005.
[14] 河田敬義・三村征雄, 現代数学概説 II, 岩波書店, 1965.
[15] 小林昭七, ユークリッド幾何から現代幾何へ, 日本評論社, 1990.
[16] 小林昭七, 曲線と曲面の微分幾何〔改訂版〕, 裳華房, 1995.
[17] 小林真平, 曲面とベクトル解析, 日本評論社, 2016.
[18] 小林俊行・大島利雄, リー群と表現論, 岩波書店, 2005.
[19] 小山昭雄, 経済数学教室 4. 線型代数と位相 (下), 岩波書店, 1994.
[20] W. P. サーストン, 3 次元幾何学とトポロジー, (小島定吉 [監訳]), 培風館, 1999.
[21] 齋藤正彦, 線型代数入門, 東京大学出版会, 1966.
[22] 齋藤正彦, 線型代数演習, 東京大学出版会, 1985.

[23] 佐武一郎，リー環の話，日本評論社，2002.

[24] G. ジェニングス，幾何再入門（伊理正夫・伊理由美［訳］），岩波書店，1996.

[25] 島和久，連続群とその表現，岩波書店，1981.

[26] 島和久・江沢洋，群と表現，岩波書店，2009.

[27] 杉浦光夫，解析入門 I，東京大学出版会，1980.

[28] 杉浦光夫，解析入門 II，東京大学出版会，1985.

[29] 杉浦光夫・横沼健雄，ジョルダン標準形・テンソル代数，岩波書店，2002.

[30] 竹山美宏，ベクトル空間，日本評論社，2016.

[31] 田坂隆士，2 次形式，岩波書店，2002.

[32] 谷口雅彦・奥村善英，双曲幾何学への招待．複素数で視る，培風館，1996.

[33] 谷崎俊之，リー代数と量子群，共立出版，2002.

[34] 中岡稔，双曲幾何学入門，サイエンス社，1993.

[35] 中村佳正，高崎金久，辻本諭，尾角正人，井ノ口順一，解析学百科 II．可積分系の数理，朝倉書店，2018.

[36] 広田良吾，直接法によるソリトンの数理，岩波書店，1992.

[37] 松坂和夫，線型代数入門，岩波書店，1980.

[38] 松島与三，リー環論，共立出版，1956．復刊，2010.

[39] 三輪哲二・神保道夫・伊達悦朗，ソリトンの数理，岩波書店，2007.

[40] 森田純，Kac-Moody 群講義，上智大学数学講究録，No. 44，2001.

[41] 山内恭彦・杉浦光夫，連続群論入門，培風館，1960.

[42] 横田一郎，群と位相，裳華房，1971.

[43] 横田一郎，古典型単純リー群，現代数学社，1990．復刊，2013.

[44] 横田一郎，例外型単純リー群，現代数学社，1992．復刊，2013.

洋書

[45] K. Anjyo, H. Ochiai, *Mathematical Basics of Motion and Deformation in Computer Graphics*, Morgan & Claypool, 2014.

[46] S. Helgason, *Differential Geometry, Lie Groups, and Symmetric Spaces*, Graduate Studies in Mathematics 34, American Mathematical Society, Providence, RI, 2001.

[47] J. E. Humphreys, *Introduction to Lie Algebras and Representation Theory*, Graduate Text in Mathematics, vol. 9. Springer-Verlag, 1972.

[48] V. G. Kac, *Infinite dimensional Lie Algebras*, Cambridge Univ. Press, (3rd edition), 1990.

[49] P. Kellersch, *Eine Verallgemeinerung der Iwasawa Zerlegung in Loop Gruppen*, Ph. D. Thesis, Technische Universität München, 1999.

[50] H. Ochiai, K. Anjyo, Mathematical formulation of motion and deformation and its applications, in: *Mathematical Progress in Expressive Image Synthesis* I, Mathematics for Industry 4, Springer Japan, 2014, pp. 123–129.

[51] H. Omori, *Infinite-dimensional Lie Groups*, Translations of Mathematical Monographs, 158, American Mathematical Society, Providence, RI, 1997.

[52] B. O'Neill, *Semi-Riemannian Geometry with Application to Relativity*, Pure and Applied Mathematics, 103, Academic Press, 1983.

[53] A. Pressley and G. Segal, *Loop Groups*, Oxford Math. Monographs, Oxford University Press, 1986.

[54] H. Weyl, *The Classical Groups. Their Invariants and Representations*, Princeton University Press, 1939.

文献案内を兼ねたあとがき

線型代数

　この本ではリー環を学ぶために必要な線型代数の知識を丁寧に解説してきたが，網羅したというわけではない．線型代数全般については足助 [1]，齋藤 [21, 22]，松坂 [37]，竹山 [30] が推薦できる．スカラー積 (2 次形式) については田坂 [31] が詳しい．固有空間分解や広義固有空間分解については笠原 [13] を紹介しておく．ジョルダン標準形については紙数の都合で踏み込めなかった．杉浦・横沼 [29] や

> 西山亨，重点解説　ジョルダン標準形．行列の標準形と分解をめぐって，SGC ライブラリー **77**，サイエンス社，2010

を参考にしてほしい．

リー環

　この本では有限次元複素半単純リー環について要点のみを説明してきた．有限次元リー環についてさらに詳しく学ぶには佐武 [23]，松島 [38]，Humphreys[47] を読むとよい．ルート系については

> ブルバキ，数学原論．リー群とリー環 3 (杉浦光夫 [訳])，東京図書，1970 (原著 1968)

も参考になる．また微分幾何学に関心のある読者には

> 伊勢幹夫・竹内勝，リー群論，岩波書店，1992

を紹介しておく．リー群論とリー環論の関わりについては姉妹書『リー群』のあとがきを見てほしい．

例外型リー環の具体的な構成については横田 [44] に詳しい．クリフォード代数やスピン群については

I. R. Porteous, *Clifford Algebras and the Classical Groups*, Cambridge Stud. Adv. Math. **50**, Cambridge Univ. Press, 1995

が詳しい．スピン幾何については

H. B. Lawson, M.-L. Michelsohn, *Spin Geometry*, Princeton University Press, 1989

本間泰史，スピン幾何学，森北書店，2017

を紹介しておこう．

幾何学とリー環

3次元幾何学では，半単純ではないリー環（冪零リー環・可解リー環）が活躍する．3次元には8種類の「お手本」となる幾何学（サーストン幾何）がある．サーストン幾何については

阿原一志，パリコレで数学を，日本評論社，2017

ジェフェリー・R・ウィークス（J. R. Weeks），曲面と3次元多様体を視る（三村護・入江晴栄 [訳]），現代数学社，1996（原著，1985）

を紹介しておく．サーストン幾何に登場する3次元リー環については姉妹書『リー群』の第12章をみてほしい．

無限次元リー群・無限次元リー環

本文でも少しだけ触れたが，無限次元のリー環も重要な研究対象である．カッツ-ムーディー代数については Kac [48]，谷崎 [33] および

R. Carter, *Lie Algebras of Finite and Affine Type*, Cambridge Stud. Adv. Math. **96**, Cambridge Univ. Press, 2005

が教科書として薦められる．Carter の本ではボーチャーズ代数およびモンスター・リー環も紹介されている．

カッツ-ムーディー代数と無限可積分系理論の関わりについては三輪・神保・伊達 [39] を見るとよい．アフィン・ルート系のワイル群はパンルヴェ方程式の研究でも活躍する．

　　　　野海正俊，パンルヴェ方程式．対称性からの入門，朝倉書店，2000

を見るとよい．

カッツ-ムーディー代数をリー環にもつリー群（カッツ-ムーディー群）も研究が進んでいる．カッツ-ムーディー群については森田 [40] を見てほしい．

アフィン・リー環とよばれるカッツ-ムーディー代数はループ代数とよばれる無限次元リー環に 2 回，中心拡大という操作を施して構成される．ループ代数をリー環とする無限次元のリー群がループ群である．ループ群と無限次元グラスマン多様体については Pressley-Segal [53] が標準的な教科書である．

有限次元リー群に対する岩澤分解はループ群に対しても考えることができる．ループ群の岩澤分解については [53] および Kellersch の博士論文 [49] を見てほしい（インターネットで入手可）．

無限次元リー群には様々な種類がある．ループ群は有限次元のリー群論の自然な一般化と思え，有限次元と類似した取り扱いができる場面も多い．一方，有限次元のときと著しく異なる無限次元リー群の例としては有限次元多様体の微分同相変換のなす群がある．有限次元多様体 M の C^∞ 級ベクトル場の全体 $\mathfrak{X}(M)$ は無限次元リー環である．M の微分同相変換のなす群 $\mathfrak{D}(M)$ を「$\mathfrak{X}(M)$ をリー環にもつ無限次元リー群」として定式化できることを期待したくなる．実際そのような定式化は可能であり大森 [12] で学ぶことができる．

戸田格子については [35] とそのなかで紹介されている文献にあたってほしい．戸田格子と微分幾何学との関わりについて [35] 内の拙稿 [7] で解説している．

索引

亜四元数, 267
Ad 不変, 76
ad 不変, 77
アフィン変換群, 266

1 次変換, 11, 90
位置ベクトル, 4
一般固有空間, 92
一般固有ベクトル, 92
イデアル, 52

ウェイト, 111
ウェイト空間, 111
ウェイト空間分解, 112
上三角行列, 227

エルミート行列, 38, 99
エルミート内積, 19, 83, 113
延長, 91

オイラーの角, 244

概エルミート構造, 261
階数（リー環の）, 106
外積, 30
外積（線型汎函数）, 225
概複素構造, 207, 261
可解, 53
可換部分リー環, 46
可換リー環, 45
核, 118
核（線型写像）, 13, 55
可積分幾何, 223
カルタン行列, 148
カルタン整数, 129
カルタン部分環, 14, 106
完全可約, 86

基本系（ルート）, 144
基本ベクトル, 5
逆元, 9

既約成分, 52
逆ベクトル, 2
鏡映, 25, 26, 126
鏡映行列, 27
行ベクトル, 3
共軛（行列）, 12
共軛複素数, 1
共軛変換, 67, 195
行列式（線型変換）, 12
行列単位, 6, 104
キリング, 191
キリング形式, 80

クリフォード代数, 204, 226, 267
クロネッカーのデルタ記号, 33

𝕂 線型空間, 2
結合法則, 2
原始ベクトル, 71

交換関係, 33
交換子群, 58
交換法則, 2
広義固有空間, 92
広義固有空間分解, 92
広義固有ベクトル, 92
交代双線型形式, 16
交代部分, 38
コクセターグラフ, 153
古典型, 158
コベクトル, 15
固有空間, 70, 89
固有値, 70, 89
固有値（行列）, 90
固有ベクトル, 70, 89
固有方程式, 70, 89
固有和（線型変換）, 12
コルート, 149
根基, 55
コンパクト実形, 192, 196

座標, 5

座標系, 5
三角化, 228

G 構造, 260
四元数, 267
自己線型同型, 8
辞書式順序, 253
指数, 23
実形, 63, 195
実線型空間, 2
自明表現, 50
周期的戸田格子, 214
主座小行列式, 149
シュヴァレー基底, 193
順序関係, 251
順序集合, 251
商集合, 147
ジョルダン分解, 97

随伴行列, 21
随伴表現（群の）, 76
随伴表現（リー環の）, 51
スカラー積空間, 114, 204

正規化環, 55
正規行列, 98
正規直交基底, 22
正規部分群, 57
生成する線型部分空間, 14, 52
線型空間, 2
線型空間の公理, 2
線型結合, 4
線型自己同型, 8
線型写像, 7
線型従属, 4
線型順序, 253
線型同型写像, 7
線型等長群, 22
線型等長写像, 20
線型独立, 4
線型汎函数, 104
線型部分空間, 13
線型変換, 7
全順序集合, 252
全単射, 7, 252

相似, 12
像（線型写像）, 13
双対基底, 255

双対空間, 15, 104, 111, 254
双対スカラー積, 23
双対積, 15, 149
双対ベクトル, 23, 115

対角化, 91
対称双線型形式, 16
対称部分, 38
高さ, 144
多元環, 186
単位元, 9
単順序集合, 252
単純リー環, 84
単純ルート, 144

中心化環, 55
中心（群の）, 58
中心（リー環の）, 55, 104
重複度, 90
重複度（ウェイトの）, 111
超平面, 26
直和, 59
直和（部分空間）, 14
直和分解, 27
直交直和, 27
直交補空間, 27

ディンキン図形, 153
テンソル積, 224

同型（ルート系）, 129, 141
導来環, 53, 85
特性根, 70, 89
特性方程式, 70, 89
戸田格子, 214
取り替え行列, 11, 91

ニュートンの公式, 231

ハイゼンベルク代数, 33
八元数, 185
張る, 14
反エルミート行列, 39, 99
半単純線型変換, 91
半単純リー環, 85

比較可能, 252
非自明なイデアル, 85
非退化対称双線型形式, 113

非退化部分空間, 28, 105
左移動, 75
非負行列, 208
微分表現, 56, 249, 266
被約ルート系, 126
表現行列, 10, 33
表現（群の）, 56
表現（リー環の）, 50
標準基底, 5, 33, 90
標準基底（ワイル）, 193
ヴィラソロ代数, 33

複素化, 62, 72
複素化（リー環）, 63
複素数空間, 2
複素線型空間, 2
不定値, 79
部分表現, 52, 69
部分リー環, 35

ペアリング, 15, 149
冪零上三角行列, 93
冪零行列, 93
冪零変換, 114
冪零（リー環）, 54
ベクトル空間, 2

ポセット, 251
ホロノミー群, 261

右移動, 75
ミンコフスキー空間, 18

無限次元, 4

面対称, 25

ヤコビの恒等式, ii, 31, 32, 50, 266

ユークリッド空間, 17
ユークリッド線型空間, 18, 125
有限次元, 4

リー環自己同型写像, 80
両側不変, 76

ルート, 110
ルート空間, 110
ルート空間分解, 112

ルート系, 14, 112
ルートベクトル, 110
ループ群, 219
ループ代数, 219

例外型, 158
例外型ジョルダン代数, 190
零ベクトル, 2
零ルート, 112
列ベクトル, 4
連鎖, 252

歪エルミート行列, 39
ワイル群, 141
和空間, 13

著者紹介：

井ノ口　順一（いのぐち・じゅんいち）

略歴

千葉県銚子市生まれ.

東京都立大学大学院理学研究科博士課程数学専攻単位取得退学.

福岡大学理学部，宇都宮大学教育学部，山形大学理学部を経て，

現在，筑波大学数理物質系教授.

教育学修士（数学教育），博士（理学）

専門は可積分幾何・差分幾何．算数・数学教育の研究，数学の啓蒙活動も行っている.

日本カウンセリング・アカデミー本科修了,星空案内人®（準案内人），日本野鳥の会会員.

著　書　『幾何学いろいろ』（日本評論社，2007），
　　　　『リッカチのひ・み・つ』（日本評論社，2010），
　　　　『どこにでも居る幾何』（日本評論社，2010），
　　　　『曲線とソリトン』（朝倉書店，2010），
　　　　『曲面と可積分系』（朝倉書店，2015），
　　　　『常微分方程式』（日本評論社，2015）.
　　　　『はじめて学ぶリー群　―線型代数から始めよう』（現代数学社，2017）.

はじめて学ぶリー環
―線型代数から始めよう―

2018 年　2 月 20 日	初版 1 刷発行
2020 年 11 月　2 日	初版 2 刷発行

著　者　　井ノ口順一
発行者　　富田　淳
発行所　　株式会社　現代数学社
〒 606-8425 京都市左京区鹿ヶ谷西寺ノ前町 1
TEL 075 (751) 0727　　FAX 075 (744) 0906
http://www.gensu.co.jp/

© Jun-ichi Inoguchi, 2018
Printed in Japan

印刷・製本　　山代印刷株式会社

本文イラスト　　Ruruno

ISBN 978-4-7687-0471-4

● 落丁・乱丁は送料小社負担でお取替え致します.
● 本書のコピー、スキャン、デジタル化等の無断複製は著作権法上での例外を除き禁じられています。本書を代行業者等の第三者に依頼してスキャンやデジタル化することは、たとえ個人や家庭内での利用であっても一切認められておりません.

はじめて学ぶリー群
―― 線型代数から始めよう

井ノ口順一 著　A5判／268頁　定価（本体 2,800 円＋税）

ISBN978-4-7687-0470-7

数学や理論物理学を学ぶ上でリー群（Lie 群）の知識が必要になることがしばしばある．大学の授業では学ぶ機会がなかなかないにも関わらず大学院生になると「当然知ってるよね」と言われがちな知識でもある．本書ではリー群のなかでも微分幾何学や理論物理学で使われることの多い線型リー群について初歩を解説する．

線型代数，微分積分，初歩の群論を学べばリー群論・リー環論の初等理論は手の届く位置にある．とは言うものの独学でリー群・リー環について学ぶとき線型代数とのギャップで戸惑う読者も少なくない．本書はそれらの入門書と「初歩の線型代数」の間のギャップを埋めることを目的としている．やさしめに書かれた線型代数の教科書では学びにくい双対空間，対称双線型形式などが（単純）リー環を扱う上で活用される．このような学びにくい線型代数の知識についてページを割いて丁寧に解説していることがこの本の特徴である．

第 I 部　リー群とリー環の芽生え	第 9 章　行列の指数函数
第 1 章　平面の回転群	第 10 章　リー群からリー環へ
第 2 章　平面の合同変換群	第 III 部　3 次元リー群の幾何
第 3 章　曲線の合同定理	第 11 章　群とその作用
第 II 部　線型リー群	第 12 章　3 次元幾何学
第 4 章　一般線型群と特殊線型群	附録 A　同値関係
第 5 章　リー群論のための線型代数	附録 B　線型代数続論
第 6 章　直交群とローレンツ群	附録 C　多様体
第 7 章　ユニタリ群	附録 D　リー群の連結性
第 8 章　シンプレクティック群	附録 E　演習問題の略解

現代数学社　〒606-8425　京都市左京区鹿ヶ谷西ノ前町 1 番地
TEL 075 (751) 0727　　FAX 075 (744) 0906